"十四五"职业教育国家规划教材

"十二五"职业教育国家规划教材
经全国职业教育教材审定委员会审定

修订版

数据库应用技术

主　编　李林孖　刘　仁
副主编　张　航　付潘一子
参　编　方　莉　梁丹丹

本书是“十四五”职业教育国家规划教材。本书以 SQL Server 2008 为平台，以具体项目为载体，在叙述上采用通俗易懂的语言，由浅入深地介绍了 SQL Server 2008 的主要功能、使用方法和应用技巧，特别突出了实用性的特点。本书内容包括数据库的基本知识，SQL Server 2008 的安装；创建、修改和删除 SQL Server 数据库；创建、维护数据表以及操作表中记录；数据完整性设置方法；进行查询和数据统计；创建和使用视图；设计与调试报表；使用程序操作 SQL Server 数据库；SQL Server 数据库的安全设置与备份。本书每个项目均设计了拓展与实践，以供读者巩固所学知识，提高实际操作能力之用。

为便于教学，本书配套有电子教案、助教课件、二维码视频等，选择本书作为授课教材的教师可来电（010-88379194）索取，或登录机械工业出版社教育服务网 www.cmpedu.com 网站，注册后免费下载。

本书既可作为高等职业院校计算机专业教材，也可作为数据库应用岗位培训教材，同样适合广大计算机爱好者自学使用。

图书在版编目（CIP）数据

数据库应用技术/李林孖，刘仁主编．—北京：机械工业出版社，2021.5（2023.8重印）
“十二五”职业教育国家规划教材：修订版
ISBN 978-7-111-67978-3

Ⅰ．①数…　Ⅱ．①李…　②刘…　Ⅲ．①关系数据库系统—高等职业教育—教材　Ⅳ．①TP311.138

中国版本图书馆CIP数据核字（2021）第062572号

机械工业出版社（北京市百万庄大街22号　邮政编码100037）
策划编辑：梁　伟　　责任编辑：梁　伟　刘益汛
责任校对：张　力　　封面设计：马精明
责任印制：李　昂

河北鹏盛贤印刷有限公司印刷

2023年8月第1版第5次印刷
184mm×260mm・16.25印张・358千字
标准书号：ISBN 978-7-111-67978-3
定价：53.00元

电话服务	网络服务
客服电话：010-88361066	机　工　官　网：www.cmpbook.com
010-88379833	机　工　官　博：weibo.com/cmp1952
010-68326294	金　书　网：www.golden-book.com
封底无防伪标均为盗版	机工教育服务网：www.cmpedu.com

关于“十四五”职业教育
国家规划教材的出版说明

为贯彻落实《中共中央关于认真学习宣传贯彻党的二十大精神的决定》《习近平新时代中国特色社会主义思想进课程教材指南》《职业院校教材管理办法》等文件精神，机械工业出版社与教材编写团队一道，认真执行思政内容进教材、进课堂、进头脑要求，尊重教育规律，遵循学科特点，对教材内容进行了更新，着力落实以下要求：

1. 提升教材铸魂育人功能，培育、践行社会主义核心价值观，教育引导学生树立共产主义远大理想和中国特色社会主义共同理想，坚定“四个自信”，厚植爱国主义情怀，把爱国情、强国志、报国行自觉融入建设社会主义现代化强国、实现中华民族伟大复兴的奋斗之中。同时，弘扬中华优秀传统文化，深入开展宪法法治教育。

2. 注重科学思维方法训练和科学伦理教育，培养学生探索未知、追求真理、勇攀科学高峰的责任感和使命感；强化学生工程伦理教育，培养学生精益求精的大国工匠精神，激发学生科技报国的家国情怀和使命担当。加快构建中国特色哲学社会科学学科体系、学术体系、话语体系。帮助学生了解相关专业和行业领域的国家战略、法律法规和相关政策，引导学生深入社会实践、关注现实问题，培育学生经世济民、诚信服务、德法兼修的职业素养。

3. 教育引导学生深刻理解并自觉实践各行业的职业精神、职业规范，增强职业责任感，培养遵纪守法、爱岗敬业、无私奉献、诚实守信、公道办事、开拓创新的职业品格和行为习惯。

在此基础上，及时更新教材知识内容，体现产业发展的新技术、新工艺、新规范、新标准。加强教材数字化建设，丰富配套资源，形成可听、可视、可练、可互动的融媒体教材。

教材建设需要各方的共同努力，也欢迎相关教材使用院校的师生及时反馈意见和建议，我们将认真组织力量进行研究，在后续重印及再版时吸纳改进，不断推动高质量教材出版。

机械工业出版社

前　言

本书上一版是经过出版社初评、申报，由教育部专家组评审确定的“十二五”职业教育国家规划教材。为贯彻党的二十大提出的“实施科教兴国战略，强化现代化建设人才支撑”，本次修订积极落实产教融合，加入较强的实操性内容，同时参考相关职业资格标准编写而成。

本书主要介绍SQL Server 2008各种对象的功能及创建方法。本书在编写过程中力求体现现代职业教学理念，淡化理论，强调实践操作，尽可能做到从实际问题出发，通过对问题的分析，引出必要的概念和操作方法。本书编写模式新颖，旨在为培养计算机应用技能型人才打好基础，为了方便学习，本书配备了大量的图片、表格和二维码视频，直观性强，易于学习掌握。

本书在内容处理上，共设置两大部分。主要有以下几点说明：

1. 基础篇

项目1至项目6为基础篇，是全书的核心内容，通篇以“学生信息管理系统”为数据库应用背景，以数据库系统的建立和管理过程为主线，以案例为驱动，相关数据库应用技术与知识点则根据数据库系统功能需求和项目设置逐步展开，深入浅出地向读者介绍在SQL Server 2008环境下如何管理数据库，使用Transact-SQL语言、安全管理、数据报表等数据库中实用的技术。

2. 提高篇

项目7至项目12为提高篇。通篇以如何设计与开发“学生信息管理系统”为软件开发主线，从软件需求分析、概要设计、数据库设计、功能设计、软件开发、打包测试等方面，引领读者进入到软件工程理念中，全程体验开发过程，重点体会SQL Server 2008与C#.net结合的高效MVC开发理念，并在开发过程中体验案例的实际应用效果。

本书在教学过程中建议采用“教学做”一体化教学模式，全书共96学时，学时分配建议如下：

项　　目	学 时 数
项目 1　创建与使用 SQL Server 实例	4
项目 2　创建与管理“教学管理”数据库	4
项目 3　管理学生数据表	6
项目 4　实施数据的完整性	6
项目 5　查询学生档案信息	6
项目 6　统计学生成绩信息	6
项目 7　创建多表数据查询	12
项目 8　创建和使用“学生管理”视图	6
项目 9　设计学生成绩报表	6
项目 10　创建“学生管理”数据库程序代码	6
项目 11　设置数据库的安全管理	6
项目 12　构建学生管理数据库系统	28
合计	96

全书共 12 个项目，由李林孖、刘仁任主编，张航、付潘一子任副主编，方莉、梁丹丹参加编写。具体分工如下：项目 1 由李林孖编写；项目 2、项目 3、项目 8 和项目 12 由刘仁编写；项目 4、项目 5、项目 10 和项目 11 由张航编写；项目 6 由付潘一子编写；项目 7 由梁丹丹编写；项目 9 由方莉编写。全书由李林孖负责统稿。

编写过程中，编者参阅了国内外出版的有关教材和资料，得到了各位同行的有益指导，在此一并表示衷心感谢！

由于编者水平有限，书中不妥之处在所难免，恳请读者批评指正。

编　者

二维码索引

（续）

序号	微课名称	二维码	页码	序号	微课名称	二维码	页码
21	使用 where 子句限制返回行		86	31	使用 count 函数计算参与考试的学生总数		108
22	使用 like 关键字实现模糊查询		86	32	使用 avg 函数计算平均成绩		108
23	使用 between…and…逻辑表达式设置闭合区间		87	33	使用 group by 子句对统计结果分组		110
24	使用 order by 子句对查询结果排序		88	34	使用 having 子句筛选分组统计结果		111
25	使用 distinct 函数消除相同行		94	35	使用 any 的子查询		113
26	使用 case…when…函数分类处理		95	36	使用 all 的子查询		114
27	使用 convert 函数转换数据类型		96	37	“教师表”和“课程表”的内连接查询		120
28	使用 substring 函数截取字符串		97	38	“专业表”“课程表”与“教师表”的自然连接		122
29	使用 max 和 min 函数查询最高成绩和最低成绩		106	39	“教师表”与“课程表”的左连接查询		124
30	使用 sum 函数计算总成绩		107	40	“教师表”与“课程表”的右连接查询		125

（续）

序号	微课名称	二维码	页码	序号	微课名称	二维码	页码
41	“教师表”与“课程表”的全连接查询		125	51	在“视图”选项卡中删除“学生成绩管理”视图		142
42	使用 not in 的子查询		127	52	定义数据源		153
43	使用 exists 的子查询		128	53	定义布局		154
44	在“视图”选项卡中创建“住宿管理”视图		136	54	预览和输出报表		155
45	在列表达式中创建“成绩统计”视图		137	55	为矩阵式“学生成绩”报表增加行组和总计项		157
46	在“视图”选项卡中创建多示例表视图		139	56	制作表格式“课程平均成绩”报表		159
47	查询“住宿管理”视图		140	57	自定义函数判断学生课程是否通过		169
48	用“住宿管理”视图向“学生表”添加记录		140	58	修改自定义函数返回成绩等级		170
49	用“学籍管理”视图修改“学生表”的记录		141	59	自定义函数返回学生所修课程的成绩和等级		171
50	用“学籍管理”视图删除“学生表”的记录		141	60	调用存储过程返回学生的综合信息		174

（续）

序号	微课名称	二维码	页码	序号	微课名称	二维码	页码
61	调用带参数存储过程返回专业学生综合信息		175	65	使用 SQL Server Management Studio 授予用户权限		190
62	禁止更新学生信息表中的姓名字段的内容		177	66	使用 SQL Server Management Studio 完整备份 student 数据库		194
63	检查删除学生信息表中的学生记录时的操作		178	67	使用 SQL Server Management Studio 恢复 student 数据库		202
64	使用 SQL Server Management Studio 创建和管理数据库用户及角色		184				

目　录

提 高 篇

CONTENTS

基础篇

项目 1　创建与使用 SQL Server 实例

学习目标

✧ 能够熟练启动、停止 SQL Server 服务

✧ 能够安装和配置 SQL Server 2008

✧ 能够启动和停止 SQL Server Management Studio

✧ 熟悉 SQL Server 2008 的常用工具

✧ 掌握创建命名实例的主要步骤

✧ 掌握启动实例、停止实例的方法和步骤

任务 1　创建“教学管理”实例

任务描述

现在你是一名高职院校的信息技术人员，学院引进了一款智能化教学管理系统，需要由你负责和相关技术人员进行交流，学会如何使用并最后负责维护该软件，可是该软件的安装环境中使用到了 SQL Server 2008 这样的软件，你以前并没有接触过，请思考你应该从哪里入手？

知识储备

1．什么是 SQL Server 实例

SQL Server 2008 数据库引擎实例，包括一组该实例私有的程序和数据文件，同时也和其他实例共用一组共享程序或文件。SQL Server 其他类型的实例，如分析服务、报表服务也使用相同的机制，拥有自己的一组程序和数据文件。在一台计算机上，每一个实例都独立于其他的实例运行，都可以看作一个独立的“服务器”。

应用程序可以分别连接到不同的实例进行工作，数据库管理员也是通过连接到实例对数据库进行管理和维护。

用户可以浏览本地的数据库实例。在安装好 SQL Server 2008 数据库的系统中（本例在安装数据库完成后才能操作），单击“开始”→“所有程序”→“Microsoft SQL Server 2008 R2”→“SQL Server Management Studio”命令，启动 SQL Server Management Studio 工具（该工具的使用将在“项目 4”中详细说明），在“连接到服务器”窗口中，“服务器类型”选择“数据库引擎”，“服务器名称”中会自动填入“（local）”，“身份验证”选择“Windows 身份验证”，如图 1-1 所示。

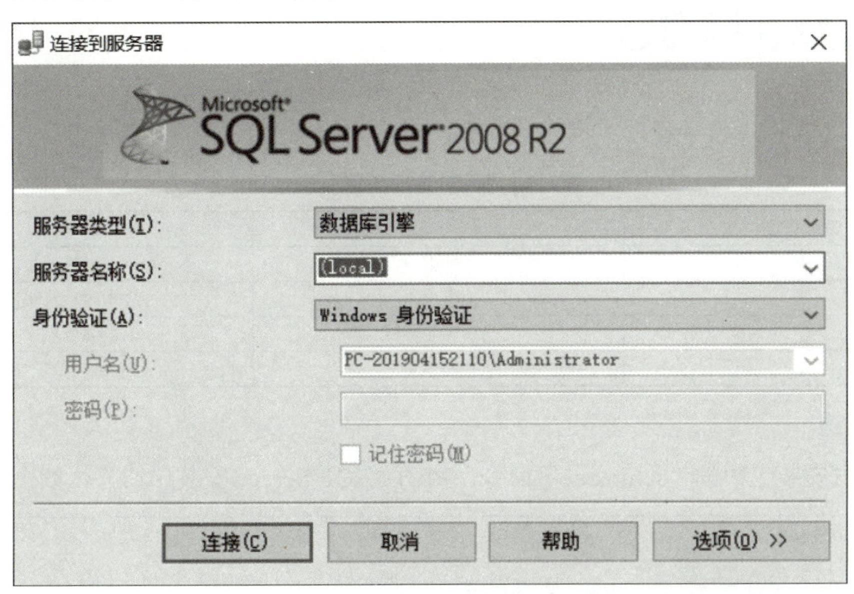

图 1-1 “连接到服务器”对话框

2. 什么是实例名

实例以名称进行区分，用户可以指定实例名称，也可以使用默认的实例名。

1）默认实例：默认情况下，系统可以通过计算机的网络名称，识别 SQL Server 数据库的实例。SQL Server 服务的默认实例名称是 MSSQLSERVER。

2）命名实例：命名实例是指将计算机的网络名称加上实例名称。这种命名，用于识别 SQL Server 数据库的实例。具体格式为 Computer_name\instance_name。

3. 计算机名称 \ 实例名称

用户可以在操作系统的“服务”程序中查看实例的名称。

实例名称要求以字母开头，可以用与符号“&”或者下划线“_”，可以包含数字、字母和其他字符。不同的实例，可以设置不同的“排序规则”“安全性”和其他选项。不同的实例的目录结构、注册表结构、服务名称等，都是以实例的名称进行区分的。

4. 什么情况下使用多个命名实例

使用多个命名实例有时对工作是十分有帮助的，主要在以下的情况下使用多个命名实例。

1）当一台计算机测试多个版本的 SQL Server 数据库时，一般会使用多实例。

2）当测试服务包、开发数据库和应用时，使用多实例。

3）当不同的用户需要使用独立的系统和数据库，并要求具有管理权限时，使用多实例。

4）当应用内嵌了桌面引擎数据库时，而用户又需要安装自己独立的数据库实例时，使用多实例。

任务实施

操作 1　创建命名实例

操作目标

完成命名实例“教学管理实例”的安装，对实例的属性要求，见表 1-1。

表 1-1　“教学管理实例”属性

序　　号	属　　性	值
1	实例名称	教学管理实例
2	服务账号	本地系统账户
3	身份验证模式	混合模式
4	排序规则	Chinese_PRC_CI_AS

操作实施

1）单击安装包中的“setup.exe”命令，启动“SQL Server 安装中心”，如图 1-2 所示。

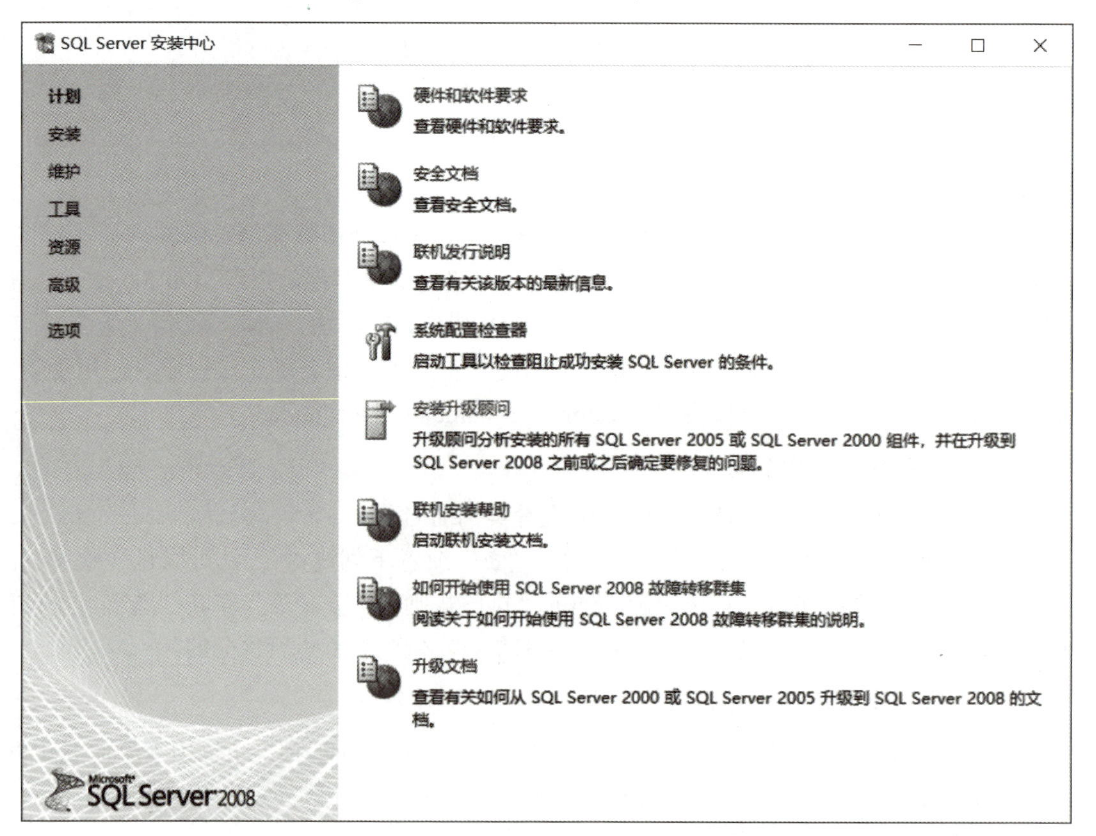

图 1-2　“SQL Server 安装中心”界面

2）选择“安装”标签页中的“全新安装或向现有安装添加功能”选项，如图 1-3 所示。

3）单击“全新安装或向现有安装添加功能”后，安装程序会进行“安装程序支持规则”的检查，如图 1-4 所示。

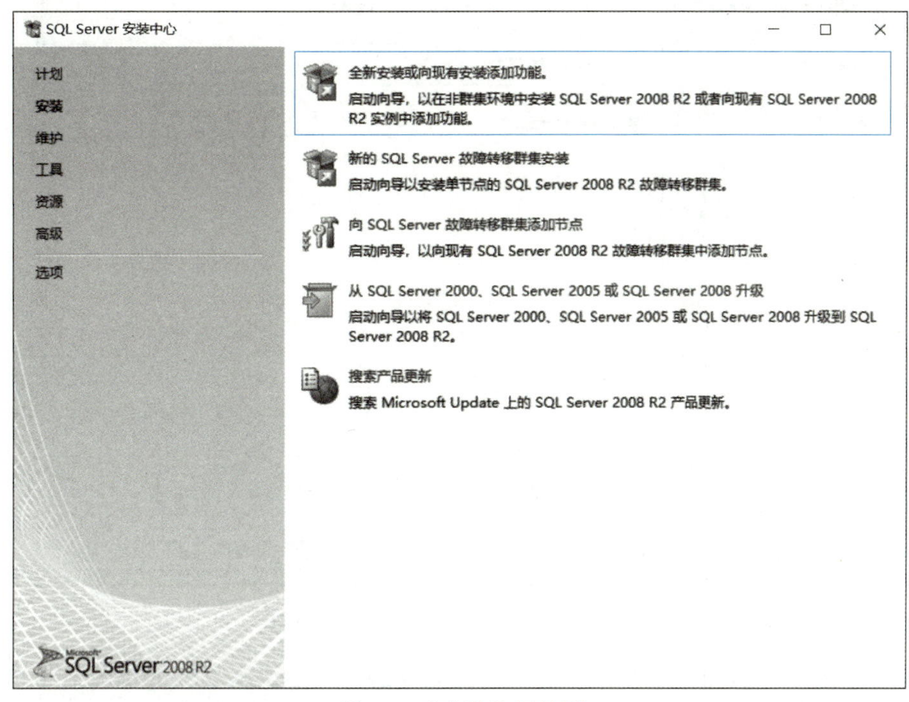

图 1-3 “安装”标签页

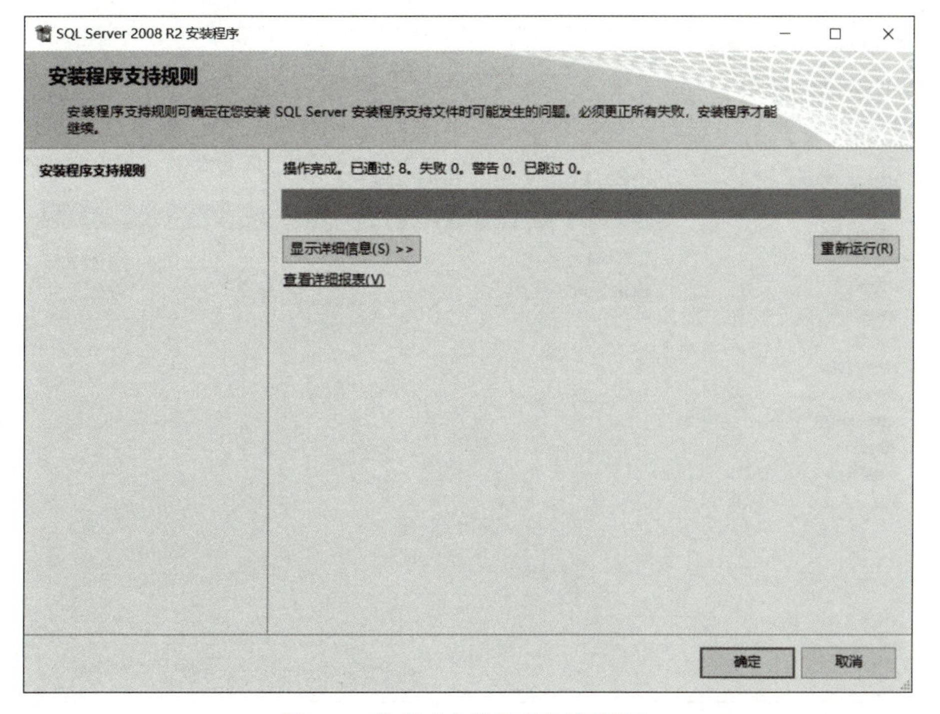

图 1-4 检查“安装程序支持规则”

4）单击“确定”按钮后，进入“安装程序支持文件”标签页，如图 1-5 所示。

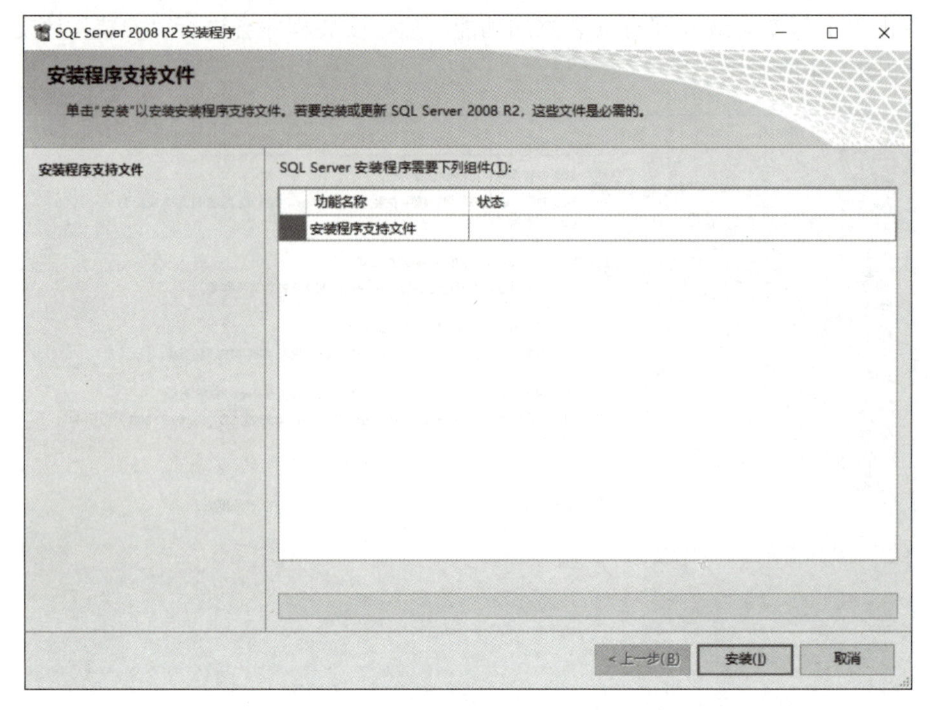

图 1-5 “安装程序支持文件”标签页

5）单击“安装”按钮，进行程序支持文件的安装，之后进入“SQL Server 2008 R2 安装程序”向导，如图 1-6 所示。

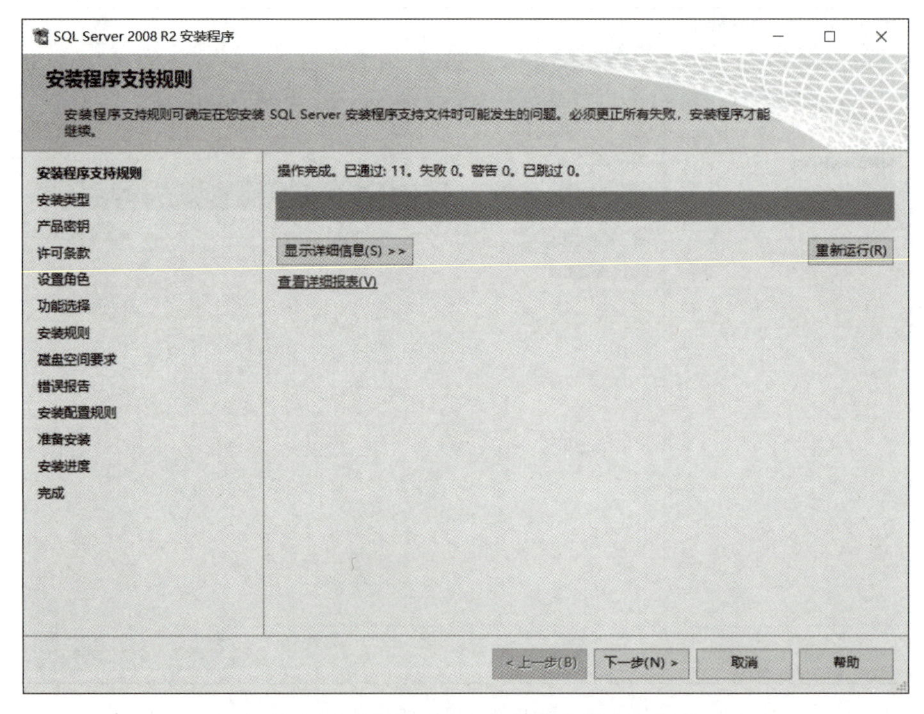

图 1-6 “SQL Server 2008 R2 安装程序”向导

6）单击“下一步”按钮，进入“安装类型”标签页，如图 1-7 所示。这里能看到已经安装实例的列表。

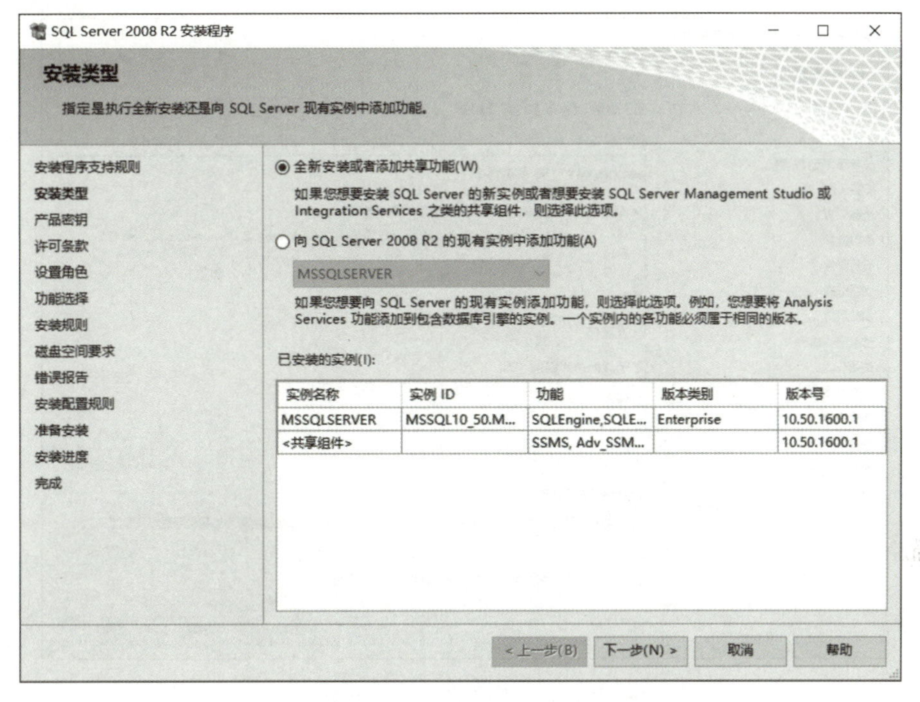

图 1-7 “安装类型”标签页

7）单击“下一步”按钮，输入产品密钥，如图 1-8 所示。

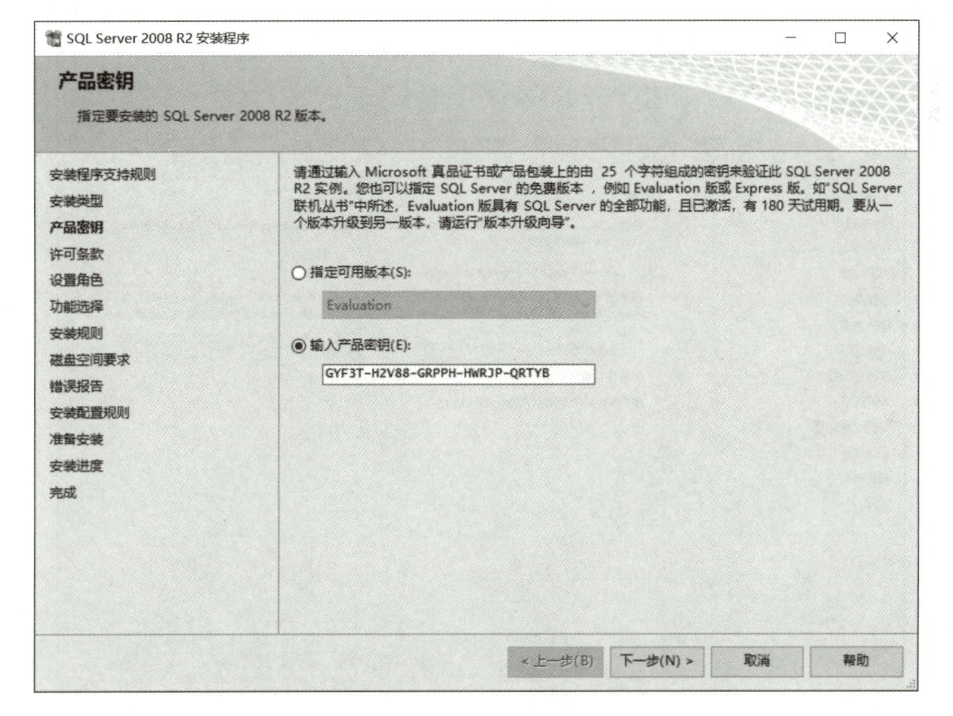

图 1-8 输入产品密钥

8）单击“下一步”按钮，在“许可条款”标签页中，选择“我接受许可条款”，如图 1-9 所示。

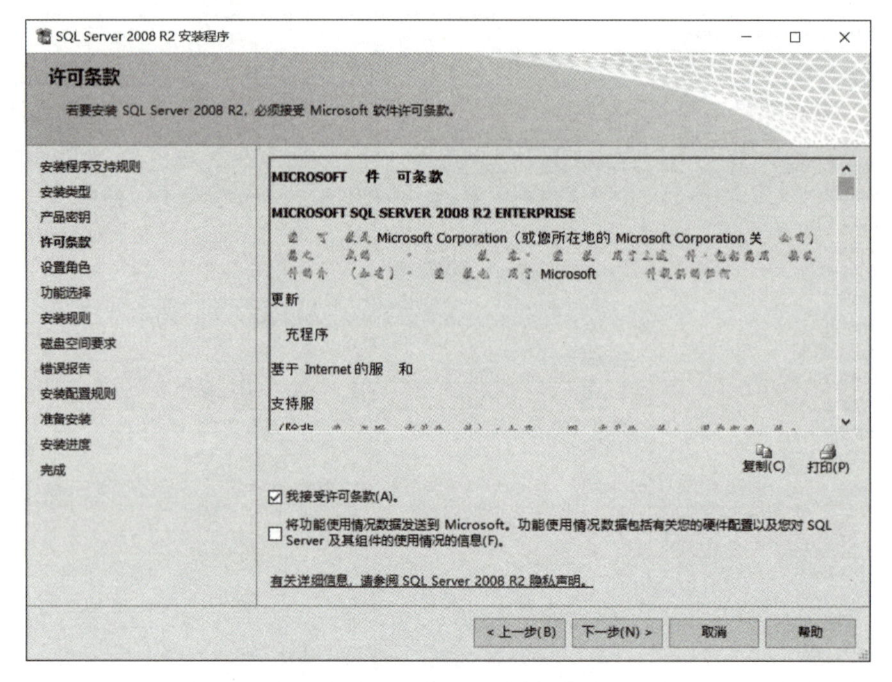

图 1-9 “许可条款”标签页

9）单击“下一步”按钮，出现如图 1-10 所示的“设置角色”标签页，选择“SQL Server 功能安装”。

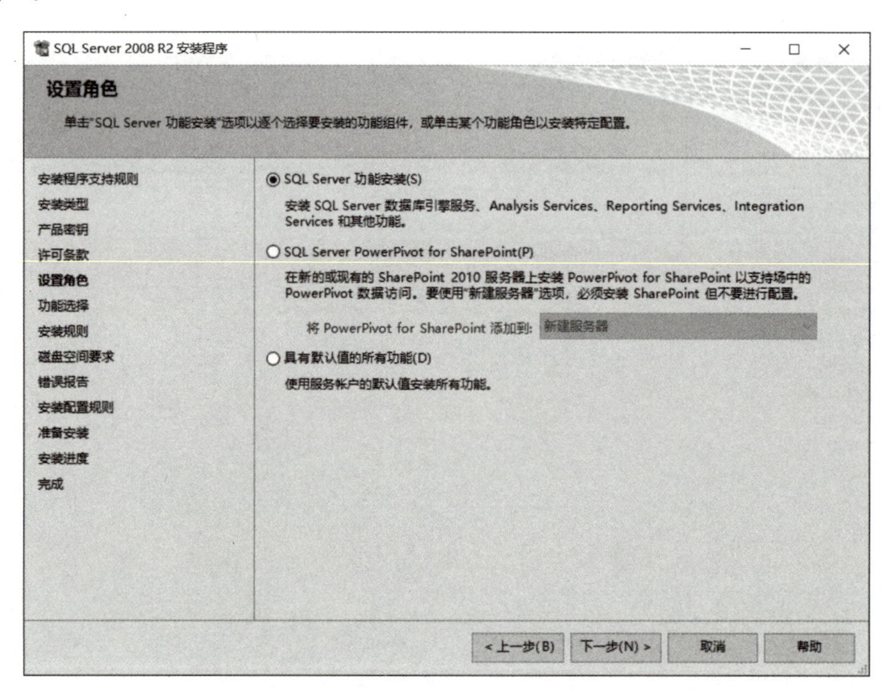

图 1-10 “设置角色”标签页

10）单击“下一步”按钮，在“功能选择”标签页，选择“全选”，如图 1-11 所示。

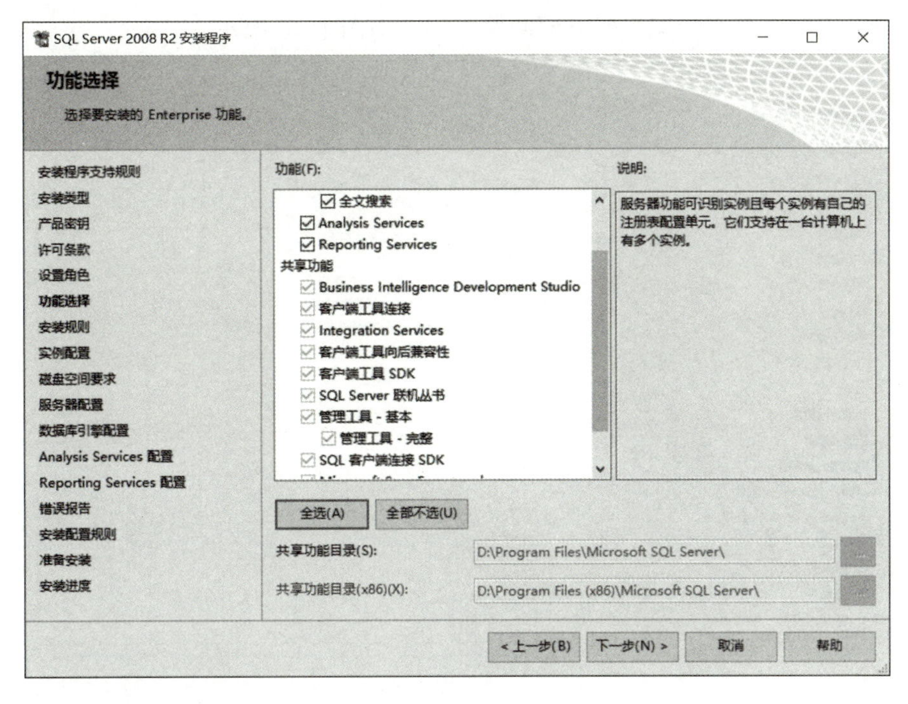

图 1-11 “功能选择”标签页

11）单击“下一步”按钮，安装程序自动检测“安装规则”。通过检测后，单击“下一步”按钮，进入“实例配置”标签页，如图 1-12 所示。

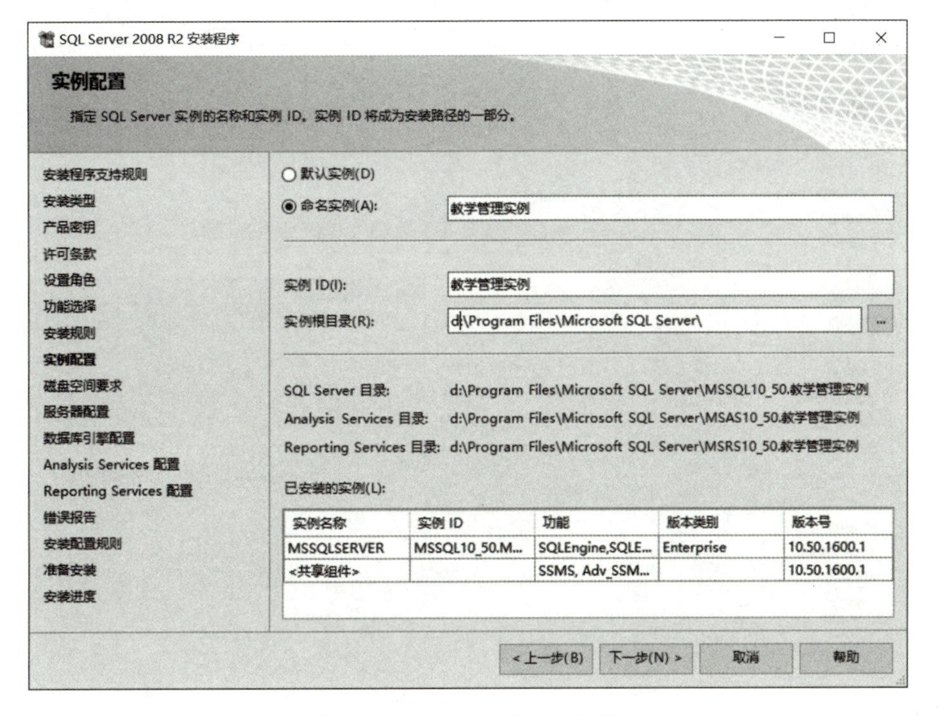

图 1-12 “实例配置”标签页

12）根据任务需求，添加新的命名实例，如图 1-12 所示，填写并修改完成后，单击“下一步”按钮，安装程序将检测“磁盘空间要求”，如图 1-13 所示。

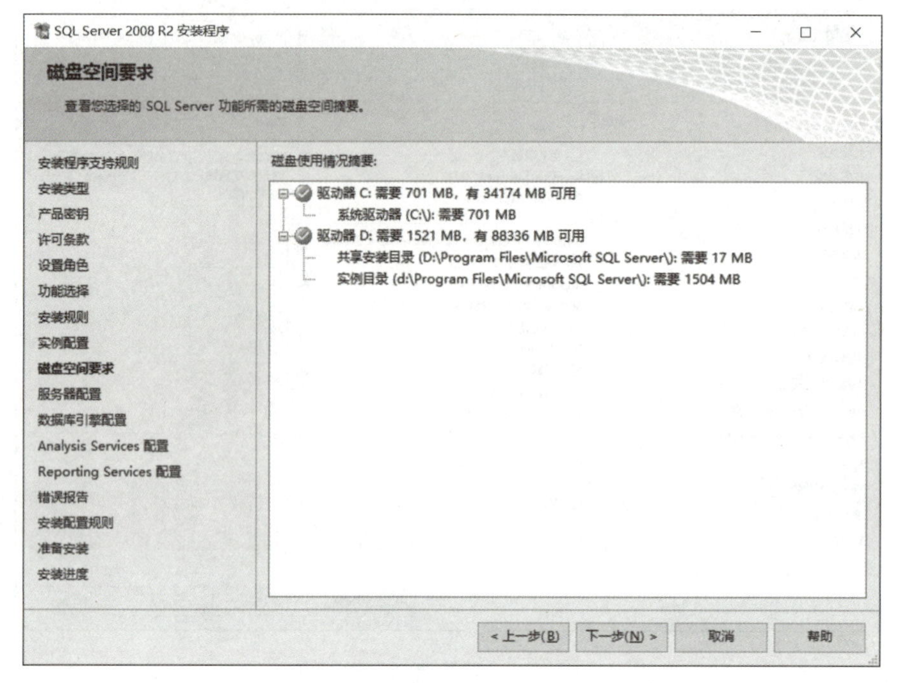

图 1-13 “磁盘空间要求”标签页

13）单击“下一步”按钮，出现如图 1-14 所示的“服务器配置”标签页，这里我们为每一个 SQL Server 使用一个单独的账户。

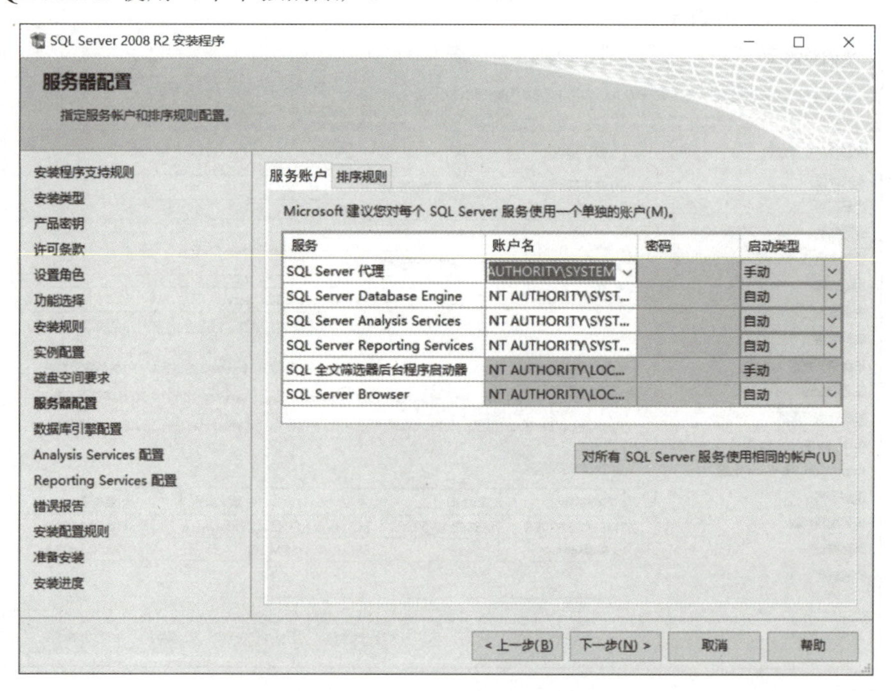

图 1-14 “服务器配置”标签页

14）单击“下一步”按钮，进入“数据库引擎配置”标签页，如图 1-15 所示，此处我们根据任务要求选择“混合模式（SQL Server 身份验证和 Windows 身份验证）”，并设置“sa”账户的密码，同时指定 SQL Server 管理员为当前用户。

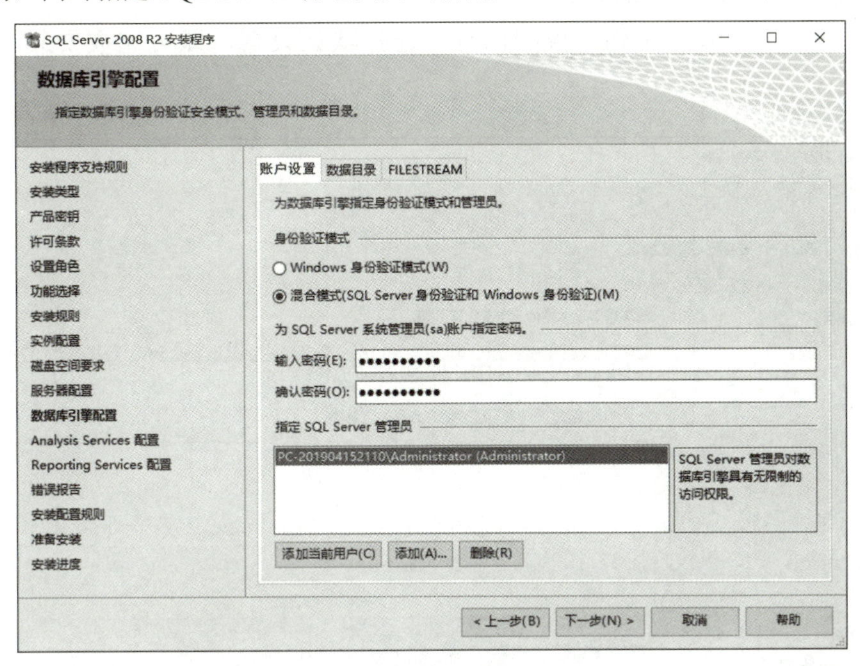

图 1-15 “数据库引擎配置”标签页

15）单击“下一步”按钮，进入“Analysis Services 配置”标签页，如图 1-16 所示。在此处我们指定当前用户具有对 Analysis Services 的管理权限。

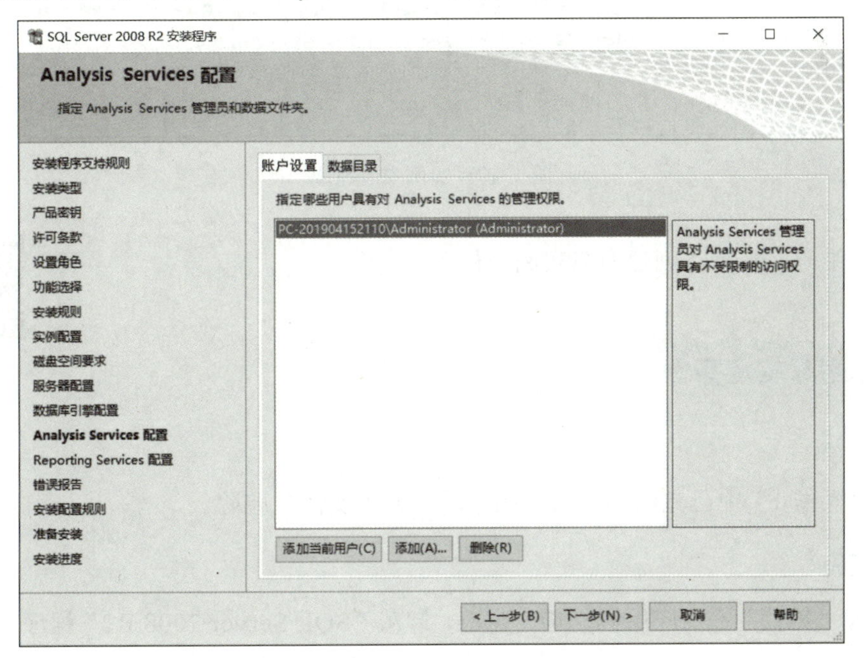

图 1-16 “Analysis Services 配置”标签页

Analysis Services 是在决策支持和业务分析中使用的分析数据引擎（Vertipaq）。它可为业务报告和客户端应用程序（如 Power BI、Excel、Reporting Services 报告和其他数据可视化工具）提供企业级语义数据模型。

16）单击“下一步”按钮，根据向导，选择默认设置，即可完成安装，如图 1-17 所示。

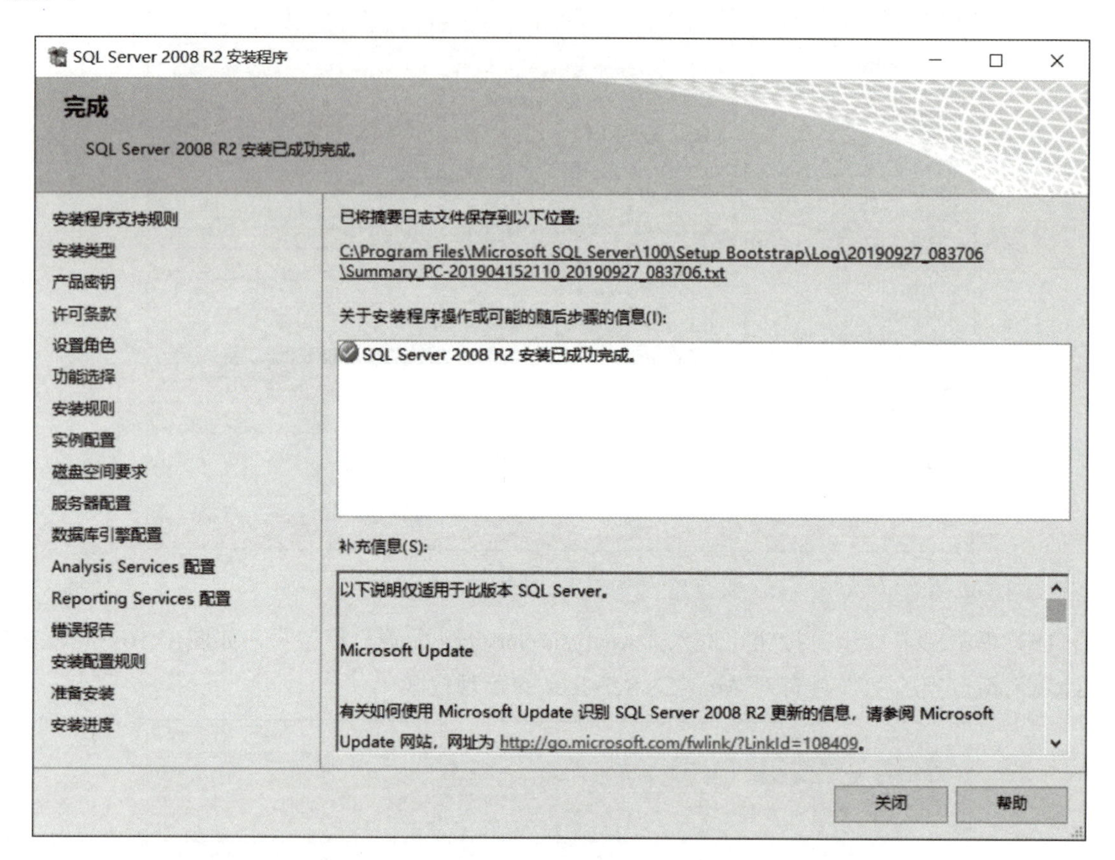

图 1-17　实例安装完成

扫描二维码，观看“创建命名实例”视频。

操作 2　删除指定实例

操作目标

请将“操作 1”中已完成的命名实例“教学管理实例”删除。

操作实施

1）启动“应用”在“应用和功能”窗口，卸载“SQL Server 2008 R2”程序，如图 1-18 所示。

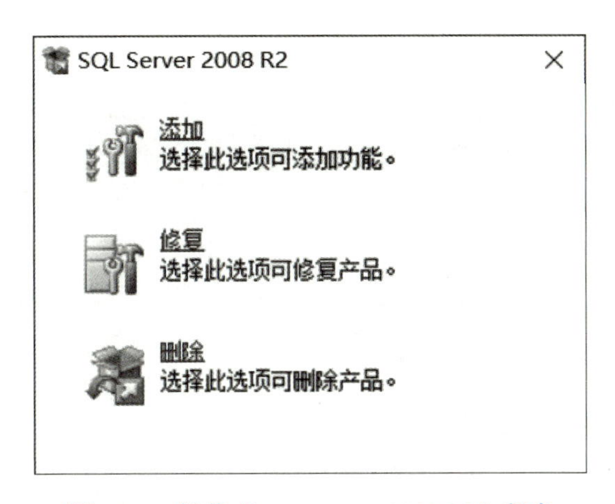

图 1-18　卸载“SQL Server 2008 R2”程序

2）单击“删除”，弹出“删除 SQL Server 2008 R2”对话框，选择要删除的 SQL Server 实例“教学管理实例”，如图 1-19 所示。

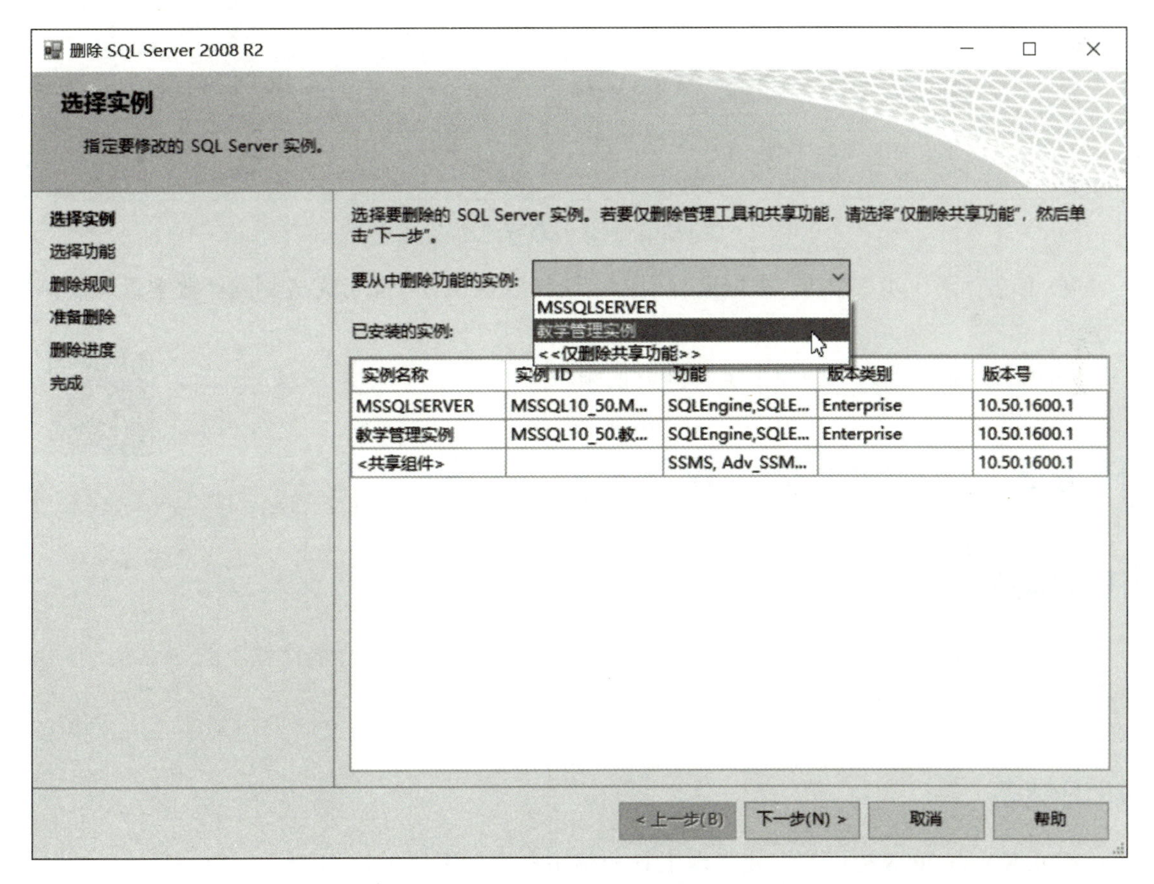

图 1-19　选择删除功能的实例

3）单击“下一步”按钮，进入“选择功能”标签页，如图 1-20 所示。此处可以全选删除所有实例功能和共享功能。

图 1-20 确认要卸载的功能

4）单击“下一步”按钮，根据向导提示，选择默认设置，即可完成删除“教学管理实例”的操作。

扫描二维码，观看“删除指定实例”视频。

任务 2 启动和连接“教学管理”实例

任务描述

根据软件说明书的安装说明，你已经建立了一个名称为“教学管理”的命名实例，现在需要你去启动并连接这个实例，你应该如何去做呢？

知识储备

SQL Server 2008 提供的主要管理工具和实用程序如下所示。

1．SQL Server 配置管理器

简介：可以利用 SQL Server 配置管理器来管理 SQL Server 提供的各种服务、配置 SQL Server 客户端以及服务器端所使用的网络协议。

启动：开始→所有程序→ Microsoft SQL Server 2008 2R → SQL Server Configuration Manager。

功能：可以使用 SQL Server 配置管理器启动、暂停和停止数据库服务器的实时服务。

2. SQL Server 外围工具配置器

简介：SQL Server 外围应用配置器（SQL Server Surface Area Configuration）可以在统一集中的界面下设置各种 SQL Server 服务实例对外沟通的渠道，降低可能的危险。

启动：开始→所有程序→ Microsoft SQL Server 2008 2R → SQL Server 外围应用配置器。

功能：第一部分，服务和连接的外围应用配置器，可以完成对 SQL Server 2008 2R 提供的各种服务的启动或停止，还可以设置是否允许远程连接等；第二部分，功能的外围应用配置器，可以实现对 SQL Server 2008 2R 提供的各种功能的启用和禁用。

3. SQL Server 管理控制台

简介：SQL Server Management Studio 是一个集成环境，用于访问、配置、管理和开发 SQL Server 的所有组件。SQL Server Management Studio 组合了大量图形工具和丰富的脚本编辑器，使各种技术水平的开发人员和管理员都能访问 SQL Server。

启动：开始→所有程序→ Microsoft SQL Server 2008 2R → SQL Server Management Studio Express。

功能：可以完成的工作如下所示。

1）连接到各服务的实例以及设置服务器属性。

2）创建和管理数据库，如数据库文件和文件夹，以及附加或分离数据库。

3）创建和管理数据表、视图、存储过程、触发器、组件等数据库对象，以及用户定义的数据类型。

4）创建和管理登录账号、角色和数据库用户权限、报表服务器目录等。

5）管理 SQL Server 系统记录、监视目前的活动、管理全文检索索引。

6）设置代理服务的作业、警报、操作员等。

7）组织与管理日常使用的各类查询语言文件。

4. 命令行工具程序 SQLCMD

简介：SQLCMD 通过 OLE DB 数据访问界面与 SQL Server 数据引擎沟通，可以让用户互动地执行 SQL 语法，或是指定 T-SQL 脚本文件交互执行，可以周期性地在后台批处理地执行，一些日常运营维护的工作将会需要此种方式完成。

启动：开始使用 SQLCMD 之前，必须先启动该实用工具并连接到一个 SQL Server 实例。可以连接到默认实例，也可以连接到命名实例。第一步是启动 SQLCMD 实用工具。

（1）启动 SQLCMD 实用工具并连接到 SQL Server 的默认实例

1）在“开始”菜单上，单击“运行”命令。在“运行”对话框中，输入 cmd，然后单击“确定”按钮打开命令提示符窗口。

2）在命令提示符处，输入 SQLCMD。

3）按 <Enter> 键完成与计算机上运行的默认 SQL Server 实例建立的可信连接。“1>”

是 SQLCMD 提示符，可以指定行号。每按一次 <Enter> 键，该数字就会加 1。

4）若要结束 SQLCMD 会话，在 SQLCMD 提示符处输入 EXIT。

（2）启动 SQLCMD 实用工具并连接到 SQL Server 的命名实例

1）打开命令提示符窗口，输入 sqlcmd-SmyServer\instanceName。使用计算机名称和要连接的 SQL Server 实例替换 myServer\instanceName。

2）按 <Enter> 键。

SQLCMD 提示符“1>”指示已连接到指定的 SQL Server 实例。

任务实施

操作 1　使用 Sql Server Configuration Manager 启动实例

操作目标

使用“Sql Server Configuration Manager”启动“教学管理”实例。

操作实施

1）单击“开始”→“所有程序”→“Microsoft SQL Server 2008 R2”→“SQL Server 配置管理器”，如图 1-21 所示。

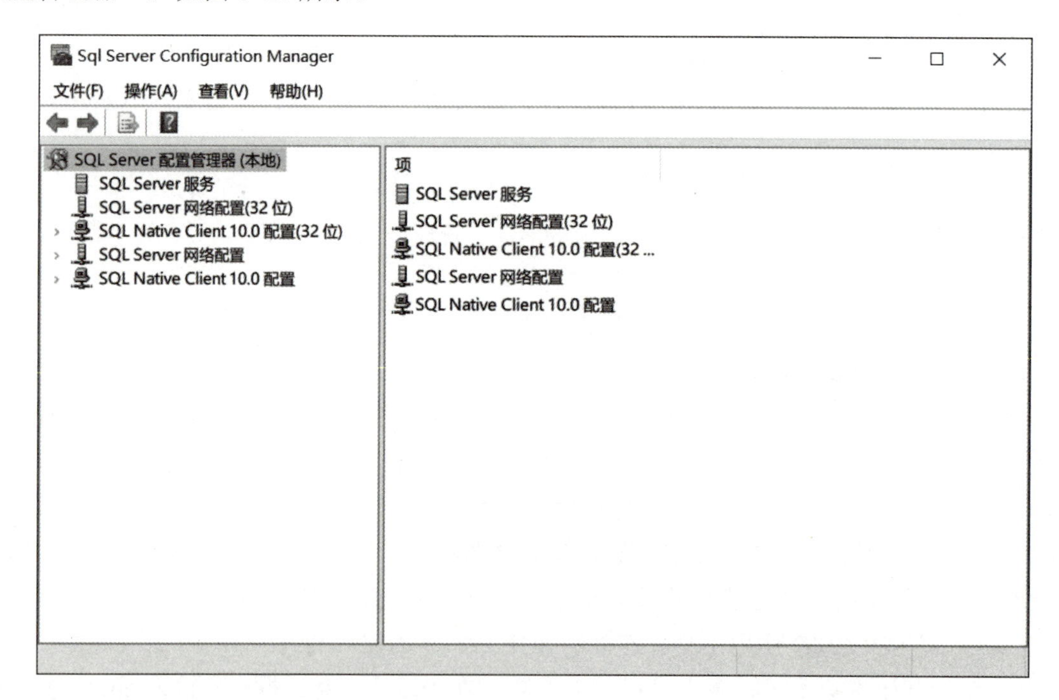

图 1-21　SQL Server 配置管理器

2）单击“SQL Server 服务”，右击“SQL Server（教学管理）”，启动服务，如图 1-22 所示。

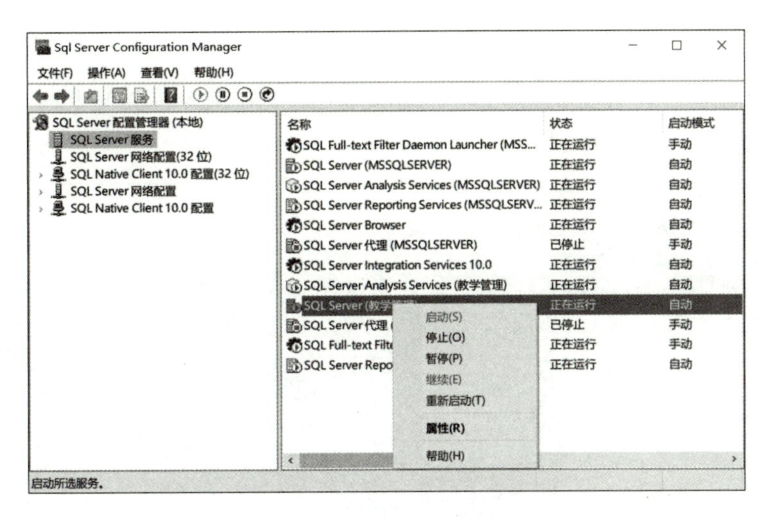

图 1-22　启动“SQL Server（教学管理）”

操作 2　在 Windows 的“服务”中启动实例

操作目标

在 Windows 的“服务”中启动“教学管理”实例。

操作实施

1）单击“开始”→“控制面板”→“管理工具”→“服务”，如图 1-23 所示。

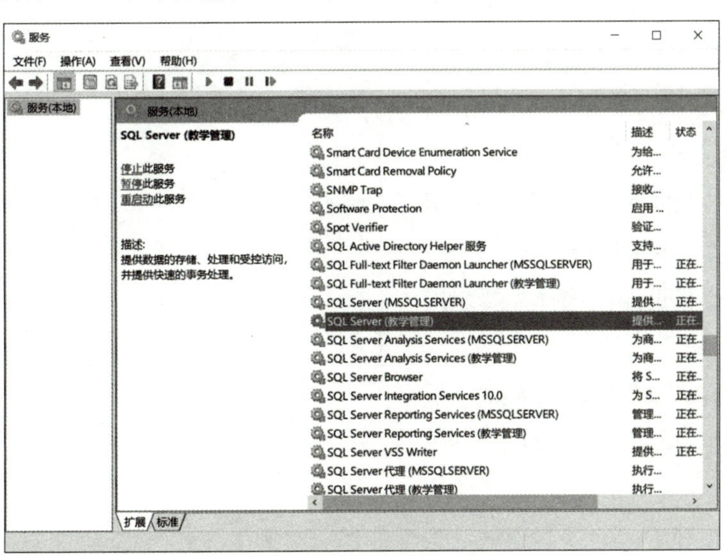

图 1-23　服务管理

2）选择“SQL Server（教学管理）”，单击“启动”按钮，启动实例。

操作 3　连接“教学管理”实例

操作目标

使用“SQL Server Management Studio”连接“教学管理”实例。

操作实施

1）单击“开始”→“所有程序”→“Microsoft SQL Server 2008 R2”→“SQL Server Management Studio”，如图 1-24 所示。

图 1-24　Microsoft SQL Server Management Studio 主界面

2）单击左侧“连接”按钮，在弹出的下拉菜单中选择“数据库引擎”，弹出如图 1-25 所示对话框。

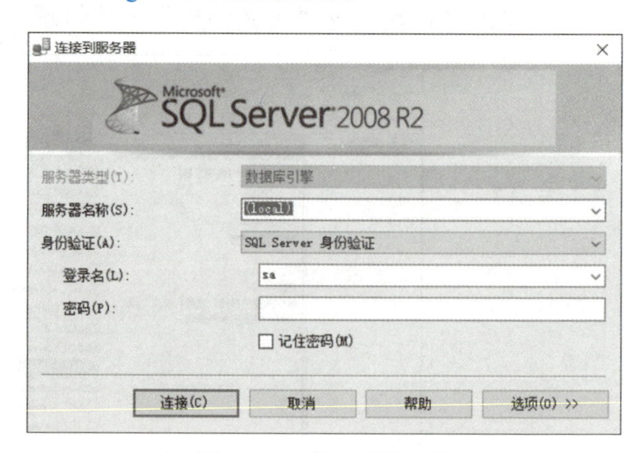

图 1-25　连接到服务器

如果计算机上已安装了多个命名实例，应选择需要连接的服务器名称，在“服务器名称”的下拉菜单中选择“浏览更多”按钮，在弹出的查找页面中选择需要连接的服务器名称。

3）输入登录名“sa”和密码“sa”后，单击“连接”按钮，就可连接“教学管理”这个实例。

扫描二维码，观看“启动和连接‘教学管理’实例”视频。

拓展训练

拓展训练 1

查找与 SQL Server Management Studio 有关的资料，熟悉 SQL Server Management Studio 的使用。

拓展训练 2

查找 SQLCMD 命令的使用资料，练习使用 SQLCMD 完成一些基本操作。

项 目 小 结

通过本项目的学习，读者应：

1）熟悉 SQL Server Management Studio 的学习和实训环境。

2）会使用查询窗口或 SQLCMD 实用工具实现一个简单操作。

3）掌握 SQL Server 服务的启动和连接方法。

4）掌握 SQL Server 命名实例的创建和连接方法。

课后拓展与实践

1）如何启动 SQL Server Management Studio？

2）怎样建立自定义命名实例？

3）删除命名实例的方法有哪几种？

阅 读 提 升

“在数据库领域，面对国际市场竞争中的强大对手，我们是渴望并正在长大的小孩子”，这是早在 1988 年成功研发我国第一个拥有自主版权的数据库管理系统（CRDS）的冯玉才在很多年后发出的感慨。

正是因为老一辈自研团队在国产数据库研发上的开先河和新引领，以及国家“九七工程”中涌现的一批杰出科技工作者们，不断打破壁垒，砥砺前行，才有了今天我们在数据库发展领域的创新和发展。

我们踏着云计算带来的数据库变革这样一股不可逆转的浪潮，乘风破浪。2017 年阿里发布了 PolarDB 1.0 后，其性能让行业为之兴奋；完全自主研发的企业级原生分布式数据库 OceanBase 已连续 9 年稳定支撑“双 11”，创新推出“三地五中心”城市级容灾新标准，在被誉为“数据库世界杯”的 TPC-C 和 TPC-H 测试上都刷新了世界纪录。随之而来的云计算时代，国内厂商已经拥有了不亚于海外公司的丰富生态，仅阿里生态内就有了 PolarDB、OceanBase、ADB、图数据库、时序时空数据库等产品。

以开源、分布式和云计算为主导的新数据库时代已然到来，而在新的挑战到来之前，国产数据库已经具有了充足的底气。

中华文化的底蕴告诉我们“取其精华，去其糟粕”，我们还要学习经典制作，就像本书推荐的 SQL Server，学习应用不是目的，目的是充实自我。

项目 2　创建与管理“教学管理”数据库

学习目标

- ✧ 理解数据库、数据库管理系统、数据库系统、客户机/服务器
- ✧ 初步认识示例数据库 db_xsgl
- ✧ 了解 SQL Server 的数据类型
- ✧ 会初步使用 SQL 语言处理实际问题
- ✧ 会设置数据库的基本属性

任务 1　创建“教学管理”数据库

任务描述

某学校正在设计学生教学管理系统，该系统安装说明中要求首先建立名称为“db_xsgl”的数据库，以便进行下一步的安装操作。假设你作为该校信息中心技术人员，你会怎样完成该部分工作呢？你首先应该做什么呢？

已知系统中的学生实体包括学号、姓名、性别、生日、民族、籍贯、简历、登记照等信息，每名学生选择一个主修专业，专业包括专业编号和名称，一个专业属于一个学院，一个学院可以有若干个专业；学院信息中要存储学院号、学院名、院长名；教学管理要管理课程表和学生成绩；课程表包括课程号、课程名、学分，每门课程由一个学院开设；学生选修的每门课程只能获得一个成绩。

知识储备

1．数据库

数据库（Database）是按照数据结构来组织、存储和管理数据的仓库。随着信息技术和市场的发展，特别是 20 世纪 90 年代以后，数据管理不再仅仅是存储和管理数据，而是转变成用户所需要的各种数据管理的方式。数据库有多种类型，从最简单的存储有各种数据的表格到能够进行海量数据存储的大型数据库系统，在各个方面得到了广泛的应用。

2. 数据库管理系统

数据库管理系统（Database Management System，DBMS）是一种操纵和管理数据库的大型软件，用于建立、使用和维护数据库。它对数据库进行统一的管理和控制，以保证数据库的安全性和完整性。用户通过 DBMS 访问数据库中的数据，数据库管理员也通过 DBMS 进行数据库的维护工作。它可以使多个应用程序和用户用不同的方法在同时或不同时刻去建立、修改和询问数据库。DBMS 提供数据定义语言（Data Definition Language，DDL）与数据操作语言（Data Manipulation Language，DML），供用户定义数据库的模式结构与权限约束，实现对数据的追加、删除等操作。

3. 数据库系统

数据库系统（Database Systems）是由数据库及其管理软件组成的系统。它是为适应数据处理的需要而发展起来的一种较为理想的数据处理的核心机构。它是一个实际可运行的为存储、维护和应用系统提供数据的软件系统，是存储介质、处理对象和管理系统的集合体。

4. SQL 语言基础

结构化查询语言（Structured Query Language，SQL）是一种数据库查询和程序设计语言，用于存取数据以及查询、更新和管理关系数据库系统。同时也是数据库脚本文件的扩展名。

SQL 语言包含 3 个部分：

1）数据定义语言（Data Definition Language，DDL），用来建立数据库、数据对象和定义其列。定义语句为“definition/”，子句有 CREATE、DROP、ALTER 等。

2）数据操作语言（Data Manipulation Language，DML），用来插入、修改、删除、查询数据库中的数据。操作语句为“make/”，子句有 INSERT（插入）、UPDATE（修改）、DELETE（删除）、SELECT（查询）等。

3）数据控制语言（Data Controlling Language，DCL），用来控制数据库组件的存取允许、存取权限等。控制语句为“control/”，子句有 GRANT、REVOKE、COMMIT、ROLLBACK 等。

5. SQL 简单应用

创建数据库：Create DATABASE databasename。

说明：databasename—— 自定义数据库名称，由数字、字母、下划线组成，但是数字不能开头。

修改数据库：ALTER DATABASE（Transact-SQL）。

Transact-SQL 语句在本项目中仅进行简单应用，在后续项目中将有详细讲解。

删除数据库：DROP DATABASE databasename。

任务实施

操作 1　在 Management Studio 中创建数据库

操作目标

连接服务器“教学管理”实例，创建名称为“db_xsgl”教学管理数据库。“db_xsgl”数据库属性见表 2-1。

表 2-1　“db_xsgl”数据库属性

序　号	要　求	属　性
1	数据库名称	db_xsgl
2	其他项	默认值

操作实施

1）启动 SQL Server Management Studio，连接“教学管理”实例。

2）在“对象资源管理器”中右击“数据库”选项，在弹出的快捷菜单中选择“新建数据库”选项，如图 2-1 所示，打开“新建数据库”窗口。

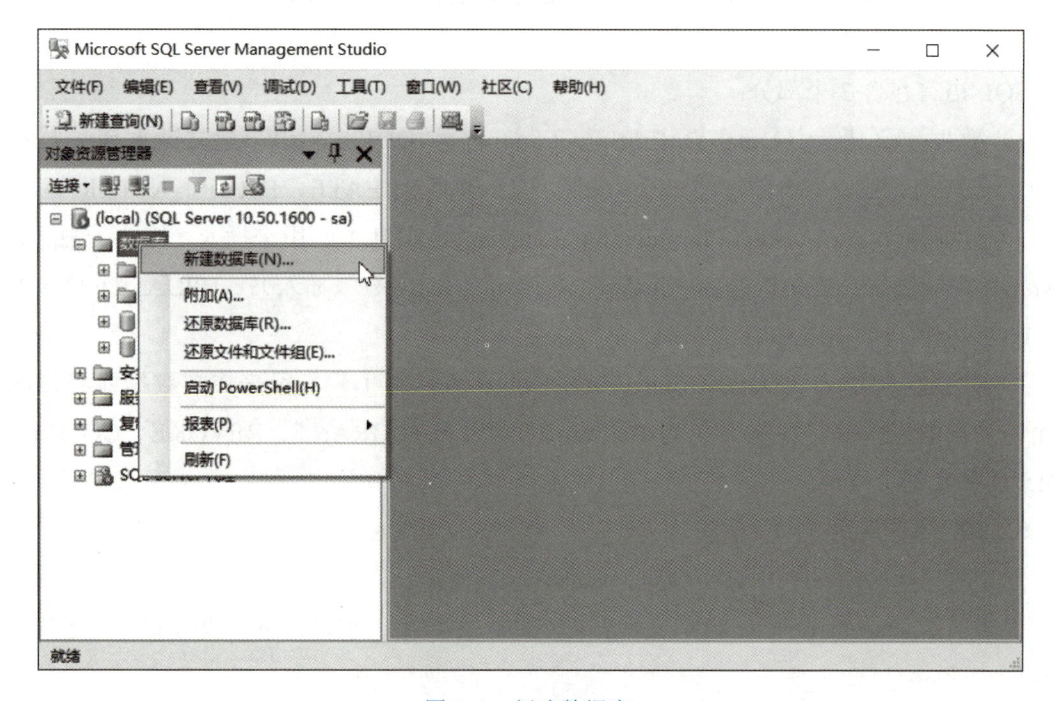

图 2-1　新建数据库

3）在“新建数据库”窗口的“数据库名称”文本框中输入“db_xsgl”，其他选项选择默认值，单击“确定”按钮即可完成该操作，如图 2-2 所示。

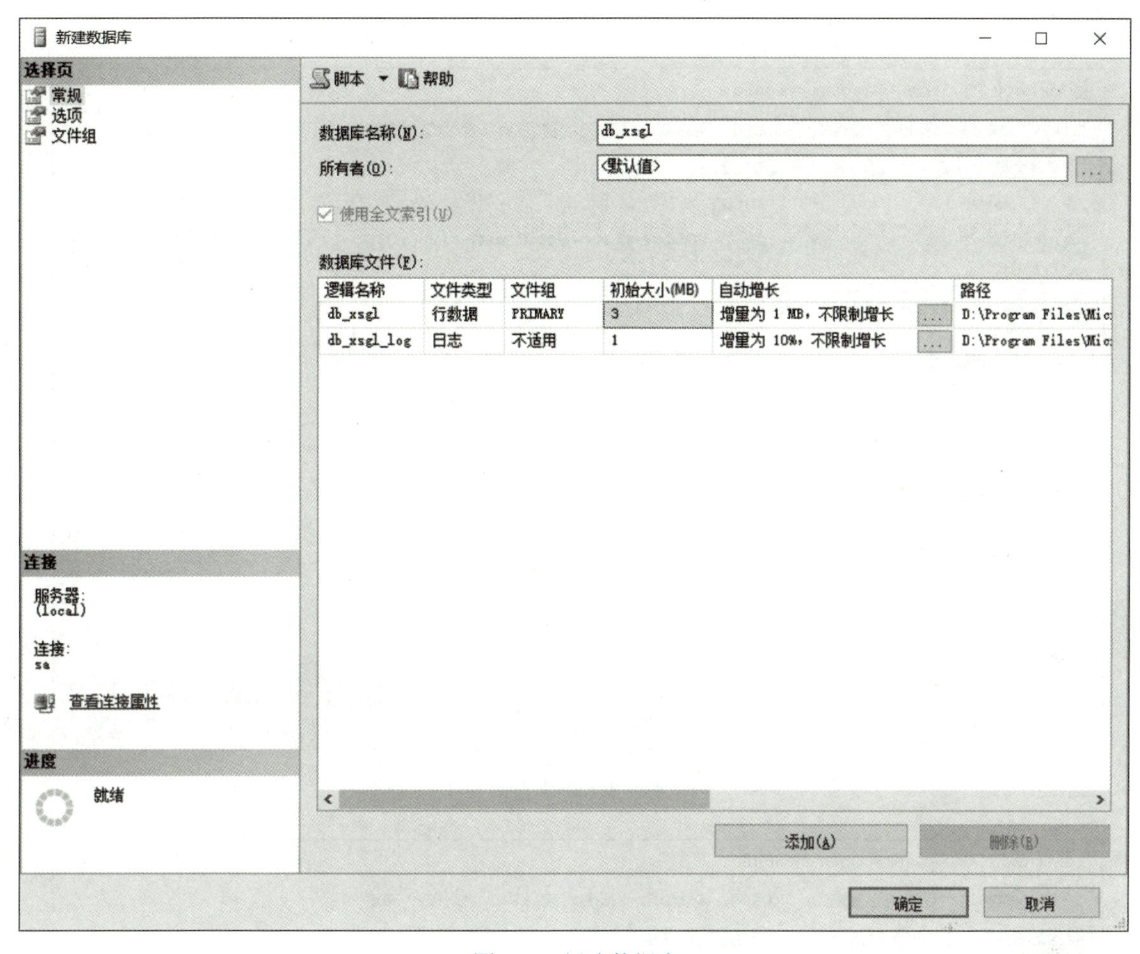

图 2-2　新建数据库

扫描二维码，观看“在 Management Studio 中创建数据库”视频。

操作 2　使用 create database 语句创建数据库

操作目标

连接服务器“教学管理”实例，使用 creat database 语句创建名为“db_xsgl”的教学管理数据库。

操作实施

1）启动 SQL Server Management Studio，连接“教学管理”实例。

2）在工具栏中单击“新建查询”工具按钮，右侧窗格将会出现 SQL 查询工作区，如图 2-3 所示。

3）在编辑区输入“create database db_xsgl”语句，单击工具栏上的“执行”按钮，当“消息”队列中显示“命令已成功完成”，即完成该操作，如图 2-4 所示。

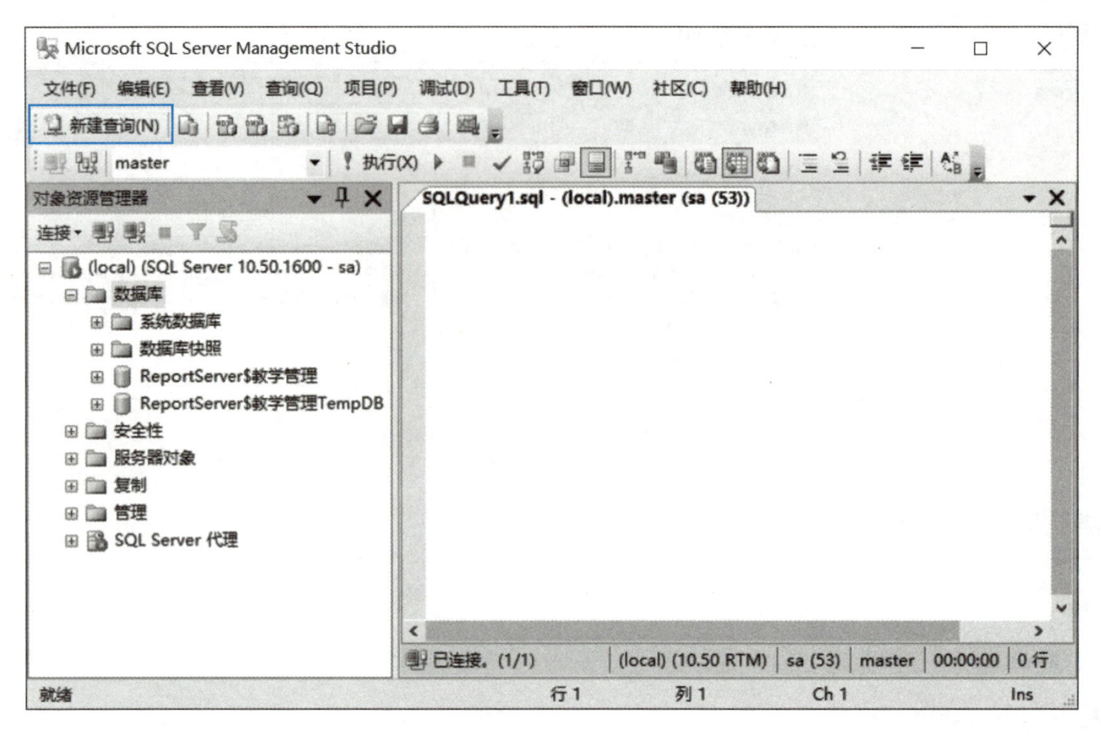

图 2-3 新建查询

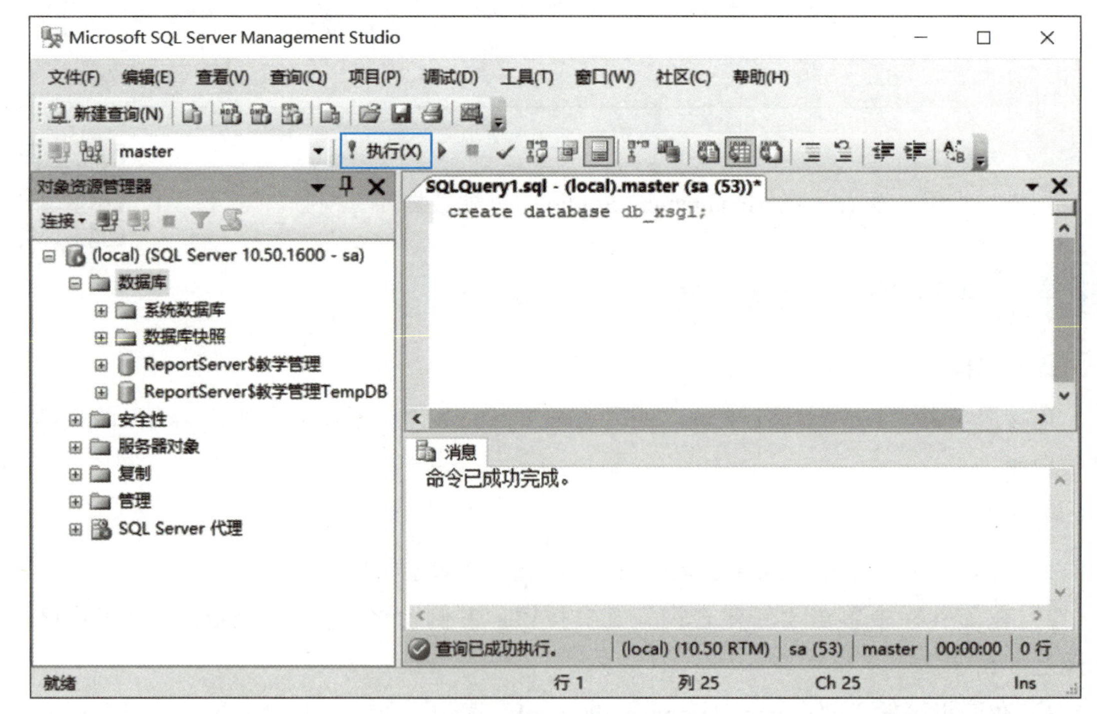

图 2-4 SQL 创建数据库

任务 2　修改数据库

任务描述

根据软件安装要求，将上一个任务中建立的“db_xsgl”数据库，按照表 2-2 所示的属性值进行修改，以便符合该软件安装要求。

知识储备

1．数据库的文件类型

（1）主要数据文件

主要数据文件是数据库的起点，指向数据库中文件的其他部分。每个数据库都有一个主要数据文件。主要数据文件的推荐文件扩展名是 .mdf。

（2）次要数据文件

次要数据文件包含除主要数据文件外的所有数据文件。有些数据库可能没有次要数据文件，而有些数据库则有多个次要数据文件。次要数据文件的推荐文件扩展名是 .ndf。

（3）日志文件

日志文件包含恢复数据库所需的所有日志信息。每个数据库必须至少有一个日志文件，但可以不止一个。日志文件的推荐文件扩展名是 .ldf。

2．排序规则

排序规则是在 SQL Server 中，控制字符串的物理存储。排序规则指定表示每个字符的位模式以及存储和比较字符所使用的规则。

在查询分析器内执行下面语句，可以得到 SQL Server 支持的所有排序规则。

```
select * from ::fn_helpcollations()
```

排序规则名称由两部分构成，前半部分是指本排序规则所支持的字符集。

例如：Chinese_PRC_CS_AI_WS

排序规则名称的前半部分中，Chinese_PRC_ 是针对简体字 UNICODE 的排序规则，按拼音排序。而如果是 Chinese_PRC_Stroke 则表示按汉字笔画排序。

排序规则名称的后半部分即后缀含义如下：

_BIN 二进制排序。

_CI (CS) 是否区分大小写，CI 不区分，CS 区分 (case-insensitive/case-sensitive)。

_AI (AS) 是否区分重音，AI 不区分，AS 区分 (accent-insensitive/accent-sensitive)。

_KI (KS) 是否区分假名类型，KI 不区分，KS 区分 (kanatype-insensitive/kanatype-sensitive)。

_WI(WS) 是否区分宽度，WI 不区分，WS 区分 (width-insensitive/width-sensitive)。

注意 区分大小写：如果想让比较将大写字母和小写字母视为不等，请选择该选项。

区分重音：如果想让比较将重音和非重音字母视为不等，请选择该选项。如果选择该选项，比较还将重音不同的字母视为不等。

区分假名：如果想让比较将片假名和平假名所表示的日语音节视为不等，则选择该选项。

区分宽度：如果想让比较将半角字符和全角字符视为不等，则请选择该选项。

3. alter database 语法

alter database 语句可以修改数据库属性，不同属性的修改语句，其语法结构不同。

1）增加数据文件组语法，见表 2-2。

表 2-2　增加数据文件组语法

序　号	属　性	语　法
1	数据库名称	alter database 数据库名称
2	增加数据文件组	add filegroup 数据文件组名称

2）增加数据文件的语法，见表 2-3。

表 2-3　增加数据文件的语法

序　号	属　性	语　法
1	数据库名称	alter database 数据库名称
2	增加数据文件	add file 数据文件名称
3	次要数据文件属性： 逻辑名称 操作系统文件名 初始尺寸 最大尺寸 增长尺寸 指定的数据文件组	（name= 逻辑名称， filename= 操作系统文件名， size= 初始尺寸， maxsize= 最大尺寸 /UNLIMITED， filegrowth= 增长尺寸） to filegroup 文件组名称

3）删除数据文件组的语法，见表 2-4。

表 2-4　删除数据文件组的语法

序　号	属　性	语　法
1	数据库名称	alter database 数据库名称
2	指定删除的数据文件组	Remove filegroup 数据文件组名称

4）删除数据文件的语法，见表 2-5。

表 2-5　删除数据文件的语法

序　　号	属　　性	语　　法
1	数据库名称	alter database 数据库名称
2	指定删除的数据文件	Remove file 数据文件逻辑名称

5）增加事务日志文件的语法，见表 2-6。

表 2-6　增加事务日志文件的语法

序　　号	属　　性	语　　法
1	数据库名称	alter database 数据库名称
2	增加事务日志文件	add log file
3	事务日志文件属性： 逻辑名称 操作系统文件名 初始尺寸 最大尺寸 增长尺寸	（name= 逻辑名称， filename= 操作系统文件名， size= 初始尺寸， maxsize= 最大尺寸 /UNLIMITED， filegrowth= 增长尺寸）

6）删除事务日志文件的语法，见表 2-7。

表 2-7　删除事务日志文件的语法

序　　号	属　　性	语　　法
1	数据库名称	alter database 数据库名称
2	指定删除的事务日志文件	Remove file 事务日志文件逻辑名称

7）修改排序规则的语法，见表 2-8。

表 2-8　修改排序规则的语法

序　　号	属　　性	语　　法
1	数据库名称	alter database 数据库名称
2	定义排序规则	Collate 排序规则名称

任务实施

操作 1　在“数据库属性”窗口中增加文件组和文件

操作目标

将前面项目所创建的名称为“db_xsgl”教学管理数据库增加一个数据文件组，并在此文件组中增加一个数据文件。修改“db_xsgl”教学管理数据库的具体要求，见表 2-9。

表 2-9　修改“db_xsgl”教学管理数据库

文　件	文 件 组	逻 辑 名 称	操作系统文件名	初 始 尺 寸	最 大 尺 寸	增 长 尺 寸
数据文件	xsgl_fGroup	xsgl_data	D:\MSSQL\DATA\xsgl_data.ndf	10MB	不限	5MB

操作实施

1）启动 SQL Server Management Studio，连接“教学管理”实例。

2）在“对象资源管理器”中展开“数据库”节点，右击“db_xsgl”节点，在弹出的快捷菜单中选择“属性”命令，打开“数据库属性 -db_xsgl”窗口。

3）在“数据库属性 -db_xsgl”窗口中选择“文件组”选项，然后单击“添加”按钮，输入名称“xsgl_fGroup”，如图 2-5 所示。

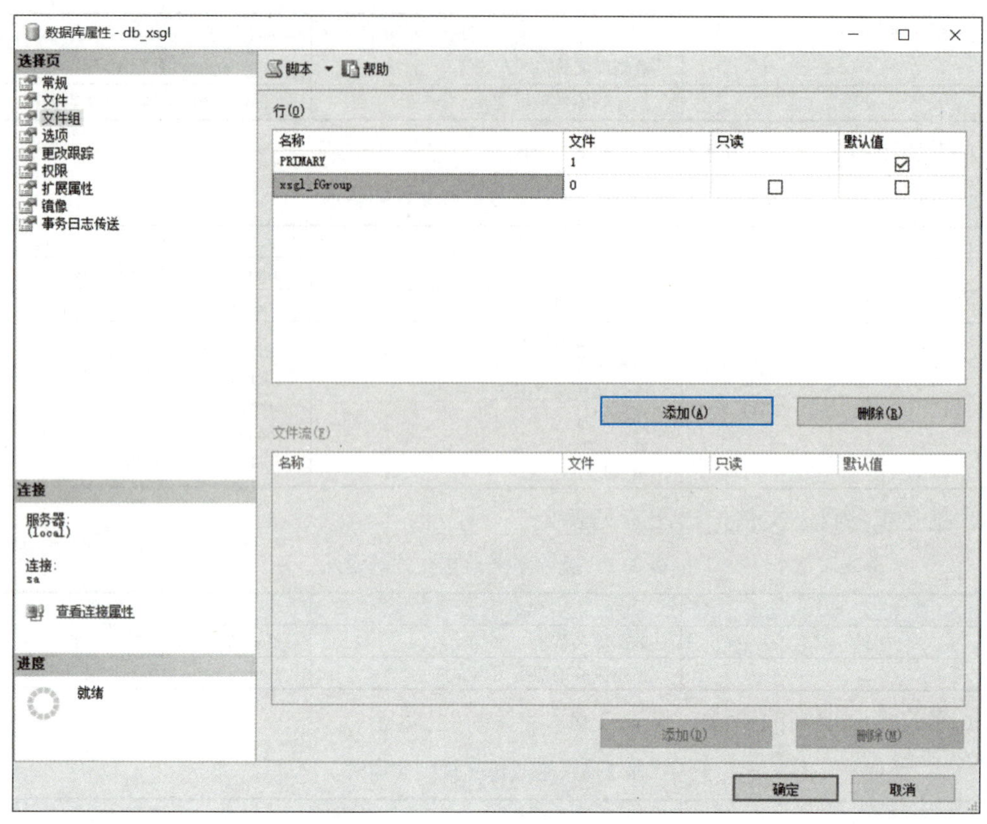

图 2-5　创建文件组

4）单击“文件”选项，在弹出的窗口中单击“添加”按钮，在“逻辑名称”中输入“xsgl_data”，在文件类型中选择“行数据”，在初始大小中输入“10MB”，单击“自动增长”右侧的“…”按钮，在弹出的“更改 xsgl_data 的自动增长设置”对话框中，选择“启用自动增长”复选框，并选择“按 MB”单选按钮，并将后边微调按钮值设置为“5”，在“最大文件大小”属性下，选择“不限制文件增长”单选按钮，如图 2-6 所示。单击“确定”按钮后，即完成了操作任务。增加数据文件的整体效果，如图 2-7 所示。

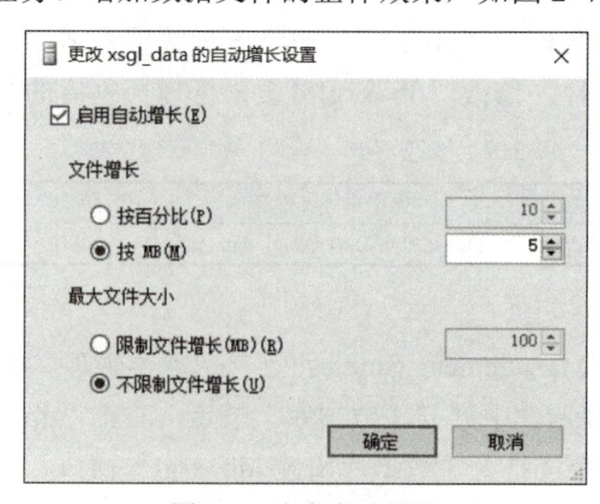

图 2-6　定义自动增长

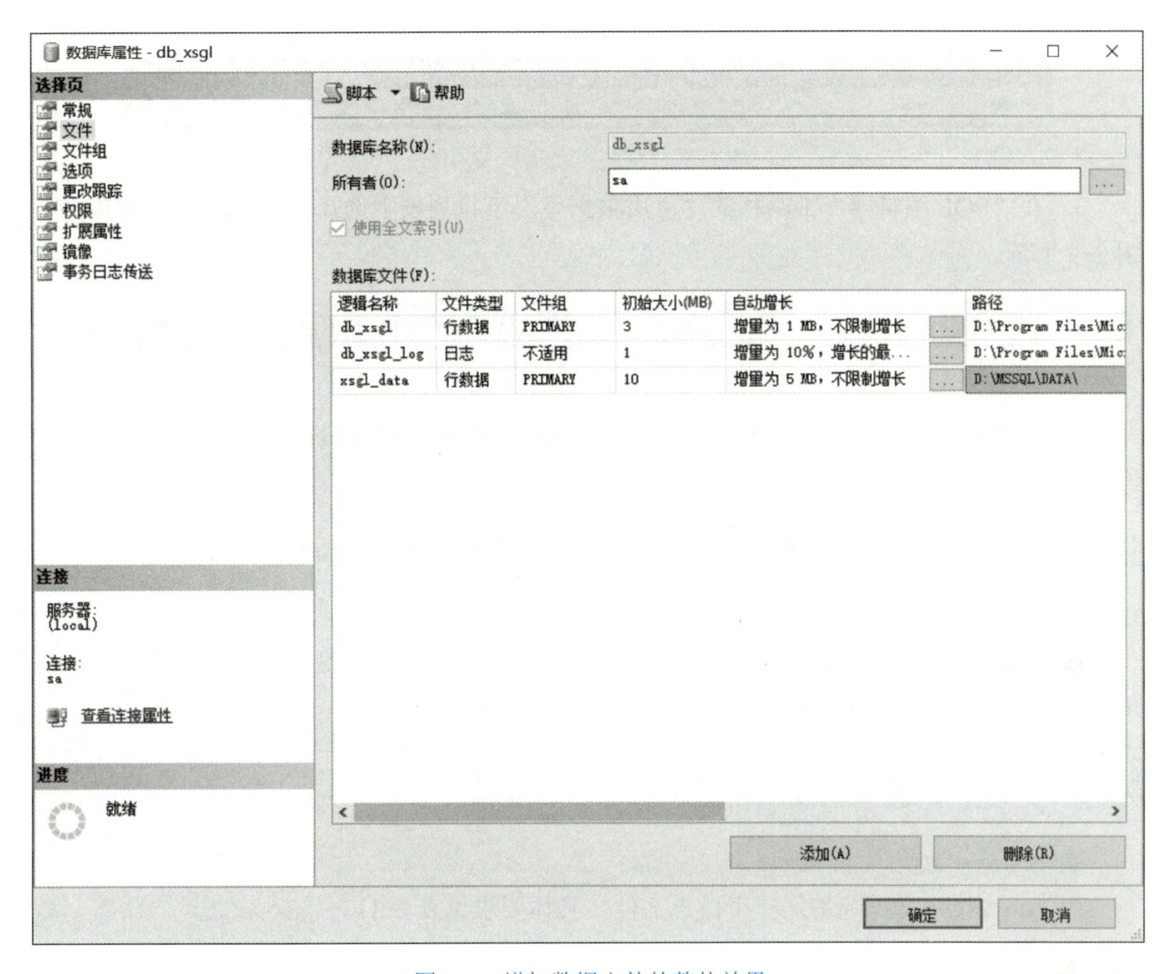

图 2-7　增加数据文件的整体效果

扫描二维码，观看“在‘数据库属性’窗口中增加文件组和文件”视频。

操作 2　使用 alter database 语句增加文件组和文件

操作目标

使用 alter database 语句为“db_xsgl”教学管理数据库增加文件组和文件，内容见表 2-10。

表 2-10　alter database 修改“db_xsgl”教学管理数据库

文　件	文 件 组	逻 辑 名 称	操作系统文件名	初 始 尺 寸	最 大 尺 寸	增 长 尺 寸
数据文件	xsgl_fGroup1	xsgl_data1	D:\MSSQL\DATA\xsgl_data1.ndf	10MB	不限	5MB

操作实施

1）启动 SQL Server Management Studio，连接“教学管理”实例。

2）单击工具栏中的“新建查询”按钮，打开编辑 T-SQL 语句的页面，同时显示“SQL 编辑器”工具栏，如图 2-8 所示。

图 2-8 “SQL 编辑器”工具栏

3）在“SQL 编辑器”工具栏的“可用数据库”下拉列表中选择“db_xsgl”数据库，如图 2-9 所示。

图 2-9 选择可用数据库

4）在编辑窗口中输入为“db_xsgl”数据库增加文件组的 alter database 命令，如图 2-10 所示。

```
alter database db_xsgl add filegroup xsgl_fGroup1
```

图 2-10 使用 alter database 增加文件组

5）单击“SQL 编辑器”工具栏中的“执行”按钮，即可完成操作要求。如果需要验证是否正确完成，可以在属性窗口中的文件组选项中查看。

操作 3 在“数据库属性”窗口中增加日志文件

操作目标

为“db_xsgl”数据库增加一个日志文件，具体要求见表 2-11。

表 2-11 为“db_xsgl”数据库增加一个日志文件

文件	文件组	逻辑名称	操作系统文件名	初始尺寸	最大尺寸	增长尺寸
数据文件		xsgl_Log	D:\MSSQL\DATA\ xsgl_log.ldf	10MB	不限	5MB

操作实施

1）启动 SQL Server Management Studio，连接“教学管理”实例。

2）在“对象资源管理器”中展开“数据库”节点，右击“db_xsgl”节点，在弹出的快捷菜单中选择“属性”命令。

3）在弹出的“数据库属性 -db_xsgl”窗口中选择“文件”选项，然后单击“添加”按钮，在逻辑名称中输入“xsgl_Log”，在文件类型中选择“日志”，在“初始大小”中输入“10MB”，单击“自动增长”右侧的“…”按钮，在弹出的“更改 xsgl_Log 的自动增长设置”对话框中，选择“启用自动增长”复选框，选择“按 MB”单选按钮，并将后边微调按钮值设置为“5”，在“最大文件大小”属性下选择“不限制文件增长”单选按钮，如图 2-11 所示。单击“确定”按钮后，即完成了操作任务。增加事务日志文件后的整体效果，如图 2-12 所示。

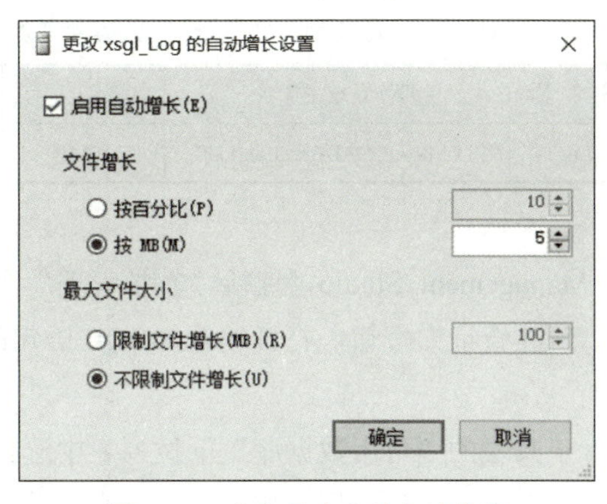

图 2-11　定义日志文件自动增长

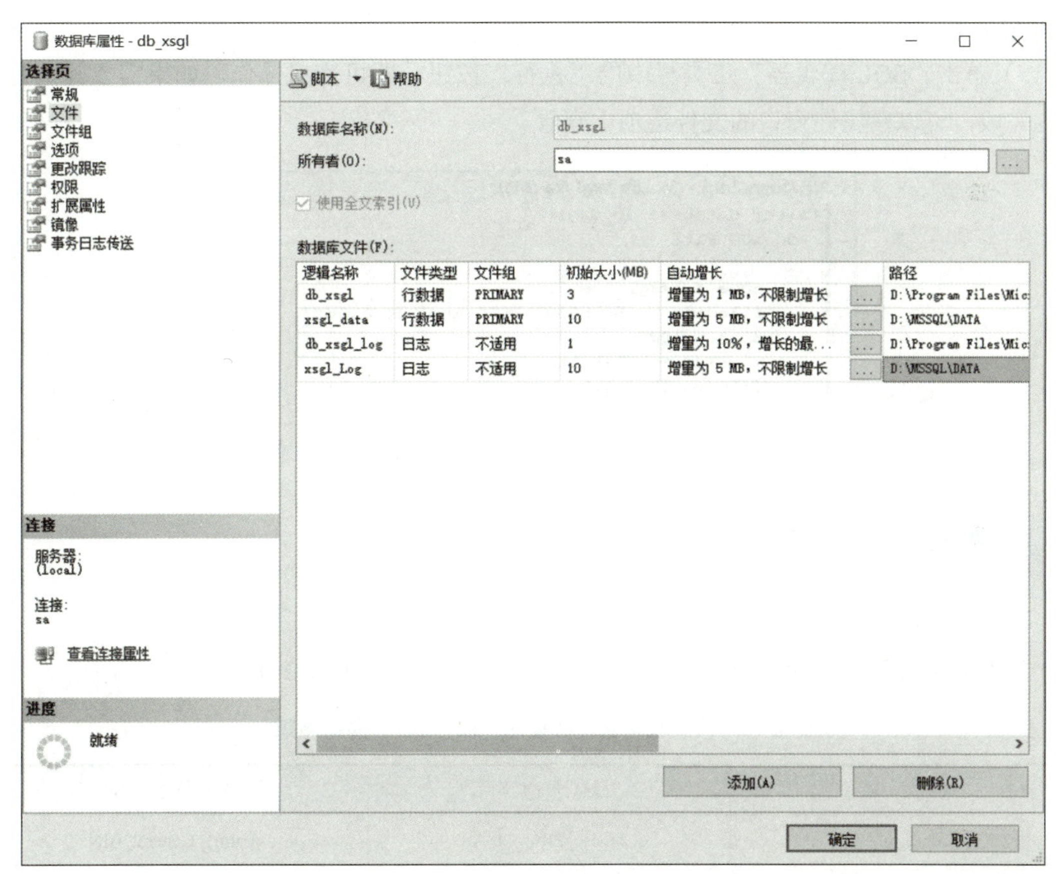

逻辑名称	文件类型	文件组	初始大小(MB)	自动增长	路径
db_xsgl	行数据	PRIMARY	3	增量为 1 MB，不限制增长	D:\Program Files\Mic
xsgl_data	行数据	PRIMARY	10	增量为 5 MB，不限制增长	D:\MSSQL\DATA
db_xsgl_log	日志	不适用	1	增量为 10%，增长的最...	D:\Program Files\Mic
xsgl_Log	日志	不适用	10	增量为 5 MB，不限制增长	D:\MSSQL\DATA

图 2-12　增加事务日志文件后的效果

扫描二维码，观看“在‘数据库属性’窗口中增加日志文件”视频。

操作 4　使用 alter database 语句增加日志文件

操作目标

使用 alter database 语句为“db_xsgl”数据库增加一个日志文件，具体要求见表 2-12。

表 2-12 使用 alter database 语句为“db_xsgl”数据库增加一个日志文件

文　件	文 件 组	逻 辑 名 称	操作系统文件名	初 始 尺 寸	最 大 尺 寸	增 长 尺 寸
数据文件		xsgl_Log1	D:\MSSQL\DATA\xsgl_log1.ldf	10MB	不限	5MB

操作实施

1）启动 SQL Server Management Studio，连接“教学管理”实例。

2）单击工具栏中的“新建查询”按钮，打开编辑 T-SQL 语句的页面，同时显示“SQL 编辑器”工具栏。

3）在“SQL 编辑器”工具栏的“可用数据库”下拉列表中选择“db_xsgl”数据库。

4）在编辑窗口中输入为“db_xsgl”数据库增加事务日志文件的 alter database 命令，如图 2-13 所示。

5）单击“SQL 编辑器”工具栏中的“执行”按钮，即可完成操作。如果需要验证是否正确完成，可以在属性窗口的文件选项中查看。

```
SQLQuery2.sql - (lo...db_xsgl (sa (51))*
alter database db_xsgl
add LOG FILE
(
    name = 'xsgl_log1',
    filename = 'D:\MSSQL\DATA\xsgl_log1.ldf',
    size = 10mb,
    maxsize = UNLIMITED,
    filegrowth = 5mb
)
```

图 2-13 使用 alter database 增加一个事务日志文件

操作 5 在“数据库属性”窗口中修改排序规则

操作目标

修改教学管理数据库“db_xsgl”的排序规则，具体要求见表 2-13。

表 2-13 修改教学管理数据库“db_xsgl”的排序规则

数　据　库	默认排序规则	修改排序规则
db_xsgl	Chinese_PRC_CI_AS	Latin1_General_BIN

操作实施

1）启动 SQL Server Management Studio，连接“教学管理”实例。

2）在“对象资源管理器”中展开“数据库”节点，右击“db_xsgl”节点，并在弹出的快捷菜单中，选择“属性”命令。

3）在弹出的“数据库属性 -db_xsgl”窗口中选择“选项”选项，在右侧窗格显示的“排序规则”下拉列表中选择“Latin1_General_BIN”选项，如图 2-14 所示。

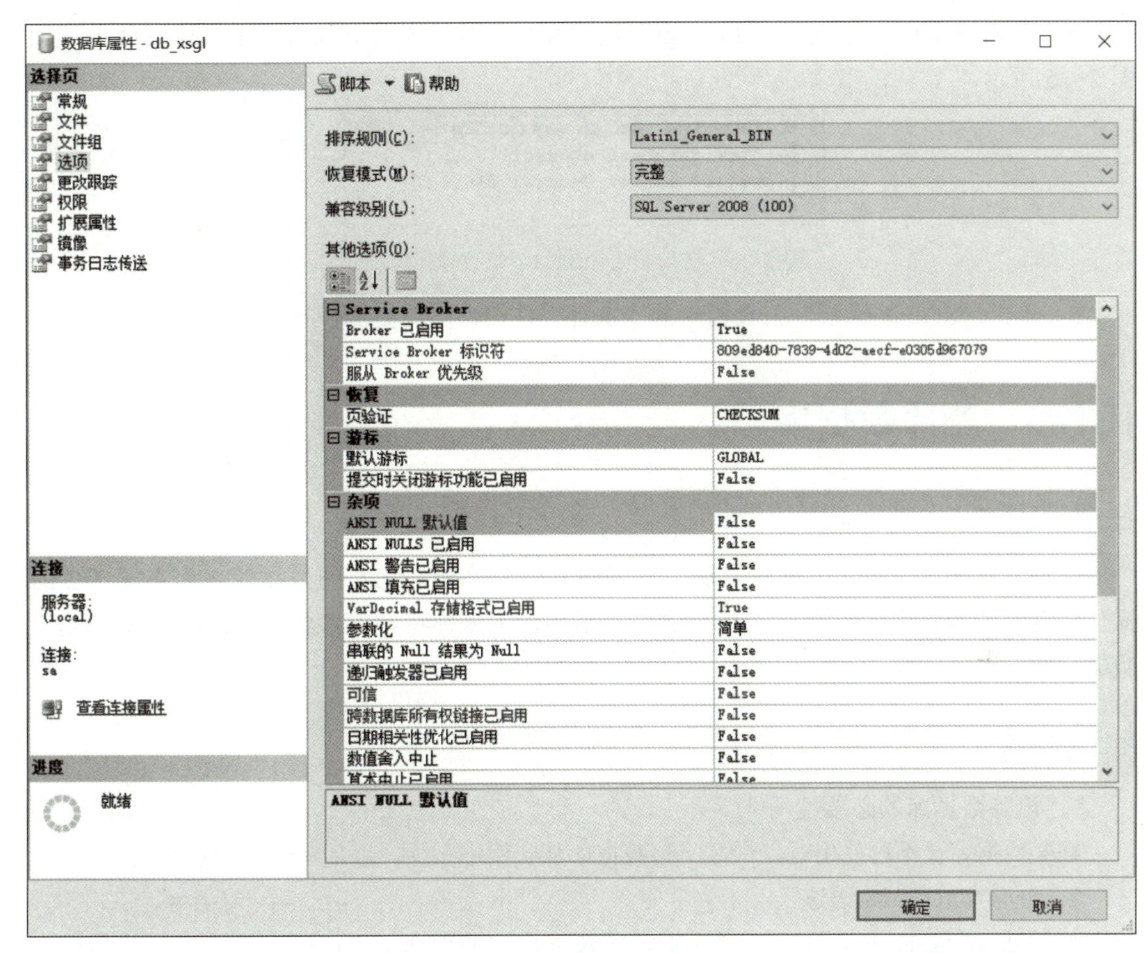

图 2-14 修改排序规则

4）单击“确定”按钮后，即可完成该操作。

说明：在中文 Windows 操作系统和中文 SQL Server 2008 环境中创建的数据库，排序规则默认为 Chinese_PRC_CI_AS；而在英文 Windows 操作系统或英文 SQL Server 2008 环境中默认的排序规则为 Latin1_General_BIN。

操作 6 使用 alter database 语句修改排序规则

操作目标

使用 alter database 将修改教学管理数据库“db_xsgl”的排序规则，具体要求见表 2-13。

操作实施

1）启动 SQL Server Management Studio，连接“教学管理”实例。

2）单击工具栏中的“新建查询”按钮，打开编辑 T-SQL 语句的页面，同时显示“SQL 编辑器”工具栏。

3）在“SQL 编辑器”工具栏的“可用数据库”下拉列表中选择“db_xsgl”数据库。

4）在编辑窗口中输入为“db_xsgl”数据库修改排序规则的 alter database 命令，如图 2-15 所示。

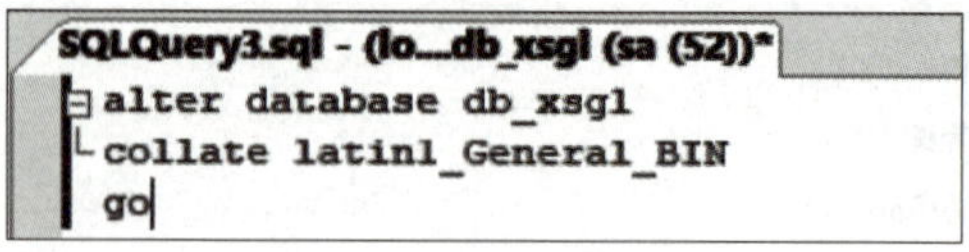

```
SQLQuery3.sql - (lo...db_xsgl (sa (52))*
alter database db_xsgl
collate latin1_General_BIN
go
```

图 2-15　使用 alter database 修改排序规则

5）单击“SQL 编辑器”工具栏中的“执行”按钮，即可完成操作要求。

任务 3　删除数据库

任务描述

完成“任务 2”后，你忽然发现，应该建立名为“db_jxgl”的数据库，而在任务 2 的操作中建立的数据库名称都是“db_xsgl”，请问接下来你将如何操作才能删除“db_xsgl”数据库呢？

知识储备

1. 删除数据库的必要性

在某数据库已不再使用时，最好将该数据库从实例中删除，以便释放磁盘空间。

2. drop database 语法

使用 drop database 语句可以删除指定的数据库。使用 drop database 删除指定的数据库的具体语法，见表 2-14。

表 2-14　删除指定的数据库的具体语法

序　号	属　性	语　法
1	数据库名称	drop database 数据库名称

任务实施

操作 1　在 Management Studio 中删除数据库

操作目标

请使用 Management Studio 删除指定的“db_xsgl”数据库。

操作实施

1）启动 SQL Server Management Studio，连接“教学管理”实例。

2）在“对象资源管理器”中展开“数据库”节点，右击“db_xsgl”节点，在弹出的快捷菜单中选择“删除”命令，打开“删除对象”窗口，如图 2-16 所示。

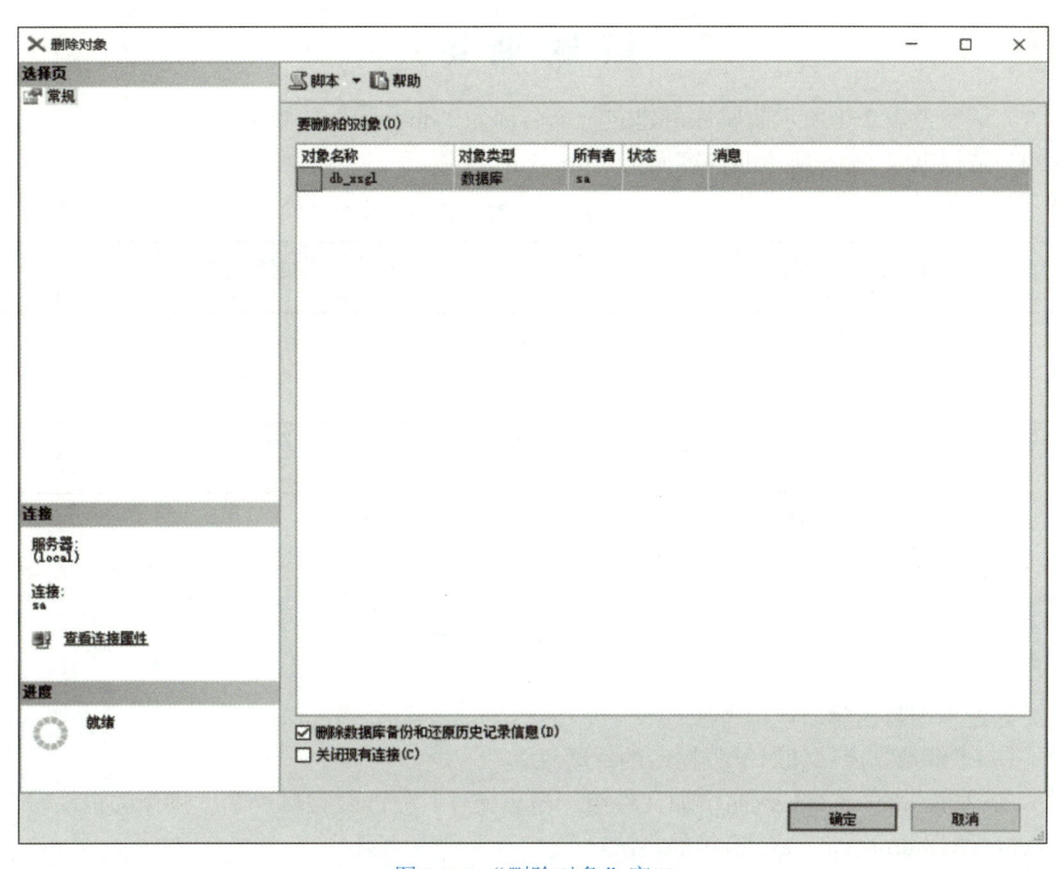

图 2-16 “删除对象”窗口

3）在“要删除的对象”列表框中选择“db_xsgl”数据库，单击“确定”按钮，即可完成上述操作。

扫描二维码，观看“在 Management Studio 中删除数据库”视频。

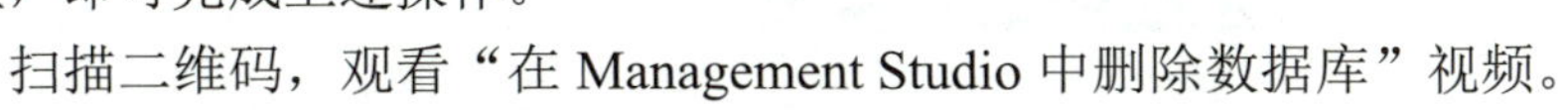

操作 2　使用 drop database 语句删除数据库

操作目标

使用 drop database 语句删除指定的“db_xsgl”数据库。

操作实施

1）启动 SQL Server Management Studio，连接“教学管理”实例。

2）单击工具栏中的“新建查询”按钮，打开编辑 T-SQL 语句的页面，同时显示“SQL 编辑器”工具栏。

3）在“SQL 编辑器”工具栏的“可用数据库”下拉列表中选择非“db_xsgl”数据库，这样可以保证“db_xsgl”数据库不被使用。

4）在编辑窗口中输入 drop database 命令，如图 2-17 所示。

```
drop database db_xsgl
```

图 2-17　使用 drop database 语句删除数据库

5）单击“SQL 编辑器”工具栏中的“执行”按钮，即可完成操作。

拓 展 训 练

1）请参考表 2-1 所示的属性值建立一个名称为“db_jxgl”的数据库。

2）请根据表 2-15 所示的内容操作“db_jxgl”数据库。

表 2-15 “db_jxgl”数据库增加一个文件组

文　件	文 件 组	逻 辑 名 称	操作系统文件名	初 始 尺 寸	最 大 尺 寸	增 长 尺 寸
数据文件	jxgl_fGroup	jxgl_data	D:\MSSQL\DATA\jxgl_data.ndf	10MB	不限	5MB

3）请根据表 2-16 所示的内容操作“db_jxgl”数据库。

表 2-16 “db_jxgl”数据库增加一个日志文件

文　件	文 件 组	逻 辑 名 称	操作系统文件名	初 始 尺 寸	最 大 尺 寸	增 长 尺 寸
数据文件		jxgl_Log	D:\MSSQL\DATA\ jxgl_log.ldf	10MB	不限	5MB

4）请删除“db_jxgl”数据库中增加的文件组和日志文件。

项 目 小 结

通过本项目的学习，读者应：

1）了解数据库属性对于数据库的重要性。

2）掌握 alter database 的增加文件组、日志文件、修改数据库等基本操作的语法。

3）掌握 drop database 语句的语法。

4）熟练使用“SQL Server Management Studio”这一可视化数据库管理工具。

课后拓展与实践

请查阅资料找到如何才能备份和还原数据库的事务日志。

阅 读 提 升

大数据时代，数据量不断爆炸式增长，数据存储结构也越来越灵活多样，日益变革的新兴业务需求催生数据库及应用系统的存在形式愈发丰富，这些变化均对数据库的各种能力不断提出挑战，推动数据库不断演进。历史的车轮告诉我们，明确的目标和方向是一切事务发展的源动力。

如今数据库的发展呈现多维态势，总的来说可能会有四个方向：第一个方向是垂直领域的数据库，例如工业数据库、财经数据库等；第二个方向是分布式数据库，通过“分布式”解决水平扩展性与容灾高可用两个问题，并且有融合 OLAP 的潜力；第三个方向是云原生数据库，云原生数据库能够随时随地从前端访问，提供云服务的计算节点，并且能够灵活及时调动资源进行扩容，助力企业降本增效；第四个方向是数据安全领域。在如今这样一个什么都可以量化的年代，数据是很多企业的生命线，而第三方服务商并非真正中立，谁愿意自己的命运被掌握在别人手里呢？在未来，隐私计算和区块链技术可能会帮助数据库发展得更好，共同解决数据安全的问题。

项目 3　管理学生数据表

学习目标

- ✧ 能使用 Management Studio 建立数据表、修改表、删除表
- ✧ 会使用 Transact-SQL 语句创建表、显示表结构、修改表、删除表
- ✧ 掌握 Transact-SQL 语句的语法规则

任务 1　创建“学生信息表”

任务描述

某学校设计学生教学管理系统。该系统安装说明中要求首先建立名称为“db_xsgl”的数据库，并按照描述建立学生信息数据表。学生实体包括学号、姓名、性别、生日、民族、籍贯、简历和登记照。每名学生选择一个主修专业，专业包括专业编号和名称，一个专业属于一个学院（一个学院可以有若干个专业）。学院信息中要存储学院号、学院名和院长名。教学管理要管理课程表和学生成绩。课程表包括课程号、课程名、学分，每门课程由一个学院开设。学生选修的每门课程获得一个成绩。你作为该校信息中心技术人员，将怎样完成该部分工作呢？

知识储备

1．数据表

（1）定义

数据表是数据库中一个非常重要的对象，是其他对象的基础。没有数据表，关键字、主键、索引等也就无从谈起。在数据库画板中可以显示数据库中的所有数据表（即使不是用 PowerBuilder 创建的表），可进行创建数据表、修改表的定义等操作。数据表是数据库中一个非常重要的对象，是其他对象的基础。

数据表（或称表）是数据库重要的组成部分之一。数据库只是一个框架，数据表才是其实质内容。根据信息的分类情况，一个数据库中可能包含若干个数据表。如本任务涉及的“教学管理系统”中，“教学管理”数据库包含围绕特定主题的 6 个数据表，即“教师表”“课程表”“成绩表”“学生表”“班级表”和“授课表”，用来管理教学过程中学生、教师、课程等信息。这些各自独立的数据表通过建立关系被连接起来，成为可以交叉查阅、一目了然的数据库。

（2）建表原则

为减少数据输入错误，并使数据库能高效工作，表设计应按照一定原则对信息进行分类，同时为确保表结构设计的合理性，通常还要对表进行规范化设计，以消除表中存在的冗余，保证一个表只围绕一个主题，并使表容易维护。

（3）信息分类原则

1）每个表应该只包含关于一个主题的信息。当每个表只包含关于一个主题的信息时，就可以独立于其他主题来维护该主题的信息。例如，应将教师基本信息保存在“教师表”中。如果将这些基本信息保存在“授课表”中，则在删除某教师的授课信息时，就会将其基本信息一同删除。

2）表中不应包含重复信息。表间也不应有重复信息，每条信息只保存在一个表中，需要时只在一处进行更新，效率更高。例如，每个学生的姓名、性别等信息，只在“学生表”中保存，而“成绩表”中不再保存这些信息。

2. SQL Server 常用数据类型

（1）整数数据类型

整数数据类型是常用的数据类型之一。

1）INT（或 INTEGER）。该数据类型存储从 -2^{31}（$-2\,147\,483\,648$）到 $2^{31}-1$（$2\,147\,483\,647$）之间的所有正负整数。每个 INT 类型的数据按 4 个字节存储，其中 1 位表示整数值的正负号，其他 31 位表示整数值的长度和大小。

2）SMALLINT。该数据类型存储从 -2^{15}（$-32\,768$）到 $2^{15}-1$（$32\,767$）之间的所有正负整数。每个 SMALLINT 类型的数据占用 2 个字节的存储空间，其中 1 位表示整数值的正负号，其他 15 位表示整数值的长度和大小。

3）TINYINT。该数据类型存储从 0 ～ 255 之间的所有正整数。每个 TINYINT 类型的数据占用 1 个字节的存储空间。

4）BIGINT。该数据类型存储从 -2^{63}（$-9\,223\,372\,036\,854\,775\,808$）到 $2^{63}-1$（$9\,223\,372\,036\,854\,775\,807$）之间的所有正负整数。每个 BIGINT 类型的数据占用 8 个字节的存储空间。

（2）浮点数据类型

浮点数据类型用于存储十进制小数。浮点数值的数据在 SQL Server 中采用上舍入（Round up 或称为只入不舍）方式进行存储。所谓上舍入是指，当（且仅当）要舍入的数是一个非零数时，对其保留数字部分的最低有效位上的数值加 1，并进行必要的进位。若一个数是上舍入数，其绝对值不会减少。例如，对 3.14159265358979 分别进行小数点后 2 位和 12 位舍入，结果为 3.15 和 3.141592653590。

1）REAL。REAL 数据类型可精确到第 7 位小数，其范围为从 -3.40×10^{-38} ～ 3.40×10^{38}。

每个 REAL 类型的数据占用 4 个字节的存储空间。

2）FLOAT。FLOAT 数据类型可精确到第 15 位小数，其范围为从 -1.79×10^{-308} ～ 1.79×10^{308}。每个 FLOAT 类型的数据占用 8 个字节的存储空间。FLOAT 数据类型可写为 FLOAT[n] 的形式。n 指定 FLOAT 数据的精度。n 为 1 ～ 15 之间的整数值。当 n 取 1 ～ 7 时，实际上是定义了一个 REAL 类型的数据，系统用 4 个字节存储它；当 n 取 8 ～ 15 时，系统认为其是 FLOAT 类型，用 8 个字节存储它。

3）DECIMAL。DECIMAL 数据类型可以提供小数所需要的实际存储空间，但也有一定的限制，用户可以用 2 ～ 17 个字节来存储从 $-10^{38}-1$ 到 $10^{38}-1$ 之间的数值。可将其写为 DECIMAL[p[s]] 的形式，p 和 s 确定了精确的比例和数位。其中 p 表示可供存储的值的总位数（不包括小数点），默认值为 18；s 表示小数点后的位数，默认值为 0。例如，DECIMAL[15[5] 表示共有 15 位数，其中整数 10 位，小数 5。

4）NUMERIC。NUMERIC 数据类型与 DECIMAL 数据类型完全相同。

注意 SQL Server 为了和前端的开发工具配合，其所支持的数据精度默认最大为 28 位。但可以通过使用命令来执行 sqlserver.exe 程序以启动 SQL Server，改变默认精度。

命令语法为：SQLSERVER[/D master_device_path] [/P precisim_leve1]

（3）二进制数据类型

1）BINARY。BINARY 数据类型用于存储二进制数据。其定义形式为 BINARY (n)，n 表示数据的长度，取值为 1 ～ 8000。在使用时必须指定 BINARY 类型数据的大小，至少应为 1 个字节。BINARY 类型数据占用 n+4 个字节的存储空间。在输入数据时必须在数据前加上字符“0x”作为二进制标识，如要输入“abc”则应输入“0xabc”。若输入的数据过长将会截掉其超出部分。若输入的数据位数为奇数，则会在起始符号“0x”后添加一个 0，如上述的“0xabc”会被系统自动变为“0x0abc”。

2）VARBINARY。VARBINARY 数据类型的定义形式为 VARBINARY (n)。它与 BINARY 类型相似，n 的取值也为 1 ～ 8000，若输入的数据过长，将会截掉其超出部分。不同的是 VARBINARY 数据类型具有变动长度的特性，因为 VARBINARY 数据类型的存储长度为“实际数值长度 +4 个字节”。当 BINARY 数据类型允许 NULL 值时，将被视为 VARBINARY 数据类型。

一般情况下，由于 BINARY 数据类型长度固定，因此它比 VARBINARY 数据类型的处理速度快。

（4）逻辑数据类型

逻辑数据类型即 BIT。BIT 数据类型占用 1 个字节的存储空间，其值为 0 或 1。如果输入 0 或 1 以外的值，将被视为 1。BIT 数据类型不能定义为 NULL 值（所谓 NULL 值是指空值或无意义的值）。

（5）字符数据类型

字符数据类型是使用最多的数据类型。它可以用来存储各种字母、数字符号和特殊符号。一般情况下，使用字符类型数据时须在其前后加上单引号（’）或双引号（”）。

1）CHAR。CHAR 数据类型的定义形式为 CHAR[(n)]。以 CHAR 类型存储的每个字符和符号占一个字节的存储空间。n 表示所有字符所占的存储空间，n 的取值为 1 ～ 8000，即可容纳 8000 个 ANSI 字符。若不指定 n 值，则系统默认值为 1。若输入数据的字符数小于 n，则系统自动在其后添加空格来填满设定好的空间。若输入的数据过长，将会截掉其超出部分。

2）NCHAR。NCHAR 数据类型的定义形式为 NCHAR[(n)]。它与 CHAR 类型相似。不同的是 NCHAR 数据类型 n 的取值为 1 ～ 4000。因为 NCHAR 类型采用 UNICODE 标准字符集（CharacterSet）。UNICODE 标准规定每个字符占用两个字节的存储空间，所以它比非 UNICODE 标准的数据类型多占用一倍的存储空间。使用 UNICODE 标准的好处是因其使用两个字节做存储单位，存储单位的容纳量就大大增加了，可以将全世界的语言文字都囊括在内，在一个数据列中就可以同时出现中文、英文、法文、德文等，而不会出现编码冲突。

3）VARCHAR。VARCHAR 数据类型的定义形式为 VARCHAR[(n)]。它与 CHAR 类型相似，n 的取值也为 1 ～ 8000，若输入的数据过长，将会截掉其超出部分。不同的是，VARCHAR 数据类型具有变动长度的特性，因为 VARCHAR 数据类型的存储长度为实际数值长度，若输入数据的字符数小于 n，则系统不会在其后添加空格来填满设定好的空间。一般情况下，由于 CHAR 数据类型长度固定，因此它比 VARCHAR 数据类型的处理速度快。

4）NVARCHAR。NVARCHAR 数据类型的定义形式为 NVARCHAR[(n)]。它与 VARCHAR 类型相似。不同的是，NVARCHAR 数据类型采用 UNICODE 标准字符集（Character Set），n 的取值为 1 ～ 4000。

（6）文本和图形数据类型

这类数据类型用于存储大量的字符或二进制数据。

1）TEXT。TEXT 数据类型用于存储大量文本数据，其容量理论上为 1 到 $2^{31}-1$（2 147 483 647）个字节，在实际应用时需要视硬盘的存储空间而定。

在 SQL Server 2000 以前的版本中，数据库中一个 TEXT 对象存储的实际上是一个指针，它指向一个以 8KB（8192 个字节）为单位的数据页（Data Page）。这些数据页是动态增加并被逻辑链接起来的。在 SQL Server 2000 中，则将 TEXT 和 IMAGE 类型的数据直接存放到表的数据行中，而不是存放到不同的数据页中。这就减少了用于存储 TEXT 和 IMAGE 数据类型的空间，并相应减少了磁盘处理这类数据的 I/O 数量。

2）NTEXT。NTEXT 数据类型与 TEXT 数据类型相似但也有所不同。由于 NTEXT 数据类型采用 UNICODE 标准字符集（Character Set），因此其理论容量为 $2^{30}-1$（1 073 741 823）个字节。

3）IMAGE。IMAGE 数据类型用于存储大量的二进制数据 Binary Data。其理论容量为 $2^{31}-1$（2 147 483 647）个字节。其存储数据的模式与 TEXT 数据类型相同。通常用来存储图形等对象。在输入数据时同 BINARY 数据类型一样，必须在数据前加上字符“0x”作为二进制标识。

（7）日期和时间数据类型

1）DATETIME。DATETIME 数据类型用于存储日期和时间的结合体。它可以存储从公元 1753 年 1 月 1 日 0 时起到公元 9999 年 12 月 31 日 23 时 59 分 59 秒之间的所有日期和时间，其精确度可达三百分之一秒，即 3.33 毫秒。DATETIME 数据类型所占用的存储空间为 8 个字节。其中前 4 个字节用于存储 1900 年 1 月 1 日以前或以后的天数，数值分正负，正数表示在此日期之后的日期，负数表示在此日期之前的日期。后 4 个字节用于存储从此日零时起所指定的时间经过的毫秒数。如果在输入数据时省略了时间部分，则系统将 12:00:00.000AM 作为时间默认值；如果省略了日期部分，则系统将 1900 年 1 月 1 日作为日期默认值。

2）SMALLDATETIME。SMALLDATETIME 数据类型与 DATETIME 数据类型相似，但其日期时间范围较小，为 1900 年 1 月 1 日到 2079 年 6 月 6 日，精度较低，只能精确到分钟，其分钟个位上为根据秒数四舍五入的值，即以 30 秒为界四舍五入。例如，DATETIME 时间为 14:38:30.283 时 SMALLDATETIME 认为是 14:39:00。SMALLDATETIME 数据类型使用 4 个字节存储数据，其中前 2 个字节存储从基础日期 1900 年 1 月 1 日以来的天数，后两个字节存储此日 0 时起所指定的时间经过的分钟数。

日期的输入格式很多，大致可分为以下几类：

① 英文 + 数字格式，此类格式中月份可用英文全名或缩写，且不区分大小写；年和月日之间可不用逗号；年份可为 4 位或 2 位；当其为 2 位时，若值小于 50 则视为 20×× 年，若大于或等于 50 则视为 19×× 年；若日部分省略，则视为当月的 1 日。以下格式均为正确的日期格式。

June 21 2000 Oct 1 1999 January 2000 2000 February

2000 May 1 2000 1 Sep 99 June July 00

② 数字 + 分隔符格式，允许把斜线“/”、连接符“-”和小数点“.”作为用数字表示的年、月、日之间的分隔符。

YMD：2000/6/22 2000-6-22 2000.6.22

MDY：3/5/2000 3-5-2000 3.5.2000

DMY：31/12/1999 31-12-1999 31.12.2000

③ 纯数字格式，纯数字格式是以连续的 4 位、6 位或 8 位数字来表示日期。如果输入的是 6 位或 8 位数字，系统将按年、月、日来识别，即 YMD 格式，并且月和日都是用两位数字来表示。

如果输入的数字是 4 位数，系统认为这 4 位数代表年份，其月和日默认为此年度的 1 月 1 日。如：

20000601——2000 年 6 月 1 日。

991212——1999 年 12 月 12 日。

时间输入格式，在输入时间时必须按“小时、分钟、秒、毫秒”的顺序来输入。在其间用冒号“：”隔开。但可将毫秒部分用小数点“.”分隔，其后第一位数字代表十分之一秒，第二位数字代表百分之一秒，第三位数字代表千分之一秒。当使用 12 小时制时用 AM（am）和 PM（pm）分别指定时间是午前或午后，若不指定，系统默认为 AM。AM 与 PM 均不区分大小写。如：

3:5:7.2pm——下午 3 时 5 分 7 秒 200 毫秒。

10:23:5.123Am——上午 10 时 23 分 5 秒 123 毫秒。

可以使用 SET DATEFORMAT 命令来设定系统默认的日期 - 时间格式。

（8）货币数据类型

货币数据类型用于存储货币值。在使用货币数据类型时，应在数据前加上货币符号，系统才能辨识其为哪国的货币，如果不加货币符号，则默认为“￥”。

1）MONEY。MONEY 数据类型的数据是一个有 4 位小数的 DECIMAL 值，其取值从 -2^{63}（–922 337 203 685 477.5808）到 $2^{63}-1$（+922 337 203 685 477.5807），数据精度为万分之一货币单位。MONEY 数据类型使用 8 个字节存储。

2）SMALLMONEY。SMALLMONEY 数据类型类似于 MONEY 类型，但其存储的货币值范围比 MONEY 数据类型小，其取值从 –214 748.3648 到 +214 748.3647 之间，存储空间为 4 个字节。

（9）特定数据类型

SQL Server 包含了一些用于数据存储的特殊数据类型。

1）TIMESTAMP。TIMESTAMP 数据类型提供数据库范围内的唯一值。此类型相当于 BINARY (8) 或 VARBINARY (8)，但当它所定义的列在更新或插入数据行时，此列的值会被自动更新，一个计数值将自动地添加到此 TIMESTAMP 数据列中。每个数据库表中只能有一个 TIMESTAMP 数据列。如果建立一个名为“TIMESTAMP”的列，则该列的类型将被自动设为 TIMESTAMP 数据类型。

2）UNIQUEIDENTIFIER。UNIQUEIDENTIFIER 数据类型存储一个 16 位的二进制数字。此数字称为 GUIDGlobally Unique Identifier，即全球唯一鉴别号。此数字是由 SQL Server 的 NEWID 函数产生的全球唯一的编码，在全球各地的计算机经由此函数产生的数字不会相同。

（10）用户自定义数据类型

SYSNAME 数据类型是系统提供给用户的，便于用户自定义的数据类型。它被定义为 NVARCHAR (128)，即它可存储 128 个 UNICODE 字符或 256 个一般字符。

3. SQL 语言基础

数据操作语言（Data Manipulation Language, DML）用来插入、修改、删除、查询数据

库中的数据。操作：make/，如 INSERT（插入）、UPDATE（修改）、DELETE（删除）、SELECT（查询）等。

4. SQL 简单应用

1）表“tab_test”中有两个字段：username、password，均为字符型，向表中添加一条记录：insert into tab_test (username,password) values (‘test’ , ‘123456’)。

2）表“tab_test”中有两个字段：username、password，均为字符型，对表中的“username”字段中的某一数据记录进行修改。例如，将值为“test”的用户密码修改为“123”：update tab_test set password=‘123’ where username=‘test’。

3）表“tab_test”中有两个字段：username、password，均为字符型，对表中的“username”字段中的某一数据记录进行删除。例如，将值为“test”的用户信息进行删除：delete from tab_test where test=‘test’。

4）表“tab_test”中有两个字段：username、password，均为字符型，表中已有多条记录，要求全部显示：select * from tab_test。

以上是一些简单的 SQL 应用，如果需要更加复杂的操作，可查找对应的操作语句。

任务实施

操作 1　在 Management Studio 中创建表

操作目标

使用 Management Studio 连接服务器“教学管理”实例，在名称为“db_xsgl”教学管理数据库中建立数据表“tab_student”。该表字段及属性，见表 3-1。

表 3-1　“tab_student”数据表字段及属性

序　号	字段名称	数据类型	是否为空	主　键	说　明
1	Student_ID	Varchar（10）	否	是	学号
2	Student_name	Char（10）	是		姓名
3	Student_sex	Int	是		性别
4	Student_birthday	Smalldatetime	是		生日
5	Student_nation	Char（10）	是		民族
6	Student_nativeplace	Varchar（20）	是		籍贯
7	Student_info	Text	是		简历
8	Student_imgurl	Varchar（150）	是		登记照
9	Student_startdatetime	Smalldatetime	是		入学日期

操作实施

1）启动 SQL Server Management Studio，连接“教学管理”实例。

2）在“对象资源管理器”中选择“数据库”，展开菜单，在数据库“db_xsgl”选项卡中单击“+”号展开，在出现的“表”选项卡上右击，在弹出的快捷菜单中，选择“新建表”

命令，进入“表”选项卡，如图 3-1 所示。

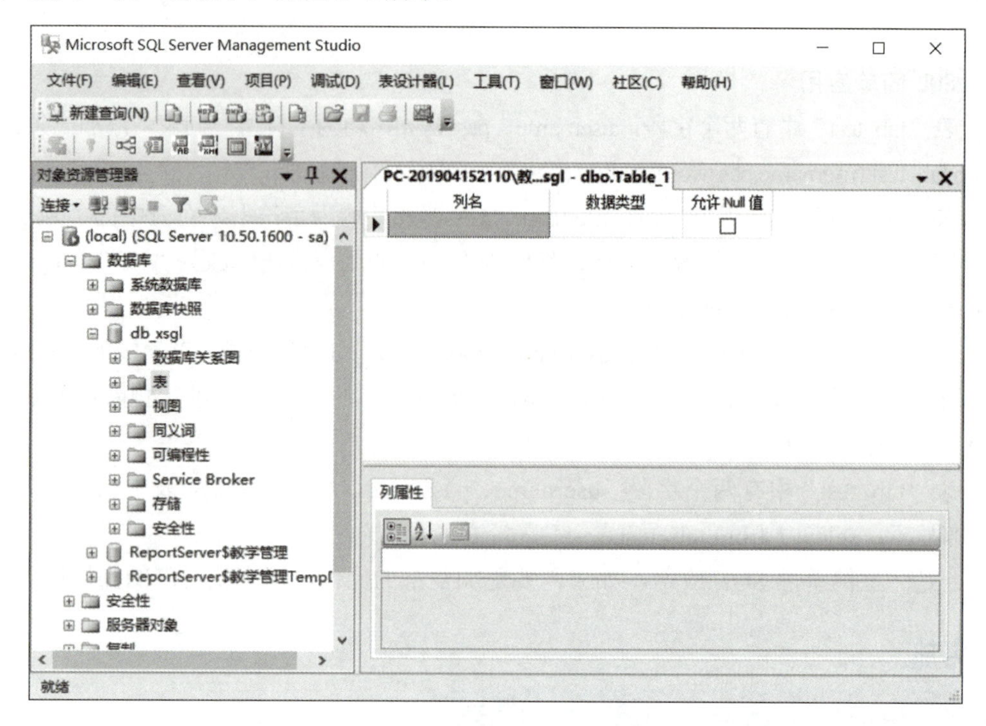

图 3-1　进入“表”选项卡

3）在“表”选项卡的“列名”“数据类型”和“允许 Null 值”列中依次输入和选择的内容，如图 3-2 所示。

列名	数据类型	允许 Null 值
student_ID	varchar(10)	☐
student_name	char(10)	☑
student_sex	int	☑
Student_birthday	smalldatetime	☑
Student_nation	char(10)	☑
Student_nativeplace	varchar(20)	☑
Student_info	text	☑
Student_imgurl	varchar(150)	☑
Student_startdatetime	smalldatetime	☑

图 3-2　定义表属性

4）单击“保存”按钮，弹出“选择名称”对话框，将表保存为“tab_student”，即完成操作。

扫描二维码，观看“在 Management Studio 中创建表”视频。

操作 2　使用 create table 语句创建表

操作目标

连接服务器“教学管理”实例，使用 create table 语句，在名称为“db_xsgl”教学管理

数据库中建立名称为“tab_student”的数据表，表字段及属性，见表 3-1。

操作实施

1）启动 SQL Server Management Studio，连接“教学管理”实例。

2）单击工具栏中的“新建查询”按钮，打开编辑 T-SQL 语句的页面，同时显示“SQL 编辑器”工具栏。

3）在“SQL 编辑器”工具栏的“可用数据库”下拉列表中选择“db_xsgl”数据库。

4）在编辑窗口中输入为“db_xsgl”数据库创建表命令，如图 3-3 所示。

```
CREATE TABLE tab_student(
    student_ID varchar(10) NOT NULL,
    student_name char(10) NULL,
    student_sex int NULL,
    Student_birthday smalldatetime NULL,
    Student_nation char(10) NULL,
    Student_nativeplace varchar(20) NULL,
    Student_info text NULL,
    Student_imgurl varchar(150) NULL,
    Student_startdatetime smalldatetime NULL,
)
```

图 3-3　使用 create table 语句创建表

5）单击“SQL 编辑器”工具栏中的“执行”按钮，即可完成操作要求。

任务 2　修改“学生信息表”表结构

任务描述

你在使用“tab_student”表的时候，发现学生信息中还应该包含“职务”信息，而你已经在教学管理数据库中建立了“tab_student”表。请思考在不影响其他列属性的前提下，如何在表中增加“职务”列？

知识储备

SQL 简单应用

修改表结构的 alter table 语句与修改数据库属性的语句一样。alter table 语句修改表结构，见表 3-2。

表 3-2　alter table 语句修改表结构

序　号	属　性	T-SQL 语法	操 作 语 句
1	指定表名	alter table 表名	alter table 表名
2	修改指定列	alter column 列名 数据类型 NULL/not NULL	alter column 列名 类型
3	增加列	add 列名 数据类型 NULL/not NULL	add 列名 类型
4	删除列	drop column 列名	drop column 列名

任务实施

操作 1　在“表”选项卡中修改表结构

操作目标

使用 Management Studio 连接服务器“教学管理”实例，修改数据库“db_xsgl”中的表“tab_student”结构，具体要求见表 3-3。

表 3-3　修改表结构

列　名	原 结 构	操　作	新 结 构	说　明
student_post	无该列	增加	Varchar（20）	学生职务

操作实施

1）启动 SQL Server Management Studio，连接“教学管理”实例。

2）依次展开“数据库”→“db_xsgl”→“dbo.tab_student”，右击“列”选项，在弹出的快捷菜单中选择“新建列”命令，打开“表”选项卡，在光标所示处修改数据类型，具体内容见表 3-3。最终结果如图 3-4 所示。

	列名	数据类型	允许 Null 值
	student_ID	varchar(10)	☐
	student_name	char(10)	☑
	student_sex	int	☑
	student_birthday	smalldatetime	☑
	student_nation	char(10)	☑
	student_nativeplace	varchar(20)	☑
	student_info	text	☑
	student_imgurl	varchar(150)	☑
	student_startdatetime	smalldatetime	☑
▶	student_post	varchar(20)	☑

图 3-4　修改表结构

3）单击“保存”按钮，即完成操作。

扫描二维码，观看“在‘表’选项卡中修改表结构”视频。

操作 2　使用 alter table 语句修改表结构

操作目标

连接服务器“教学管理”实例，使用 alter table 语句修改数据库“db_xsgl”中的表“tab_student”结构，具体要求见表 3-3。

操作实施

1）启动 SQL Server Management Studio，连接“教学管理”实例。

2）单击工具栏中的“新建查询”按钮，打开编辑 T-SQL 语句的页面，同时显示“SQL

编辑器”工具栏。

3）在“SQL 编辑器”工具栏的“可用数据库”下拉列表中选择“db_xsgl”数据库。

4）在编辑窗口中输入 alter table 语句为“db_xsgl”数据库修改表，如图 3-5 所示。

```
alter table tab_student
add student_post varchar(20) null
```

图 3-5　使用 alter table 语句修改表结构

5）单击“SQL 编辑器”工具栏中的“执行”按钮，即可完成操作。

任务 3　向“学生信息表”插入记录

任务描述

经过一系列的操作，你已建立了完整的“学生”信息表，现在需要向表中录入信息，请思考你将如何进行呢？

知识储备

向表中插入记录的方法

1）通过“表”选项卡插入记录，这样的方式和在 Excel 中输入数据很类似，读者可以通过下面的操作体会。

2）通过 insert 语句插入记录，通过“表”选项卡插入记录虽然简单，但是不适于批量的插入记录的情况，在数据库管理和开发项目中使用最多的还是 insert 语句。使用 insert 插入新记录的语法，见表 3-4。

表 3-4　insert 插入新记录语法

序　　号	属　　性	T-SQL 语法	操 作 语 句
1	指定表名	insert into 表名	insert into tab_student
2	指定列名	（列名，列名，列名，…）	（student_ID，student_name，…）
3	输入对应列数据	Values(‘数据’,‘数据’,‘数据’,…)	Values（‘201301020001’，‘甄宏宇’，…）

任务实施

操作 1　在“表”选项卡中插入记录

操作目标

使用 Management Studio 连接服务器“教学管理”实例，向数据库“db_xsgl”中的表

“tab_student”中插入记录，具体数据信息见表 3-5。

表 3-5　数据信息表

序　号	字段名称	值
1	student_ID	20130001
2	student_name	吴芳
3	student_sex	1
4	student_birthday	1995-10-06
5	student_nation	汉族
6	student_nativeplace	辽宁铁岭
7	student_startdatetime	2013-09-01
8	student_post	112001

操作实施

1）启动 SQL Server Management Studio，连接“教学管理”实例。

2）依次展开“数据库”→“db_xsgl”，右击表“dbo.tab_student”，在弹出的快捷菜单中选择“打开表”命令。打开后，在表中输入对应字段见表 3-5。输入完成后的效果，如图 3-6 所示。

student_ID	student_name	student_sex	student_birthday	student_nation	student_native...	student_info	student_imgurl	student_startdatetime	student_post
20130001	吴芳	1	1995-10-06 00:...	汉族	辽宁铁岭	NULL	NULL	2013-09-01 00:00:00	112001

图 3-6 “表”选项卡插入记录

3）输入完成后，关闭该页面，再次打开表，即可看到所输入的记录。

扫描二维码，观看“在‘表’选项卡中插入记录”视频。

操作 2　使用 insert 语句插入记录

操作目标

使用 insert 语句，向数据库“db_xsgl”中的表“tab_student”中插入记录，具体数据信息见表 3-5。

操作实施

1）启动 SQL Server Management Studio，连接“教学管理”实例。

2）单击工具栏中的“新建查询”按钮，打开编辑 T-SQL 语句的页面，同时显示“SQL 编辑器”工具栏。

3）在“SQL 编辑器”工具栏的“可用数据库”下拉列表中选择“db_xsgl”数据库。

4）在编辑窗口中输入 insert 语句为表插入记录，如图 3-7 所示。

```
INSERT INTO tab_student
            (student_ID
            ,student_name
            ,student_sex
            ,student_birthday
            ,student_nation
            ,student_nativeplace
            ,student_startdatetime
            ,student_post)
      VALUES
            ('20130001'
            ,'吴芳'
            ,'1'
            ,'1995-10-06'
            ,'汉族'
            ,'辽宁铁岭'
            ,'2013-09-01'
            ,'112001')
```

图 3-7　使用 insert 语句为表插入记录

5）单击“SQL 编辑器”工具栏中的“执行”按钮，即可完成操作。

说明：还可以选用其他方法来完成上述操作，读者可以自行查找相关的步骤和方法。

任务 4　修改“学生信息表”中的记录

任务描述

作为工作人员，当你向数据库的表中录入完成数据后，发现某位学生上报的数据信息有改动，你需要对数据库中的信息进行相应的调整，该如何操作呢？

知识储备

修改数据记录

1）通过“表”选项卡修改记录，这样的方式操作很简单，但在记录较多时，一次仅能修改一个单元格中的数据，操作不便。

2）通过“update”语句修改记录，可以批量地修改记录。update 语法结构见表 3-6。

表 3-6　update 语法结构

序　　号	属　　性	T-SQL 语法	操 作 语 句
1	指定表名	update 表名	update 表名
2	指定修改结果	Set 列名 = 值，列名 = 值，…	Set student_name=‘ 吴华 ’，student_sex=‘2’
3	修改记录条件	Where 列名 = 条件表达式	Where student_id=‘20130001’

任务实施

操作 1　在“表”选项卡中修改记录

操作目标

使用 Management Studio 连接服务器“教学管理”实例，选择数据库“db_xsgl”中的表“tab_student”，将其中学号为“20130001”的学生记录的相应数据进行修改。具体修改数据信息见表 3-7。

表 3-7　表“tab_student”中需要修改数据信息

序　号	字 段 名 称	值
1	student_birthday	1996-10-06
2	student_post	班长

操作实施

1）启动 SQL Server Management Studio，连接“教学管理”实例。

2）依次展开“数据库”→“db_xsgl”，右击“dbo.tab_student”选项，在弹出的快捷菜单中选择“打开表”命令，表中所需要修改的对应字段值，见表 3-7。

3）数据输入完成后，关闭该页面，再次打开表，即可看到所修改的记录。

扫描二维码，观看“在‘表’选项卡中修改记录”视频。

操作 2　使用 update 语句修改记录

操作目标

使用 update 语句，修改数据库“db_xsgl”中的表“tab_student”中的学号为“20130001”的学生记录的相应数据，具体修改数据信息见表 3-7。

操作实施

1）启动 SQL Server Management Studio，连接“教学管理”实例。

2）单击工具栏中的“新建查询”按钮，打开编辑 T-SQL 语句的页面，同时显示“SQL 编辑器”工具栏。

3）在“SQL 编辑器”工具栏的“可用数据库”下拉列表中选择“db_xsgl”数据库。

4）在编辑窗口中输入 update 语句为表修改记录，如图 3-8 所示。

```
update tab_student
set student_birthday='1996-10-06',
    student_post='班长'
where student_id='20130001'
```

图 3-8　使用 update 语句修改记录

5）单击“SQL 编辑器”工具栏中的“执行”按钮，即可完成操作要求。

说明：还可以选用其他方法来完成上述操作，读者可以自行查找相关的步骤和方法。

任务 5　删除“学生信息表”中的记录

任务描述

作为学生工作管理人员，你遇到学生退学是很常见的事情。如果遇到这类情况，则需要考虑如何将该学生的信息从原来的记录中删除，同时请你考虑在 SQL Server 中要如何操作呢？

知识储备

删除数据记录

1）使用“表”选项卡删除数据记录，这样的操作和在 Excel 中的删除操作很相似，操作很简单。

2）使用 delete 语句删除数据记录，需要指出能够标识所要删除记录的唯一条件，也就是说可以实现按照条件进行删除记录。delete 语句删除记录的具体语法，见表 3-8。

表 3-8　delete 语句删除记录的语法

序　　号	属　　性	T-SQL 语法	操 作 语 句
1	指定表名	delete from 表名	delete from 表名
2	删除记录条件	Where 列名 = 条件表达式	Where student_id='20130001'

任务实施

操作 1　在“表”选项卡中删除记录

操作目标

使用 Management Studio 连接“教学管理”实例，删除数据库“db_xsgl”中的表“tab_student”中的学号为“20130001”的学生记录。

操作实施

1）启动 SQL Server Management Studio，连接“教学管理”实例。

2）依次展开“数据库”→“db_xsgl”，右击“dbo.tab_student”选项，在弹出的快捷菜单中选择“打开表”命令，找到学号为“20130001”的学生记录并进行删除操作，如图 3-9 所示。

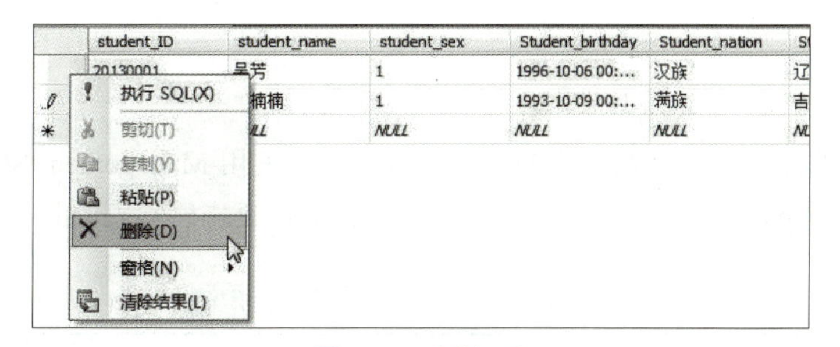

图 3-9　删除记录

3）在弹出的提示对话框中，选择“是”按钮，即可完成操作。

>>> **提示** | 删除操作，是永久性删除，操作需要谨慎。

扫描二维码，观看“在‘表’选项卡中删除记录”视频。

操作 2 使用 delete 语句删除记录

操作目标

使用 delete 语句，删除数据库“db_xsgl”中的表“tab_student”内学号为“20130001”的学生记录。

操作实施

1）启动 SQL Server Management Studio，连接“教学管理”实例。

2）单击工具栏中的“新建查询”按钮，打开编辑 T-SQL 语句的页面，同时显示“SQL 编辑器”工具栏。

3）在“SQL 编辑器”工具栏的“可用数据库”下拉列表中选择“db_xsgl”数据库。

4）在编辑窗口中输入 delete 语句为表删除记录，如图 3-10 所示。

```
delete from tab_student
where student_id='20130001'
```

图 3-10 使用 delete 语句删除记录

5）单击“SQL 编辑器”工具栏中的“执行”按钮，即可完成操作。

任务 6 删除“学生信息表”

任务描述

在使用数据库的过程中，你不仅会遇到删除数据记录的问题，有时候，由于某种特殊需要，还要进行“删除数据表”的操作。

知识储备

删除数据表

删除数据表的操作与删除数据库的操作相似，可以使用 Management Studio 进行直观操作，也可以使用 drop table 语句进行操作。使用 drop table 语句删除表的具体语法，见表 3-9。

表 3-9 drop table 语句删除表的语法

序 号	属 性	T-SQL 语法	操 作 语 句
1	指定表名	drop table 表名	drop table tab_student

任务实施

操作 1　在 Management Studio 中删除表

操作目标

使用 Management Studio 连接“教学管理”实例，删除数据库“db_xsgl”中的表“tab_student”。

操作实施

1）启动 SQL Server Management Studio，连接“教学管理”实例。

2）依次展开“数据库”→“db_xsgl”，右击“dbo.tab_student”选项，在快捷菜单中选择“删除”命令，如图 3-11 所示。

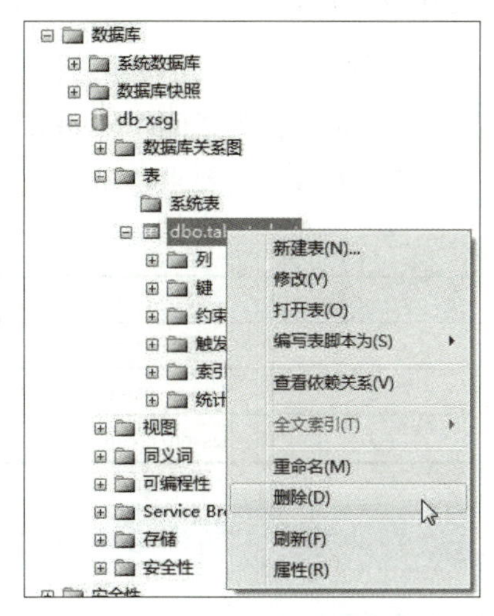

图 3-11　在 Management Studio 中删除数据表

3）在弹出的“删除对象”选项卡中，单击“确定”按钮即可完成操作。

扫描二维码，观看“在 Management Studio 中删除表”视频。

操作 2　使用 drop table 语句删除表

操作目标

使用 drop table 语句，删除数据库“db_xsgl”中的表“tab_student”。

操作实施

1）启动 SQL Server Management Studio，连接“教学管理”实例。

2）单击工具栏中的“新建查询”按钮，打开编辑 T-SQL 语句的页面，同时显示“SQL 编辑器”工具栏。

3）在“SQL 编辑器”工具栏的“可用数据库”下拉列表中选择“db_xsgl”数据库。

4）在编辑窗口中输入 drop table 语句删除表，如图 3-12 所示。

```
drop table tab_student
```

图 3-12　使用 drop table 语句删除表

5）单击“SQL 编辑器”工具栏中的“执行”按钮，即可完成操作。

拓 展 训 练

拓展训练 1　使用 create table 语句创建“课程信息表”

训练任务

教学管理要管理课程表，课程表包括课程号、课程名和学分，请在“教学管理”数据库中建立课程表。

训练要求

1）表名称为“tab_ lesson”。

2）表属性的要求，见表 3-10。

表 3-10　课程表属性

序　号	字段名称	数据类型	是否为空	主　键	说　明
1	lesson_ID	Int	否	是	课程号，自动增加
2	lesson_name	Varchar（150）	是		课程名
3	lesson_credit	Float	是		课程学分

拓展训练 2　使用 alter table 语句为“课程表”增加列

训练任务

向课程表中增加一列，且该列为该课程的学时数。

训练要求

增加列的属性要求，见表 3-11。

表 3-11　课程表增加列属性

序　号	字段名称	数据类型	是否为空	主　键	说　明
1	lesson_hour	Float	否		课程学时

拓展训练 3　使用 insert 语句为“课程表”添加数据

训练任务

使用 insert 语句向课程表中插入数据。

训练要求

插入数据信息，见表 3-12。

表 3-12　插入数据信息

序　号	字段名称	值
1	lesson_ID	1
2	lesson_name	网站建设与维护
3	lesson_credit	3
4	lesson_hour	48

拓展训练 4　使用 update 语句为“课程表”修改记录

训练任务

使用 update 语句修改课程表中的课程“网站建设与维护”的数据。

训练要求

修改数据信息，见表 3-13。

表 3-13　修改数据信息

序　号	字段名称	值	新　值
1	lesson_credit	3	4
2	lesson_hour	48	64

拓展训练 5　使用 delete 语句删除“课程表”中的数据

训练任务

使用 delete 语句删除课程表中的课程“网站建设与维护”的数据。

项目小结

通过本项目的各个任务及操作，使读者体会到“Management Studio”和 SQL 语句的应用方法，并能够灵活地编写语句处理数据。

课后拓展与实践

1）向课程表中批量插入多条记录，并记录所应用的方法，看哪种方法更加简单和合理。

2）结合本项目内容，分别建立“教师表”和“学生成绩表”，并向两个表中插入多条数据，体会这两个表和“课程表”“学生信息表”有哪些联系？

阅读提升

“事大，大结其绳；事小，小结其绳，之多少，随物众寡。”

——《易九家言》

古人的智慧计数从这里起源，而进入大数据时代的今天，我们依然在世界的舞台上扮演着举足轻重的角色，我们的科技工作者依然在构建人类命运共同体上贡献着自己的技术力量。

由于操作便利，移动支付已被来自“一带一路”沿线的 20 国青年评选为中国的“新四大发明”之一。

我国的大数据技术与便捷的网络化生活是全球瞩目的。由我国倡导的 5G 架构标准影响力巨大。随着产业互联网时代的到来，国人使用的小程序已经成为连接产业互联网的利器。

项目 4　实施数据的完整性

学习目标

✧ 能够使用 Management Studio 为表设置主键和外键

✧ 能够使用 SQL 语句设置主键、外键，定义和删除索引

✧ 理解表的主键、外键以及表之间关系的含义

任务 1　为“学生信息表”设置主键

任务描述

在学生信息的管理工作中，身为管理员的你遇到了这样的问题：同一个班级中，存在姓名、性别、籍贯、出生日期、入学日期完全相同的两个学生，对于这种情况在 SQL Server 2008 的应用中该如何加以区分呢？

知识储备

1．数据完整性

（1）概念

数据库中的数据是从外界输入的，而由于种种原因，数据的输入会出现输入无效或错误信息等情况。保证输入的数据符合规定，成为数据库系统，尤其是多用户的关系数据库系统首要关注的问题。数据完整性因此而被提出。本项目将讲述数据完整性的概念及其在 SQL Server 中的实现方法。

数据完整性是指数据的精确性和可靠性。它是应防止数据库中存在不符合语义规定的数据和防止因错误信息的输入输出造成无效操作或错误信息而提出的。数据完整性分为四类：实体完整性、域完整性、引用完整性和用户定义完整性。

数据库采用多种方法来保证数据完整性，包括外键、约束、规则和触发器。系统针对不同的情况用不同的方法很好地处理了这四者的关系，相互交叉使用，互补缺点。

（2）分类

根据数据完整性机制所作用的数据库对象和范围不同，数据完整性可分为：

1）实体完整性。实体是指表中的记录，一个实体就是表中的一条记录。实体完整性要求在表中不能存在完全相同的记录，而且每条记录都要具有一个非空且不重复的主键值。这样就可以保证数据所代表的任何事物都不存在重复、可以区分。例如，学生表中的学号必须唯一，并且不能为空，这样就可以保证学生记录的唯一性。实现实体完整性的方法主要有主键约束、唯一索引、唯一约束和指定 IDENTITY 属性。

2）域完整性。域完整性是指特定列的项的有效性。域完整性要求向表中指定列输入的数据必须具有正确的数据类型、格式以及有效的数据范围。例如，假设现实中学生的成绩为百分制，则在课程注册表中，对成绩列输入数据时，不能出现字符，也不能输入小于 0 或大于 100 的数值。实现域完整性的方法主要有 CHECK 约束、外键约束、默认约束、非空约束、规则以及在建表时设置的数据类型。

3）引用完整性。引用完整性又称为参照完整性。引用完整性是指作用于有关联的两个或两个以上的表，通过使用主键和外键或主键和唯一键之间的关系，使表中的键值在所有表中保持一致。实现引用完整性的方法主要有外键约束。

4）用户定义完整性。用户定义完整性是应用领域需要遵守的约束条件，其允许用户定义不属于其他任何完整性分类的特定业务规则。所有的完整性类型都支持用户定义完整性。

2．约束

（1）定义

约束是 SQL Server 提供的自动强制数据完整性的一种方法，它是通过定义列的取值规则来维护数据的完整性。

（2）类型

1）PRIMARY KEY（主键）约束。主键约束用来强制数据的实体完整性，它是在表中定义一个主键来唯一标识表中的每行记录。主键约束有如下特点：每个表中只能有一个主键，主键可以是一列，也可以是多列的组合；主键值必须唯一并且不能为空，对于多列组合的主键，某列值可以重复，但列的组合值必须唯一。

2）UNIQUE（唯一）约束。唯一约束用来强制数据的实体完整性，它主要用来限制表的非主键列中不允许输入重复值。唯一约束有如下特点：一个表中可以定义多个唯一约束；每个唯一约束可以定义到一列上，也可以定义到多列上；空值可以出现在某列中一次。

3）NOT NULL（非空）约束。非空约束用来强制数据的域完整性，它用于设定某列值不能为空。如果指定某列不能为空，则在进行插入记录时，此列必须要插入数据。

4）CHECK（检查）约束。检查约束用来强制数据的域完整性，它使用逻辑表达式来限制表中的列可以接受哪些数据值。

5）DEFAULT（默认）约束。默认约束用来强制数据的域完整性，它为表中某列建立一个默认值，当用户插入记录时，如果没有为该列提供输入值，则系统会自动将默认值赋给该列。默认值可以是常量、内置函数或表达式。使用默认约束可以提高输入记录的速度。

6）FOREIGN KEY（外键）约束。外键是指一个表中的一列或列组合，它虽不是该表的主键，但却是另一个表的主键。通过外键约束可以为相互关联的两个表建立联系，实现数据的引用完整性，维护两个表之间数据的一致性关系。

3. 列约束与表约束

当约束被定义于某个表的一列时称为列约束，定义于某个表的多列时称为表约束。当一个约束中必须包含一个以上的列时，必须使用表约束。

>>> **注意** 1）什么约束可以实现需要的数据完整性：不同的约束提供了不同的功能。

2）在什么时候实施约束最合适：SQL Server 允许推迟或者禁用某些已经定义的约束。

4. alter table 语句

1）使用 alter table 语句设置主键的语法，见表 4-1。

表 4-1 alter table 语句设置主键的语法

序　号	属　性	T-SQL 语法	操 作 语 句
1	指定表名	alter table 表名	alter table 表名
2	增加主键	Add primary key（列名）	Add primary key（列名）

2）使用 alter table 语句删除主键的语法，见表 4-2。

表 4-2 alter table 语句删除主键的语法

序　号	属　性	T-SQL 语法	操 作 语 句
1	指定表名	alter table 表名	alter table 表名
2	删除主键	Drop 主键名	Drop 主键名

任务实施

操作 1 在“表”选项卡中设置主键

操作目标

连接数据库服务器，使用 Management Studio 为表“tab_student”设置主键，主键为“student_ID”。

操作实施

1）启动 SQL Server Management Studio，连接“教学管理”实例。

2）在“对象资源管理器”中选择“数据库”，展开菜单，在数据库“db_xsgl”选项卡，单击“+”号展开，双击“表”选项，打开“表”选项卡。

3）选中“student_ID”行并单击鼠标右键，在弹出的快捷菜单中设置主键，如图 4-1 所示。

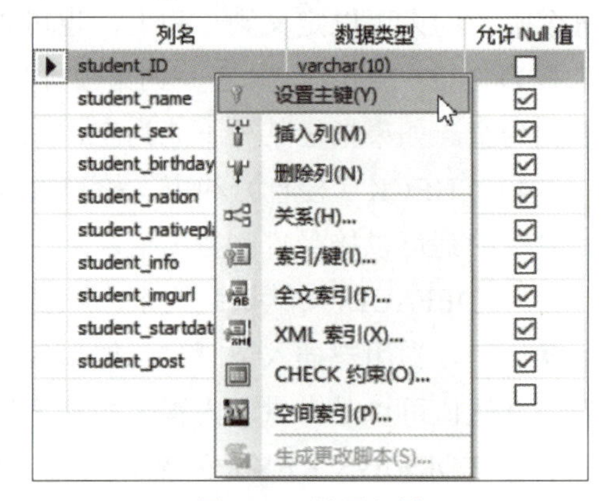

图 4-1 设置主键

4）单击工具栏的“保存”按钮，完成操作。

扫描二维码，观看“在‘表’选项卡中设置主键”视频。

操作 2　在“索引 / 键”对话框中设置唯一键

操作目标

主键是用来标识数据库中一条记录的，这条记录是唯一的，所以主键可以是一个字段，或者多个字段作为联合主键。唯一键只作用在一个字段上，使该字段中的值不重复。

请使用“索引 / 键”对话框设置表“tab_student”中的“student_ID”“student_name”和“student_sex”字段为唯一键。

操作实施

1）启动 SQL Server Management Studio，连接“教学管理”实例。

2）在“对象资源管理器”中选择“数据库”，展开菜单，在数据库“db_xsgl”选项卡，单击“+”号展开，双击“表”选项，打开“表”选项卡。

3）在“表”选项卡的任意位置单击鼠标右键，在弹出的快捷菜单中选择“索引 / 键”命令，弹出“索引 / 键”对话框，如图 4-2 所示。

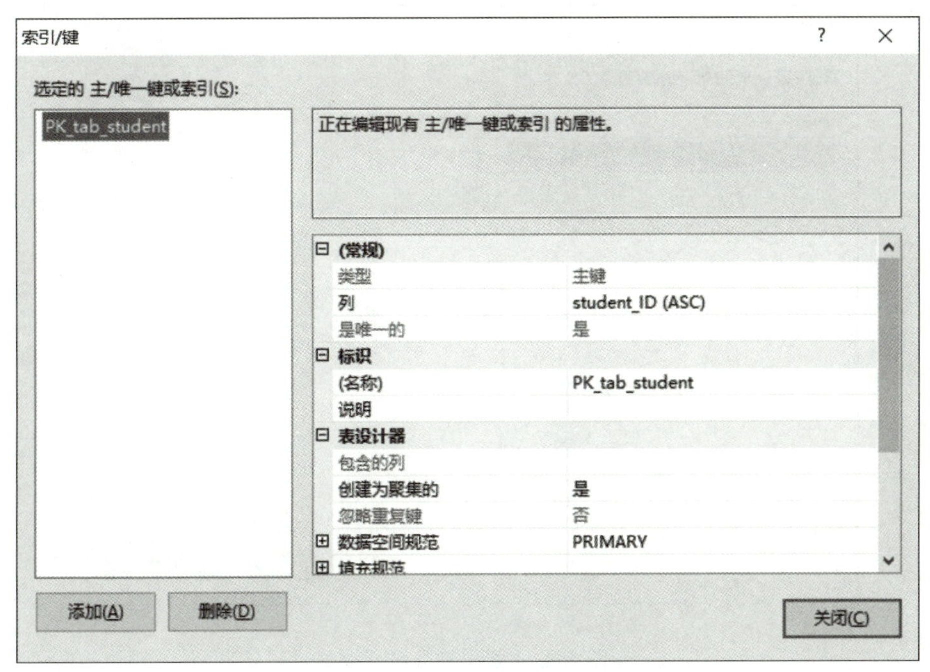

图 4-2　“索引 / 键”对话框

4）单击“添加”按钮，在“选定的主 / 唯一键或索引”列表框中显示默认的唯一键名称，如图 4-3 所示。

5）在“类型”选项右侧的下拉列表中选择“唯一键”选项。单击“列”文字，在右侧出现“…”按钮，单击该按钮弹出“索引列”对话框，如图 4-4 所示。

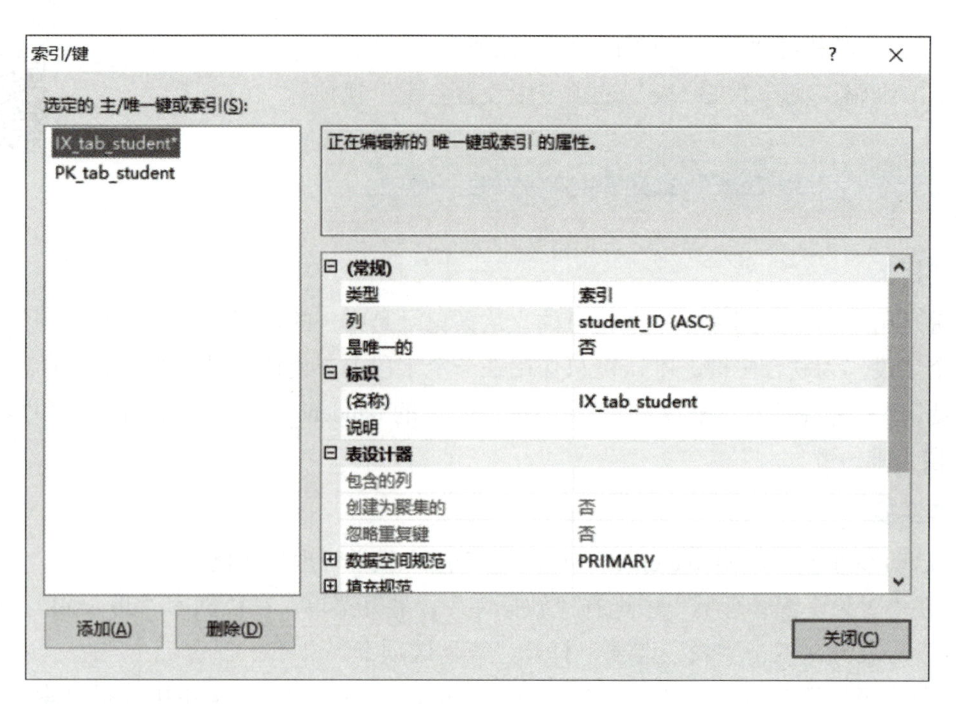

图 4-3 定义唯一键

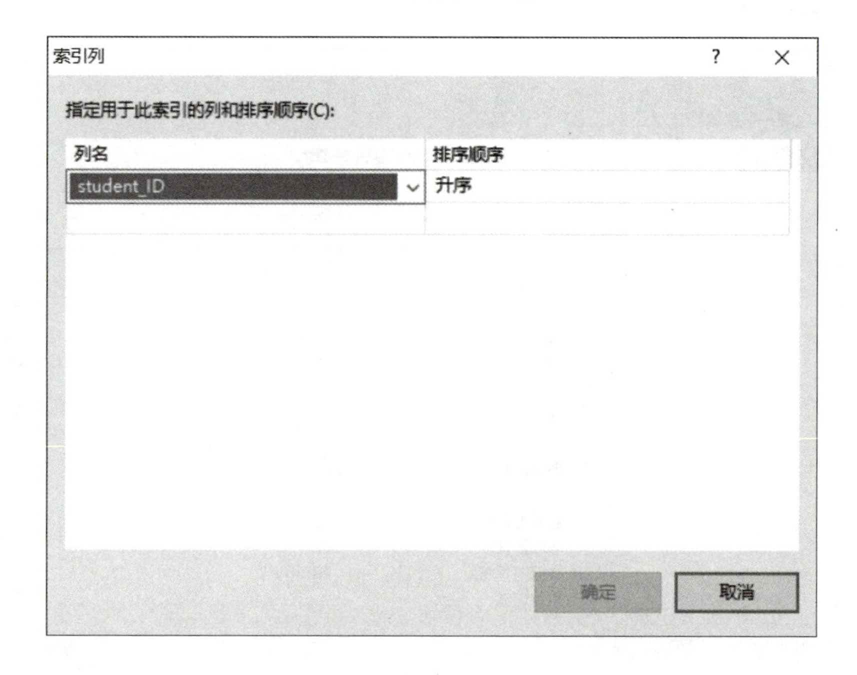

图 4-4 “索引列”对话框

6）在对话框中的“列名”下拉列表中定义唯一键对应列，组合在一起作为唯一键的列，如图 4-5 所示。

7）单击“确定”按钮，关闭“索引列”对话框，返回“索引 / 键”对话框。单击“关闭”按钮，即可完成操作。

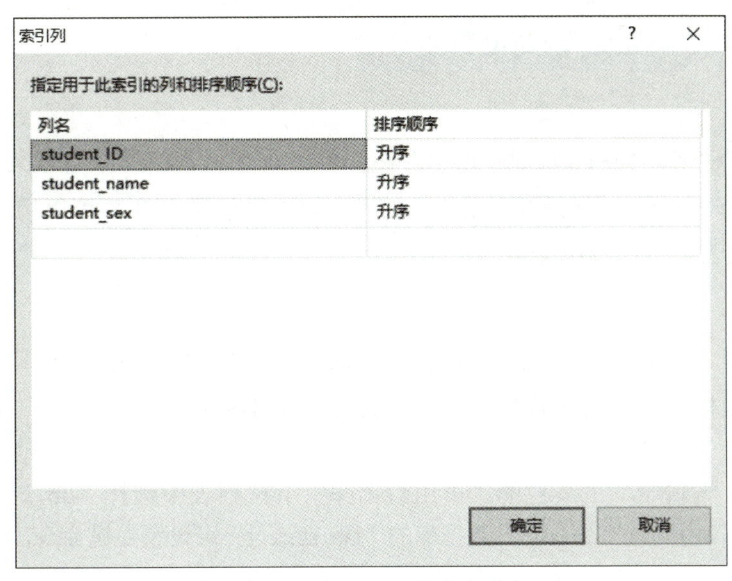

图 4-5 定义唯一键对应列

扫描二维码，观看“在‘索引 / 键’对话框中设置唯一键”视频。

操作 3 使用 create table 语句设置主键

操作目标

连接数据库服务器，使用 create table 语句为表“tab_student”设置主键，主键为“student_ID”。

操作实施

1）启动 SQL Server Management Studio，连接“教学管理”实例。

2）单击工具栏中的“新建查询”按钮，打开编辑 T-SQL 语句的页面，同时显示“SQL 编辑器”工具栏。

3）在“SQL 编辑器”工具栏的“可用数据库”下拉列表中选择“db_xsgl”数据库。

4）在编辑窗口中输入为“db_xsgl”数据库的“tab_student”表设置主键命令，如图 4-6 所示。

```
CREATE TABLE tab_student(
    student_ID varchar(10) NOT NULL primary key,
    student_name char(10) NULL,
    student_sex int NULL,
    student_birthday smalldatetime NULL,
    student_nation char(10) NULL,
    student_nativeplace varchar(20) NULL,
    student_info text NULL,
    student_imgurl varchar(150) NULL,
    student_startdatetime smalldatetime NULL,
)
```

图 4-6 使用 create table 语句定义主键

5）单击“SQL 编辑器”工具栏中的“执行”按钮，即可完成操作要求。

操作 4　使用 alter table 语句设置主键

操作目标

连接数据库服务器，使用 alter table 语句为表“tab_student”设置主键，主键为“student_ID”。

> **提示**　创建表的时候可以定义主键，如果表已经存在，可以用 alter table 命令为表定义主键或修改主键。

操作实施

1）启动 SQL Server Management Studio，连接“教学管理”实例。

2）单击工具栏中的“新建查询”按钮，打开编辑 T-SQL 语句的页面，同时显示“SQL 编辑器”工具栏。

3）在“SQL 编辑器”工具栏的“可用数据库”下拉列表中选择“db_xsgl”数据库。

4）在编辑窗口中输入“db_xsgl”数据库的“tab_student”表设置主键命令，如图 4-7 所示。

```
alter table tab_student
add primary key (student_ID)
```

图 4-7　使用 alter table 语句设置主键

5）单击“SQL 编辑器”工具栏中的“执行”按钮，即可完成操作。

操作 5　使用 alter table 语句删除主键

操作目标

连接数据库服务器，使用 alter table 语句为表“tab_student”删除主键，主键为“student_ID”，名称为“PK_tab_student”。

> **提示**　主键名称查看方法，如图 4-8 所示。

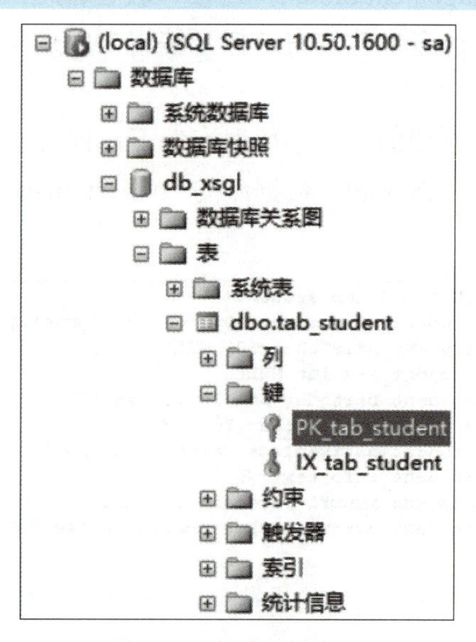

图 4-8　查看主键名称

操作实施

1）启动 SQL Server Management Studio，连接“教学管理”实例。

2）单击工具栏中的“新建查询”按钮，打开编辑 T-SQL 语句的页面，同时显示“SQL 编辑器”工具栏。

3）在“SQL 编辑器”工具栏的“可用数据库”下拉列表中选择“db_xsgl”数据库。

4）在编辑窗口中输入“db_xsgl”数据库的“tab_student”表删除主键命令，如图 4-9 所示。

```
alter table tab_student
drop pk_tab_student
```

图 4-9　使用 alter table 语句删除主键

5）单击“SQL 编辑器”工具栏中的“执行”按钮，即可完成操作。

任务 2　为“学生成绩表”设置外键

任务描述

你在使用 SQL Server 的过程中，会发现各个表之间有着联系，如学生成绩表中有课程编号，标示学生的该门课程取得的成绩值；学生成绩表中有学生编号，通过学生编号可以在学生信息表中找到相应的学生信息，这就是表与表之间的联系。表与表在 SQL Server 中建立起联系，称为“外键”，你需要如何设置呢？

知识储备

1．外键

（1）定义

如果公共关键字在一个关系中是主键，那么这个公共关键字被称为另一个关系的外键。由此可见，“外键”表示了两个关系之间的联系。以另一个关系的外键作主键的表被称为主表，具有此外键的表被称为主表的从表。外键又称作外关键字。换言之，如果关系模式 R 中的某属性集不是 R 的主键，而是另一个关系 R1 的主键则该属性集是关系模式 R 的外键，通常在数据库设计中缩写为 FK。

（2）作用

保持数据的一致性和完整性，主要目的是控制存储在外键表中的数据。使两张表形成关联，外键只能引用外表中列的值或使用空值。

（3）使用原则

1）为关联字段创建外键。

2）所有的键都必须唯一。

3）避免使用复合键。

4）外键总是关联唯一的键字段。

（4）有效性

有很多时候，程序员会发现字段缺少、多余问题或者是创建外键以后就不能添加没有受约束的行（特殊情况下是有必要的），这个时候不想对表结构进行操作，就可以使用约束失效。

2. SQL 语句的应用

create table 语句设置外键的语法，见表 4-3。

表 4-3 create table 语句设置外键的语法

序 号	属 性	T-SQL 语法	操 作 语 句
1	指定表名	create table 表名	create table 表名
2	增加列类型	（字段名 类型 constraint 外键名 / 关系名 foreign key references 主键表 / 主键列，…）	(id char(10) not null Constraint fk_tab_score_tab_student foreign key references tab_student(id), …)

alter table 语句设置外键的语法，见表 4-4。

表 4-4 alter table 语句设置外键的语法

序 号	属 性	T-SQL 语法	操 作 语 句
1	指定表名	alter table 表名	alter table 表名
2	增加外键	Add foreign key（列名）references 主键表（主键列）	Add foreign key（列名）references 主键表（主键列）

alter table 语句删除外键的语法，见表 4-5。

表 4-5 alter table 语句删除外键的语法

序 号	属 性	T-SQL 语法	操 作 语 句
1	指定表名	alter table 表名	alter table 表名
2	删除外键	Drop 外键名	Drop FK_ 表名 _ 表名

任务实施

操作 1 在“外键关系”对话框中定义关系

操作目标

现“教学管理”数据库中的已存在表“tab_student”和“tab_score”，其中表“tab_student”中已将“student_ID”定义为主键，请在“外键关系”对话框中定义“tab_student”和“tab_score”之间的关系。

操作实施

1）启动 SQL Server Management Studio，连接“教学管理”实例。

2）依次展开“数据库”→“db_xsgl”→“表”→“tab_score”节点。右击“键”节点，

在弹出的快捷菜单中选择“新建外键”命令，弹出“外键关系”对话框，如图 4-10 所示。

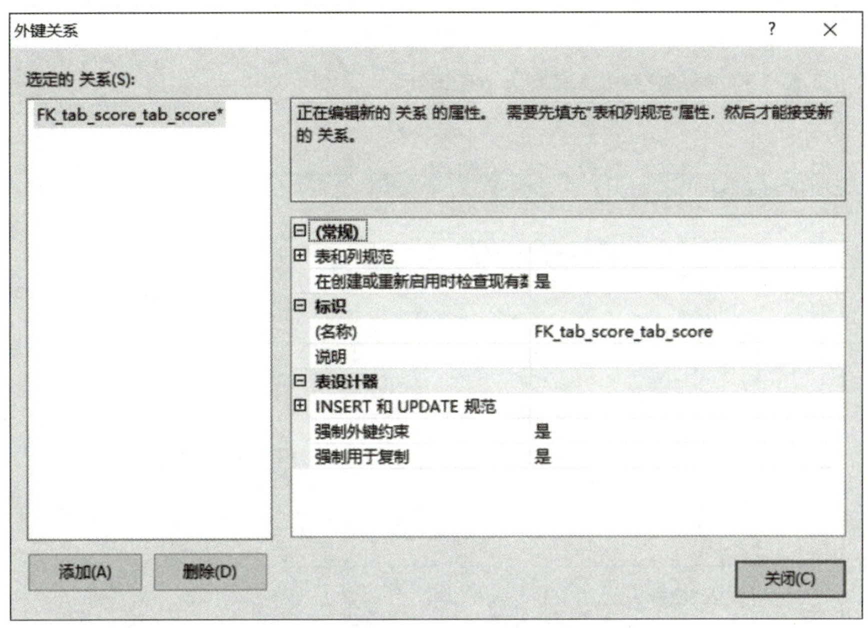

图 4-10 “外键关系”对话框

3）单击“表和列规范”文字，在右侧出现“…”按钮，单击该按钮打开“表和列”对话框。在“关系名”文本框中输入“FK_tab_score_tab_student”，在“主键表”下拉列表框中选择“tab_student”选项，并且在下面的下拉列表中选择“student_ID”；在“外键表”下拉列表中选择“student_ID”，如图 4-11 所示。

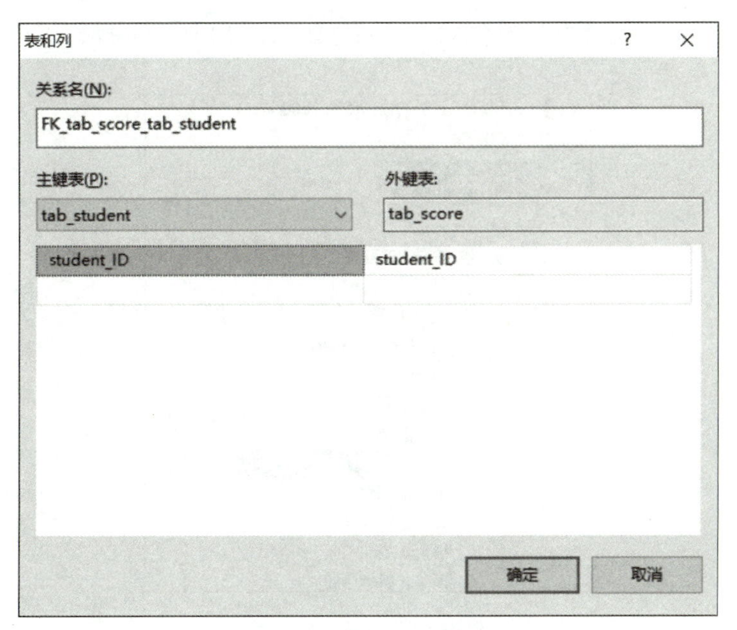

图 4-11 定义外键

4）单击“确定”按钮，关闭“外键关系”对话框，在工具栏上单击“保存”按钮，将弹出“保存”对话框，如图 4-12 所示。

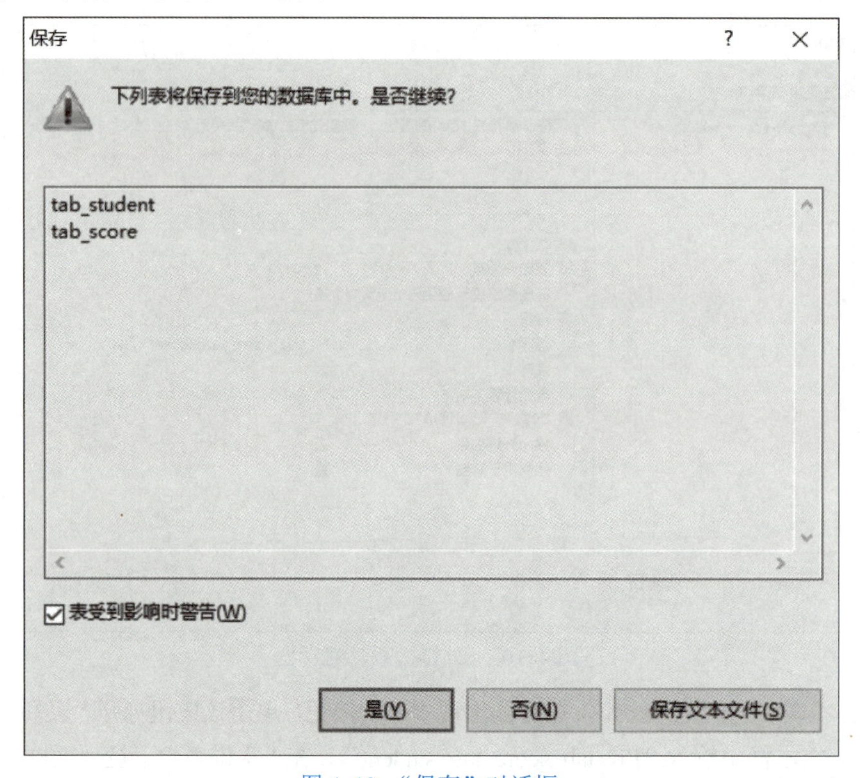

图 4-12 “保存”对话框

5）单击“是”按钮，即可完成上述操作。

提示 | 如果想查看外键名称，可通过如图 4-13 所示的操作进行。

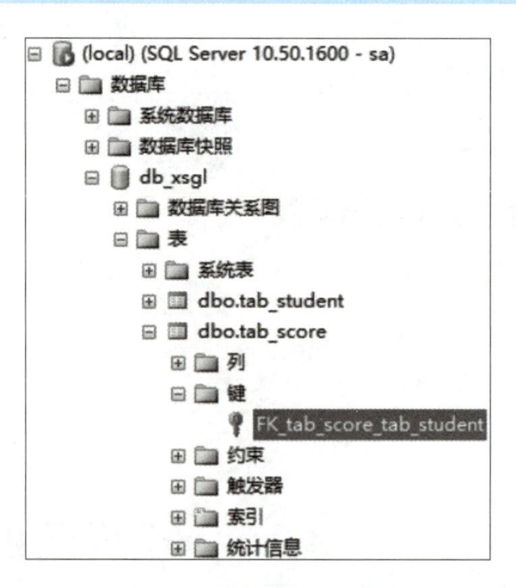

图 4-13 查看外键名称

扫描二维码，观看“在‘外键关系’对话框中定义关系”视频。

操作 2　在“数据库关系图”中定义关系

操作目标

请通过“数据库关系图”定义表“tab_score”与表“tab_student”之间的关系。

操作实施

1）启动 SQL Server Management Studio，连接“教学管理”实例。

2）依次展开“数据库”→“db_xsgl”节点。右击“数据库关系图”节点，在弹出的快捷菜单上选择“新建数据库关系图”命令，打开“添加表”对话框。在“添加表”对话框中，选择表“tab_score”和“tab_student”，如图 4-14 所示。

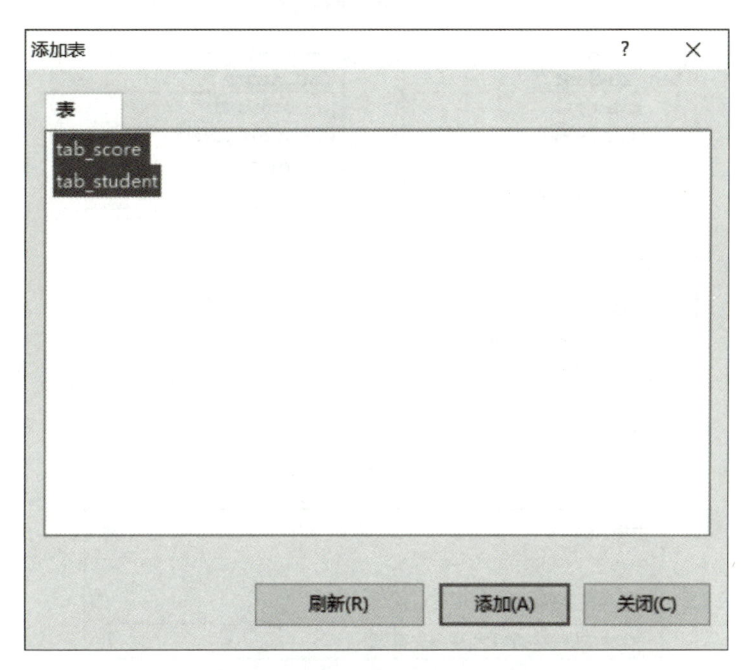

图 4-14　添加“tab_score”和“tab_student”两个表

3）单击“添加”按钮，在“关系图”中显示“tab_student”和“tab_score”两个表。单击“关闭”按钮，关闭“添加表”对话框。

4）在“关系图”中，用鼠标左键按住“tab_score”中的“student_ID”，并将它拖拽到“tab_student”的“student_ID”中，如图 4-15 所示。

5）释放鼠标左键时，会弹出“外键关系”对话框和“表和列”对话框，在上述对话框中相关的选项已被自动选中。单击“确定”按钮，关闭两个对话框。“关系图”中显示两个表的关系，如图 4-16 所示。

6）单击工具栏上的“保存”按钮，弹出“选择名称”对话框，在“输入关系图名称”的文本框中输入“学生成绩表与学生信息表关系图”，如图 4-17 所示。

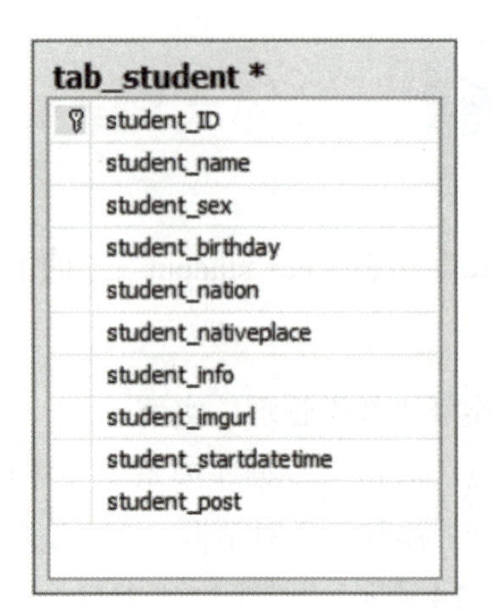

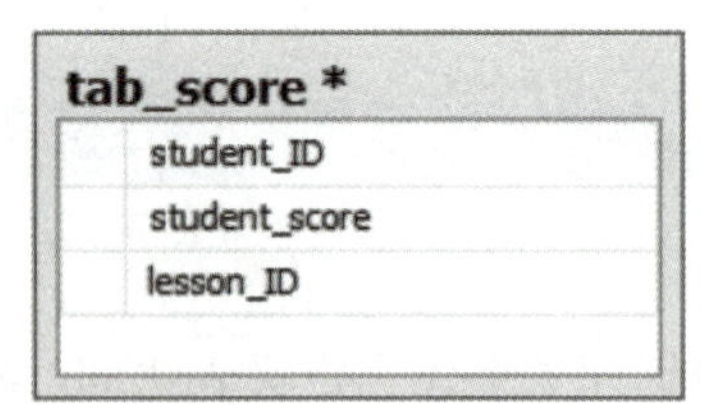

图 4-15　关联列设置

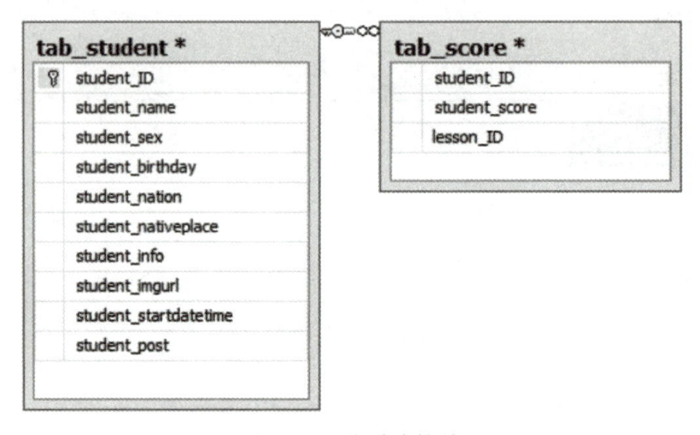

图 4-16　关系连接线

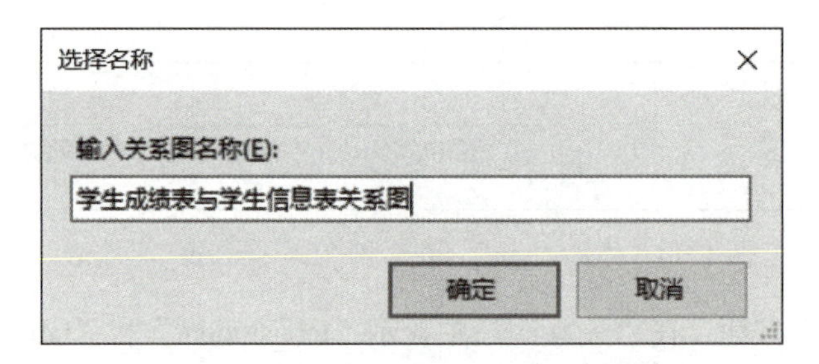

图 4-17　保存关系图

7）展开“数据库关系图”节点和“tab_score”表的“键”节点，可以检查定义结果，定义正确即完成操作。

扫描二维码，观看“在‘数据库关系图’中定义关系”视频。

操作 3　使用 create table 语句设置外键

操作目标

使用 create table 语句创建“tab_student”表和“tab_score”表，并同时定义外键“FK_

tab_score_tab_student”。

操作实施

1）启动 SQL Server Management Studio，连接“教学管理”实例。

2）单击工具栏中的“新建查询”按钮，打开编辑 T-SQL 语句的页面，同时显示“SQL 编辑器”工具栏。

3）在“SQL 编辑器”工具栏的“可用数据库”下拉列表中选择“db_xsgl”数据库。

4）在编辑窗口中输入命令，如图 4-18 所示。

```
create table tab_score
(
    student_ID varchar(10) not null
            constraint FK_tab_score_tab_student
            foreign key references tab_student(student_ID),
    lesson_ID varchar(10) not null,
    student_score varchar(10) null
)
```

图 4-18　使用 create table 语句设置外键

5）单击“SQL 编辑器”工具栏中的“执行”按钮，即可完成操作要求。

提示 | 如果想查看操作结果，则可通过“tab_score”表节点的“键”节点查看信息。

操作 4　使用 alter table 语句设置外键

操作目标

在表“tab_score”已存在的前提下，请使用 alter table 语句设置“tab_score”表的外键“FK_tab_score_tab_student”。

操作实施

1）启动 SQL Server Management Studio，连接“教学管理”实例。

2）单击工具栏中的“新建查询”按钮，打开编辑 T-SQL 语句的页面，同时显示“SQL 编辑器”工具栏。

3）在“SQL 编辑器”工具栏的“可用数据库”下拉列表中选择“db_xsgl”数据库。

4）在编辑窗口中输入命令，如图 4-19 所示。

```
alter table tab_score
add foreign key (student_ID) references tab_student (student_ID)
```

图 4-19　使用 alter table 语句定义外键

5）单击“SQL 编辑器”工具栏中的“执行”按钮，即可完成操作要求。

提示 | 如果想查看操作结果，则可通过“tab_score”表节点的“键”节点查看信息。

操作 5　使用 alter table 语句删除外键

操作目标

使用 alter table 语句删除表“tab_score”所设置的外键“FK_tab_score_tab_student”。

操作实施

1）启动 SQL Server Management Studio，连接“教学管理”实例。

2）单击工具栏中的“新建查询”按钮，打开编辑 T-SQL 语句的页面，同时显示“SQL 编辑器”工具栏。

3）在“SQL 编辑器”工具栏的“可用数据库”下拉列表中选择“db_xsgl”数据库。

4）在编辑窗口中输入命令，如图 4-20 所示。

```
alter table tab_score
drop FK__tab_score tab_student
```

图 4-20　使用 alter table 语句删除外键

5）单击“SQL 编辑器”工具栏中的“执行”按钮，即可完成操作要求。

> **提示** | 如果想查看操作结果，则可通过“tab_score”表节点的“键”节点查看信息。

任务 3　为“学生表”定义索引

任务描述

为了能够节省查询时间，提高数据库的查询速度，需要为表设置索引。请思考应该如何操作才能为课程表设置索引，以方便查找课程呢？

知识储备

1. 索引

（1）定义

数据库索引好比是一本书的目录，能加快数据库的查询速度。

索引是对数据库表中一个或多个列的值进行排序的结构。例如，在职员表内的姓氏列，如果想按特定职员的姓来查找此人，则与在表中搜索所有的行相比，索引有助于更快地获取信息。

例如，这样一个查询：select * from table1 where ID=10000。如果没有索引，则必须查询整个表，直到 ID 等于 10000 的这一行被找到为止。有了索引之后（必须是在 ID

这一列上建立的索引），在索引中查找，但索引是经过某种算法优化过的，查找次数要少得多。可见，索引是用来定位的。

索引分为聚簇索引和非聚簇索引两种。聚簇索引是按照数据存放的物理位置为顺序的，而非聚簇索引就不一样了；聚簇索引能提高多行检索的速度，而非聚簇索引对于单行的检索很快。

（2）优缺点

建立索引的目的是加快对表中记录的查找或排序。

索引的优点：可以大大提高系统的性能。①通过创建唯一性索引，可以保证数据库表中每一行数据的唯一性。②可以大大加快数据的检索速度，这也是创建索引主要的原因。③可以加速表和表之间的连接，特别是在实现数据的参考完整性方面很有意义。④在使用分组和排序子句进行数据检索时，同样可以显著减少查询中分组和排序的时间。⑤通过使用索引，可以在查询的过程中，使用优化隐藏器，提高系统的性能。

索引的缺点：①增加了数据库的存储空间。②在插入和修改数据时要花费较多的时间（因为索引也要随之变动）。

既然增加索引有如此多的优点，为什么不对表中的每一个列创建一个索引呢？因为，增加索引也有许多不利的方面。①创建索引和维护索引要耗费时间，这种时间随着数据量的增加而增加。②索引需要占用物理空间，除了数据表占用数据空间之外，每一个索引还要占用一定的物理空间，如果要建立聚簇索引，那么需要的空间就会更大。③当对表中的数据进行增加、删除和修改时，索引也要进行动态维护，这样就降低了数据的维护速度。

索引是建立在数据库表中某些列的上面。在创建索引时，应该考虑在哪些列上可以创建索引，在哪些列上不能创建索引。

一般来说，应该在这些列上创建索引：

1）在经常需要搜索的列上，可以加快搜索的速度。

2）在作为主键的列上，强制该列的唯一性和组织表中数据的排列结构。

3）在经常连接的列上，这些列主要是一些外键，可以加快连接的速度。

4）在经常需要根据范围进行搜索的列上创建索引，因为索引已经排序，其指定的范围是连续的。

5）在经常需要排序的列上创建索引，因为索引已经排序，这样查询可以利用索引的排序，加快排序查询时间。

6）在经常使用 WHERE 子句的列上面创建索引，加快条件的判断速度。

同样，有些列不应该创建索引。一般来说，不应该创建索引的列具有以下特点：

1）对于那些在查询中很少使用或者参考的列不应该创建索引。因为这些列很少被使用，因此有索引或者无索引，并不能提高查询速度。相反，由于增加了索引，反而会降低系统的维护速度和增大空间需求。

2）对于那些只有很少数据值的列也不应该增加索引。因为这些列的取值很少，如人事表的性别列，在查询的结果中，结果集的数据行占了表中数据行的很大比例，即需要在表中搜索的数据行的比例很大。因此增加这种索引，并不能明显加快检索速度。

3）对于那些定义为 text、image 和 bit 数据类型的列不应该增加索引。因为这些列的数据量要么相当大，要么取值很少，不利于使用索引。

4）当修改性能远远大于检索性能时，不应该创建索引。因为修改性能和检索性能是互相矛盾的。当增加索引时，会提高检索性能，降低修改性能。当减少索引时，会提高修改性能，降低检索性能。因此，当修改操作远远多于检索操作时，不应该创建索引。

（3）索引列

用户可以基于数据库表中的单列或多列创建索引。多列索引可以区分其中一列可能有相同值的行。

如果经常同时搜索两列或多列，或者按两列或多列排序，则使用索引也很有帮助。例如，在同一查询中为姓和名两列设置判断的根据，那么在这两列上创建多列索引将很有意义。

确定索引的有效性：

1）检查查询的 WHERE 和 JOIN 子句。在任意一子句中包括的每一列都是索引可以选择的对象。

2）对新索引进行试验以检查它对运行查询性能的影响。

3）考虑已在表上创建的索引数量。最好避免在单个表上创建很多索引。

4）检查已在表上创建的索引的定义。最好避免包含共享列的重叠索引。

5）检查某列中唯一数据值的数量，并将该数量与表中的行数进行比较。比较的结果就是该列的可选择性，这有助于确定该列是否适合建立索引，如果适合，则确定索引的类型。

（4）类型

根据数据库的功能，可以在数据库设计器中创建三种索引：唯一索引、主键索引和聚集索引。

1）唯一索引。唯一索引是不允许其中任何两行具有相同索引值的索引。

当现有数据中存在重复的键值时，大多数数据库不允许将新创建的唯一索引与表一起保存。数据库还可以防止添加将在表中创建重复键值的新数据。例如，在职员表中职员的姓上创建了唯一索引，则任何两个员工都不能同姓。

2）主键索引。数据库表经常有一列或多列组合，其值唯一标识表中的每一行。该列称为表的主键。

在数据库关系图中为表定义主键将自动创建主键索引，主键索引是唯一索引的特定类型。该索引要求主键中的每个值都唯一。在查询中使用主键索引时，它还允许对数据的快速访问。

3）聚集索引。在聚集索引中，表中行的物理顺序与键值的逻辑（索引）顺序相同。一个表只能包含一个聚集索引。

如果某索引不是聚集索引，则表中行的物理顺序与键值的逻辑顺序不匹配。与非聚集索引相比，聚集索引通常提供更快的数据访问速度。

>>> **提示** | 尽管唯一索引有助于定位信息，但为获得最佳性能，建议改用主键或唯一约束。

2. SQL 语句的简单应用

create index 语句创建索引的语法，见表 4-6。

表 4-6　create index 语句创建索引的语法

序　号	属　性	T-SQL 语法	操 作 语 句
1	指定索引类型和名称	create [unique/clustered/nonclustered] index 索引名	create unique index IX_tab_lesson
2	指定表名和列名	on 表名（列名，列名…）	on tab_lesson (lesson_name)

drop index 语句删除索引的语法，见表 4-7。

表 4-7　drop index 语句删除索引的语法

序　号	属　性	T-SQL 语法	操 作 语 句
1	指定索引名	drop index 表名 . 索引名	drop index tab_lesson.IX_tab_lesson

任务实施

操作 1　在“索引 / 键”对话框中创建索引

操作目标

请使用“索引 / 键”对话框为表“tab_lesson”创建索引，索引列为“lesson_name”。

操作实施

1）启动 SQL Server Management Studio，连接“教学管理”实例。

2）依次展开“数据库”→“db_xsgl”→“tab_lesson”节点。右击“索引”节点，在弹出的快捷菜单上选择“新建索引”命令，弹出“新建索引”对话框。在“新建索引”对话框中“常规”选项的“索引名称”文本框中输入“IX_tab_lesson”，在“索引类型”下拉列表中选择“非聚集”选项，并勾选“唯一”复选框，如图 4-21 所示。

3）单击“添加”按钮，弹出“从‘dbo.tab_lesson’中选择列”对话框，在“表列”列表框中，勾选“lesson_name”复选框，如图 4-22 所示。

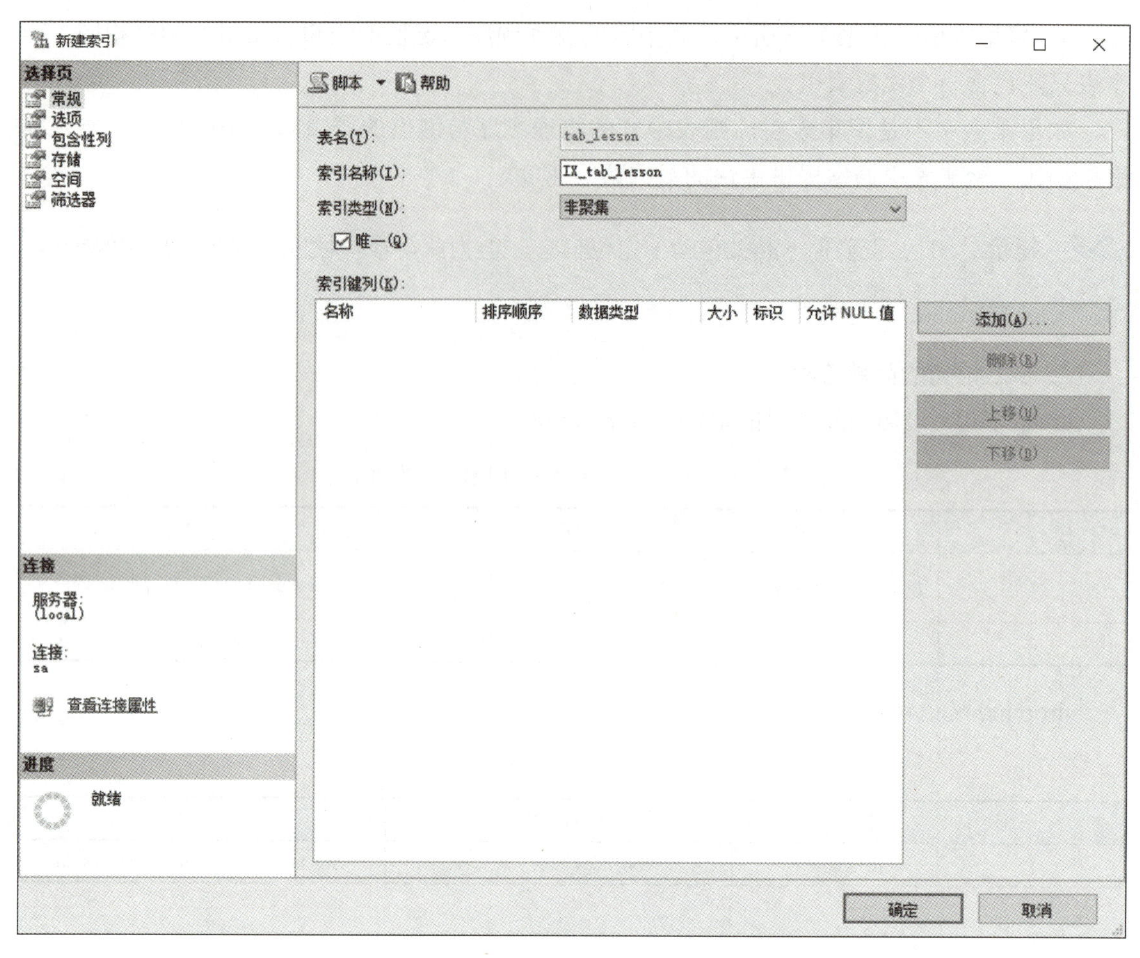

图 4-21　定义索引名称和类型

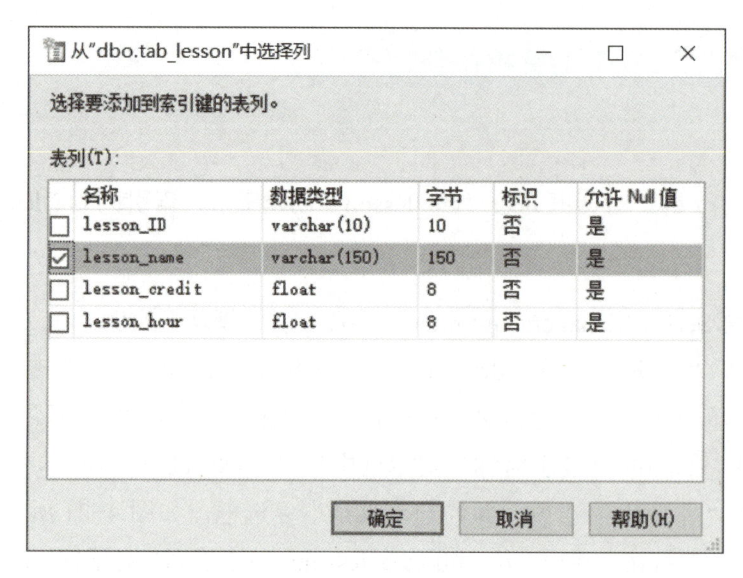

图 4-22　选择索引列

4）单击“确定”按钮，关闭“从‘dbo.tab_lesson’中选择列”对话框，返回“新建索引”对话框，单击“确定”按钮即可完成操作。

提示 | 展开“索引”节点，可以检查创建结果。

扫描二维码，观看“在‘索引 / 键’对话框中创建索引”视频。

操作 2　使用 create index 语句创建索引

操作目标

请使用create table语句为表“tab_lesson”创建索引，索引列为“lesson_name”，索引名称为“IX_tab_lesson”。

操作实施

1）启动 SQL Server Management Studio，连接“教学管理”实例。

2）单击工具栏中的“新建查询”按钮，打开编辑 T-SQL 语句的页面，同时显示“SQL 编辑器”工具栏。

3）在“SQL 编辑器”工具栏的“可用数据库”下拉列表中选择“db_xsgl”数据库。

4）在编辑窗口中输入命令，如图 4-23 所示。

```
create unique index IX_tab_lesson
on tab_lesson (lesson_name)
```

图 4-23　使用 create index 语句创建索引

5）单击“SQL 编辑器”工具栏中的“执行”按钮，即可完成操作。

提示 | 如果想查看操作结果，则需要在“对象资源管理器”中单击“刷新”图标按钮，再查看“tab_lesson”表节点的“索引”节点的信息。

操作 3　使用 drop index 语句删除索引

操作目标

请使用 drop index 语句删除“tab_lesson”表的索引，索引名称为“IX_tab_lesson”。

操作实施

1）启动 SQL Server Management Studio，连接“教学管理”实例。

2）单击工具栏中的“新建查询”按钮，打开编辑 T-SQL 语句的页面，同时显示“SQL 编辑器”工具栏。

3）在“SQL 编辑器”工具栏的“可用数据库”下拉列表中选择“db_xsgl”数据库。

4）在编辑窗口中输入命令，如图 4-24 所示。

```
drop index tab_lesson.IX_tab_lesson
```

图 4-24　使用 drop index 语句删除索引

5）单击“SQL 编辑器”工具栏中的“执行”按钮，即可完成操作。

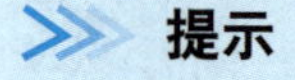

提示　如果想查看操作结果，则需要在“对象资源管理器”中单击“刷新”图标按钮，再查看“tab_lesson”表节点的“索引”节点的信息。

拓 展 训 练

拓展训练 1　创建“专业表”并将“专业编号”设置为主键

训练任务

创建“专业表”，并将“专业编号”设置为主键。

训练要求

1）请在“db_xsgl”数据库中建立“专业表”，表名定义为“tab_profession”。

2）表“tab_profession”字段名称及类型，见表 4-8。

表 4-8　专业表结构

序　号	列　名	数据类型及长度	是否允许为空	说　明
1	Pro_ID	Varchar(10)	Not NULL	专业编号
2	Pro_name	Varchar(150)	Not NULL	专业名称
3	School_ID	Varchar(10)	Not NULL	学院（分院）名称
4	Pro_createtime	Smalldatetime	NULL	专业建立时间

3）定义表“tab_profession”的主键为“Pro_ID”。

拓展训练 2　定义“学生表”与“专业表”的关系

训练任务

创建“学生表”，并定义“学生表”和“专业表”的关系。

训练要求

1）创建“学生表”，表名在“db_xsgl”数据库中定义为“tab_student”，表中的字段名称及类型，见表 4-9。

表 4-9 “tab_student”数据表结构

序号	字段名称	数据类型	是否为空	主键	说明
1	Student_ID	Varchar(10)	否	是	学号
2	Student_name	Char（10）	是		姓名
3	Student_sex	Int	是		性别
4	Student_birthday	Smalldatetime	是		生日
5	Student_nation	Char(10)	是		民族
6	Student_nativeplace	Varchar(20)	是		籍贯
7	Student_info	Text	是		简历
8	Student_imgurl	Varchar(150)	是		登记照
9	Student_startdatetime	Smalldatetime	是		入学日期
10	Pro_ID	Varchar(10)	是		专业编号
11	Student_post	Varchar(20)	是		职务

2）定义该表和“拓展训练 1”中的“专业表”（tab_profession）的关系。

拓展训练 3　将“专业名称”设置为“专业表”的唯一索引

训练任务

将“专业名称（Pro_name）”设置为“专业表（tab_profession）”的唯一索引。

训练要求

使用 create index 语句将“Pro_name”设置为“tab_profession”表的唯一索引。

项目小结

1）本项目介绍了主键、外键、索引的概念和作用。主键、外键、索引的区别见表 4-10。

表 4-10　主键、外键和索引的区别

序号	对比项目	主键	外键	索引
1	定义	唯一标识一条记录，不能有重复的，不允许为空	表的外键是另一表的主键，外键可以重复，可以是空值	该字段没有重复值，但可以有一个空值
2	作用	用来保证数据完整性	用来和其他表建立联系	可以提高查询排序的速度
3	个数	主键只能有一个	一个表可以有多个外键	一个表可以有多个唯一索引

2）本项目的 3 个任务，分别对应主键、外键和索引的能力点和知识点进行设置。

①“任务 1”的主要内容是如何使用 Management Studio 和 SQL 语句进行设置主键的方法，并通过操作进行知识点的引入。

②“任务 2”的主要内容是如何使用 Management Studio 和 SQL 语句进行设置外键和关系的方法，并通过操作进行知识点的引入。

③“任务 3”的主要内容是如何使用 Management Studio 和 SQL 语句进行设置索引的方法，并通过操作进行知识点的引入。

3）请读者在本项目的学习和操作过程中注意查看提示部分，以便更好地完成任务。

课后拓展与实践

请应用所学知识为“db_xsgl”数据库中的“tab_student”“tab_lesson”“tab_sorce”和“tab_profression”表建立外键和关联关系。

要求使用 alter table 语句为以上 4 个表定义外键和关联关系。

阅 读 提 升

“没有网络安全就没有国家安全。”

当前，数据作为新型生产要素正深刻影响着国家经济社会的发展。数据安全保障能力是国家竞争力的直接体现，数据安全是国家安全的重要方面，也是促进数字经济健康发展、提升国家治理能力的重要议题。要抓住技术发展机遇，强化驱动，发展数字经济，建设网络强国。

数据完整性技术也是在数据技术的基础之上发展起来的，现阶段应用于我国计算机网络安全中的数据完整性技术主要分为检测和监控两种。完整性检测技术主要是通过对网络系统中相关数据信息的各种度量特征判断其是否遭到破坏，而完整性监控则主要是通过计算机网络中的监控系统实现对数据的完整性是否遭到破坏进行监控。理想化的数据完整性技术在实际应用过程中操作起来非常复杂，现阶段我国应用数据完整性技术主要采用静态的或者周期性的检测方法实现对数据信息的检测。

项目 5　查询学生档案信息

学习目标

- ✧ 能够用 SELECT 语句进行简单查询
- ✧ 能够按照字段对信息进行筛选
- ✧ 能够对查询的记录进行排序
- ✧ 掌握 SQL Server 查询语句的基本语法和常用函数

任务 1　用简单查询方法显示学生信息

任务描述

假设你是某校的档案管理员，随着“学生档案”信息的逐渐增加，现在在工作过程中，在“学生管理”数据库里查询学生的数据信息已经很困难，因此你决定设置一些查询语句来简化工作量。请思考需要通过什么手段才能更好地实现这一目的呢？

知识储备

1. SQL 语句的简单应用

查询语句的组成及语法结构。

在标准的 SQL 语句中，查询语句由“select 子句”“from 子句”“where 子句”“group by 子句”“having 子句”和“order by 子句”组成，每个子句完成不同的功能。因为查询语句的第一个关键词是 select，所以查询语句有时也被称为“select 语句”。查询语句的组成和语法结构，见表 5-1。

表 5-1　查询语句的组成和语法结构

序　号	语　法	说　明
1	select */ 列名 / 表达式 ,…	指定查询对象
2	from 表名	指定数据来源的表
3	where 关系表达式 / 逻辑表达式	筛选查询结果集中的记录
4	group by 列名 / 表达式	分组显示汇总查询结果
5	having 有聚合函数参与的关系或逻辑表达式	筛选分组汇总查询结果
6	order by 列名 / 表达式 desc/asc,…	对查询结果集中的记录按升序或降序排列

以上的 6 个句子中，“select 子句”和“from 子句”是必须具备的，其他子句是根据查询需求添加的可选项。

2. 常用运算符及表达式

（1）算术运算符

算术运算符对两个表达式执行数学运算，见表 5-2。这两个表达式可以是数值数据类型类别中的一个或多个。

表 5-2 算术运算符

序号	运算符	含义
1	+（加）	加
2	–（减）	减
3	*（乘）	乘
4	/（除）	除
5	%（取模）	返回一个除法运算的整数余数。例如，12 % 5=2，这是因为 12 除以 5，余数为 2

加（+）和减（–）运算符也可用于对 datetime 和 smalldatetime 值执行算术运算。

（2）字符串串联运算符

加号（+）是字符串串联运算符，可以用它将字符串串联起来。其他所有字符串操作都使用字符串函数（如 SUBSTRING）进行处理。

默认情况下，对于 varchar 数据类型的数据，在 INSERT 或赋值语句中，空的字符串将被解释为空字符串。在串联 varchar、char 或 text 数据类型的数据时，空的字符串被解释为空字符串。例如，‘abc’+‘’+‘def’ 被存储为 ‘abcdef’。

（3）逻辑运算符

逻辑运算符对某些条件进行测试，以获得其真实情况。逻辑运算符和比较运算符一样，返回带有 TRUE、FALSE 或 UNKNOWN 值的 Boolean 数据类型。常用的几种逻辑运算符，见表 5-3。

表 5-3 逻辑运算符

序号	运算符	含义
1	ALL	如果一组的比较都为 TRUE，那么就为 TRUE
2	AND	如果两个布尔表达式都为 TRUE，那么就为 TRUE
3	ANY	如果一组的比较中任何一个为 TRUE，那么就为 TRUE
4	BETWEEN	如果操作数在某个范围之内，那么就为 TRUE
5	EXISTS	如果子查询包含一些行，那么就为 TRUE
6	IN	如果操作数等于表达式列表中的一个，那么就为 TRUE
7	LIKE	如果操作数与一种模式相匹配，那么就为 TRUE
8	NOT	对任何其他布尔运算符的值取反
9	OR	如果两个布尔表达式中的一个为 TRUE，那么就为 TRUE
10	SOME	如果在一组比较中，有些为 TRUE，那么就为 TRUE

（4）赋值运算符

等号（=）是唯一的赋值运算符，可以使用赋值运算符在列标题和定义列值的表达式之间建立关系。

（5）位运算符

位运算符在两个表达式之间执行位操作，这两个表达式可以为整数数据类型类别中的任何数据类型。位运算符及其含义，见表 5-4。

表 5-4 位运算符

序号	运算符	含义
1	&（位与）	位与（两个操作数）
2	|（位或）	位或（两个操作数）
3	^（位异或）	位异或（两个操作数）

位运算符的操作数可以是整数或二进制字符串数据类型类别中的任何数据类型（image 数据类型除外），但两个操作数不能同时是二进制字符串数据类型类别中的某种数据类型。操作数数据类型，见表 5-5。

表 5-5 操作数数据类型

序号	左操作数	右操作数
1	binary	int、smallint 或 tinyint
2	bit	int、smallint、tinyint 或 bit
3	int	int、smallint、tinyint、binary 或 varbinary
4	smallint	int、smallint、tinyint、binary 或 varbinary
5	tinyint	int、smallint、tinyint、binary 或 varbinary
6	varbinary	int、smallint 或 tinyint

（6）一元运算符

一元运算符只对一个表达式执行操作，该表达式可以是 numeric 数据类型类别中的任何一种数据类型。一元运算符及其含义，见表 5-6。

表 5-6 一元运算符及其含义

序号	运算符	含义
1	+（正）	数值为正
2	–（负）	数值为负
3	～（取反）	取反，如 0 取反后是 1

“+”（正）和“–”（负）运算符可以用于 numeric 数据类型类别中任一数据类型的任意表达式。“～”（位非）运算符只能用于整数数据类型类别中任一数据类型的表达式。

（7）比较运算符

比较运算符用于测试两个表达式是否相同，除了 text、ntext 或 image 数据类型的表达式外，比较运算符可以用于所有的表达式。常用的比较运算符，见表 5-7。

表 5-7 比较运算符

序号	运算符	含义
1	=（等于）	等于
2	>（大于）	大于
3	<（小于）	小于
4	>=（大于等于）	大于等于
5	<=（小于等于）	小于等于
6	<>（不等于）	不等于
7	!=（不等于）	不等于（非 SQL-92 标准）
8	!<（不小于）	不小于（非 SQL-92 标准）
9	!>（不大于）	不大于（非 SQL-92 标准）

（8）运算符优先级

当一个复杂的表达式有多个运算符时，运算符优先级决定执行运算的先后次序。执行的顺序可能严重地影响所得到的值。运算符的优先级别，见表 5-8。在较低级别的运算符之前应先对较高级别的运算符进行求值。

表 5-8　运算符的优先级别

序　号	级　别	运　算　符
1	一级	～（位非）
2	二级	*（乘）、/（除）、%（取模）
3	三级	+（正）、-（负）、+（加）、+（连接）、-（减）、&（位与）
4	四级	=、>、<、>=、<=、<>、!=、!>、!<（比较运算符）
5	五级	^（位异或）、|（位或）
6	六级	NOT
7	七级	AND
8	八级	ALL、ANY、BETWEEN、IN、LIKE、OR、SOME
9	九级	=（赋值）

当一个表达式中的两个运算符有相同的运算符优先级别时，将按照它们在表达式中的位置对其从左到右进行求值。

3．SQL 高级应用

（1）LIKE 操作符

在 WHERE 语句后面的“关系表达式 / 逻辑表达式”中，搭配“LIKE”或者“NOT LIKE”操作符的逻辑表达式可以实现模糊查询，例如使用“SELECT *FROM tab_student where student_name LIKE‘王 %’”语句可实现模糊查询姓“王”的学生的所需信息。

LIKE 模糊查询的通配符，见表 5-9。

表 5-9　LIKE 模糊查询的通配符

序　号	通　配　符	说　明
1	%	包含 0 个或者多个字符的任意字符串
2	_	任意单个字符

（2）BETWEEN…AND 操作符

BETWEEN…AND 操作符在 WHERE 子句中使用，作用是选取介于两个值之间的数据范围。操作符 BETWEEN…AND 会选取介于两个值之间的数据范围。这些值可以是数值、文本或者日期。

例如：

```
SELECT column_name
FROM table_name
WHERE column_name
BETWEEN value1 AND value2
```

其中，“column_name”表示列名，“table_name”表示表名，“value1”表示最小值，“value2”表示最大值。

任务实施

操作 1　使用 select 子句查询指定列

操作目标

数据库“db_xsgl”中的学生信息表“tab_student”内的现有数据信息，见表 5-10。请使用 select 语句查询显示学生姓名、性别和入学日期。

表 5-10　学生信息表

学　　号	姓　　名	性　　别	出 生 日 期	民　　族	籍　　贯	入 学 日 期	职　　务	专 业 编 号
20130003	唐李生	1	04/19/1997	汉	湖北省麻城	09/01/2013	学生	501
20130004	黄耀	1	01/02/1995	汉	黑龙江省牡丹江市	09/01/2013	学生	403
20130005	华美	2	11/09/1995	汉	河北省保定市	09/01/2013	学生	403
20130006	刘权利	1	10/20/1992	回	湖北省武汉市	09/01/2013	学生	403
20130007	王燕	2	08/02/1993	回	河南省安阳市	09/01/2012	学生	501
20130008	郝明星	1	11/27/1996	满	辽宁省大连市	09/01/2013	学生	403
20130009	高猛	1	02/03/1990	汉	湖北省黄石市	09/01/2011	学生	501
20130010	多桑	1	10/26/1992	藏	西藏自治区	09/01/2011	学生	501
20130011	郭政强	1	06/10/1991	土家	湖南省吉首市	09/01/2013	学生	501
20130012	陆敏	2	03/18/1994	汉	广东省东莞市	09/01/2011	学生	501
20130013	林惠萍	2	12/04/1996	壮	广西壮族自治区柳州市	09/01/2013	学生	501
20130014	郑家谋	2	03/24/1995	汉	上海市	09/01/2013	班长	904
20130015	罗家艳	2	05/16/1991	满	北京市	09/01/2011	学生	904
20130016	史玉磊	1	09/11/1994	汉	湖北省孝感市	09/01/2013	学生	904
20130017	凌晨	2	06/28/1992	汉	浙江省温州市	09/01/2011	学生	904
20130018	徐栋梁	1	12/20/1995	回	陕西省咸阳市	09/01/2012	学生	403
20130019	巴朗	1	09/25/1991	蒙古	内蒙古自治区	09/01/2011	学生	403

操作实施

1）启动 SQL Server Management Studio，连接“教学管理”实例。

2）单击工具栏中的“新建查询”按钮，打开编辑 T-SQL 语句的页面，同时显示“SQL 编辑器”工具栏。

3）在“SQL 编辑器”工具栏的“可用数据库”下拉列表中选择“db_xsgl”数据库。

4）在编辑窗口中输入 select 语句命令，如图 5-1 所示。

```
select student_name,
       student_sex,
       student_startdatetime
from tab_student
```

图 5-1　使用 select 子句查询指定列

5）输入完成后，单击“SQL 编辑器”工具栏中的“执行”按钮，即可完成操作。结果显示在“检查选项卡”中的“结果”页中，如图 5-2 所示。

	student_name	student_sex	student_startdatetime
1	唐李生	1	2013-09-01 00:00:00
2	黄耀	1	2013-09-01 00:00:00
3	华美	2	2013-09-01 00:00:00
4	刘权利	1	2013-09-01 00:00:00
5	王燕	2	2012-09-01 00:00:00
6	郝明星	1	2013-09-01 00:00:00
7	高猛	1	2011-09-01 00:00:00
8	多桑	1	2011-09-01 00:00:00
9	郭政强	1	2013-09-01 00:00:00
10	陆敏	2	2011-09-01 00:00:00
11	林惠萍	2	2013-09-01 00:00:00
12	郑家谋	2	2013-09-01 00:00:00
13	罗家艳	2	2011-09-01 00:00:00
14	史玉磊	1	2013-09-01 00:00:00
15	凌晨	2	2011-09-01 00:00:00
16	徐栋梁	1	2012-09-01 00:00:00
17	巴朗	1	2011-09-01 00:00:00

图 5-2　使用 select 查询指定列显示的结果

扫描二维码，观看“使用 select 子句查询指定列”视频。

操作 2　使用表达式计算学生年龄

操作目标

在关系模型数据库中，为了保证表中的数据不产生冗余的现象，要求同一个表中的某列不能是其他列的计算结果。因此，有些属性就无法直接由某一列表达出来，而是需要对一个列或多个列进行运算，其运算结果才是需要的内容。

现在需要通过学生的生日信息得出学生的真实年龄，即通过操作表“tab_student”内的“student_birthday”列的数值，显示学生的姓名及真实年龄。

操作实施

1）启动 SQL Server Management Studio，连接“教学管理”实例。

2）单击工具栏中的“新建查询”按钮，打开编辑 T-SQL 语句的页面，同时显示“SQL 编辑器”工具栏。

3）在“SQL 编辑器”工具栏的“可用数据库”下拉列表中选择“db_xsgl”数据库。

4）在编辑窗口中输入 select 语句命令，如图 5-3 所示。

```
select student_name,
       year(getdate())-year(student_birthday) as age
from tab_student
```

图 5-3　使用 select 语句显示学生年龄

提示　读者可能注意到 select 语句中有“as”关键字，它代表将其前面的字段值命名为后面自己定义的名字，读者可以在后面看到它的应用，体会应用效果。

5）输入完成后，单击“SQL 编辑器”工具栏中的“执行”按钮，即可完成操作。结果显示在“检查选项卡”中的“结果”页中，如图 5-4 所示。

结果 消息

	student_name	age
1	唐李生	16
2	黄耀	18
3	华美	18
4	刘权利	21
5	王燕	20
6	郝明星	17
7	高猛	23
8	多桑	21
9	郭政强	22
10	陆敏	19
11	林惠萍	17
12	郑家谋	18
13	罗家艳	22
14	史玉磊	19
15	凌晨	21
16	徐栋梁	18
17	巴朗	22

图 5-4　使用 select 语句显示学生年龄的结果

扫描二维码，观看“使用表达式计算学生年龄”视频。

操作 3　使用 where 子句限制返回行

操作目标

在实际的工作中，你遇到的表中数据可能是成千上万行的，如果将全部的数据显示出来，则不仅占用很多的内存空间，也为查找自己所需要的数据信息而增加了困难。

现需要在学生信息表“tab_student”中显示出年龄在 20 ～ 25 的学生信息，包括学生姓名、性别、年龄和所在专业编号。

操作实施

1）启动 SQL Server Management Studio，连接“教学管理”实例。

2）单击工具栏中的“新建查询”按钮，打开编辑 T-SQL 语句的页面，同时显示“SQL 编辑器”工具栏。

3）在“SQL 编辑器”工具栏的“可用数据库”下拉列表中选择“db_xsgl”数据库。

4）在编辑窗口中输入 select 语句命令，如图 5-5 所示。

```
select student_name as 学生姓名,
       student_sex as 学生性别,
       year(getdate())-year(student_birthday) as 学生年龄,
       pro_ID as 专业编号
from tab_student
where year(getdate())-year(student_birthday)>=20 and year(getdate())-year(student_birthday)<=25
```

图 5-5　使用 where 语句限制返回行

5）输入完成后，单击“SQL 编辑器”工具栏中的“执行”按钮，即可完成操作。结果显示在“检查选项卡”中的“结果”页中，如图 5-6 所示。

	学生姓名	学生性...	学生年...	专业编号
1	刘权利	1	21	403
2	王燕	2	20	501
3	高猛	1	23	501
4	多桑	1	21	501
5	郭政强	1	22	501
6	罗家艳	2	22	904
7	凌晨	2	21	904
8	巴朗	1	22	403

图 5-6　使用 where 语句限制返回行的结果

扫描二维码，观看“使用 where 子句限制返回行”视频。

操作 4　使用 like 关键字实现模糊查询

操作目标

在实际工作中，所需要查询的数据有时候不是具体数据，查找的条件往往很含糊。例如，在学生信息表中查找姓“王”的学生信息。

现要求操作学生信息表“tab_student”，查找并显示籍贯是辽宁省的学生信息，显示内容包括学生姓名、学生性别和籍贯。

操作实施

1）启动 SQL Server Management Studio，连接“教学管理”实例。

2）单击工具栏中的“新建查询”按钮，打开编辑 T-SQL 语句的页面，同时显示“SQL 编辑器”工具栏。

3）在“SQL 编辑器”工具栏的“可用数据库”下拉列表中选择“db_xsgl”数据库。

4）在编辑窗口中输入 select 语句命令，如图 5-7 所示。

```
select student_name as 学生姓名,
       student_sex as 学生性别,
       student_nativeplace as 籍贯
from tab_student
where student_nativeplace like '辽宁省%'
```

图 5-7　使用 like 关键字实现模糊查询

5）输入完成后，单击“SQL 编辑器”工具栏中的“执行”按钮，即可完成操作。结果显示在“检查选项卡”中的“结果”页中，如图 5-8 所示。

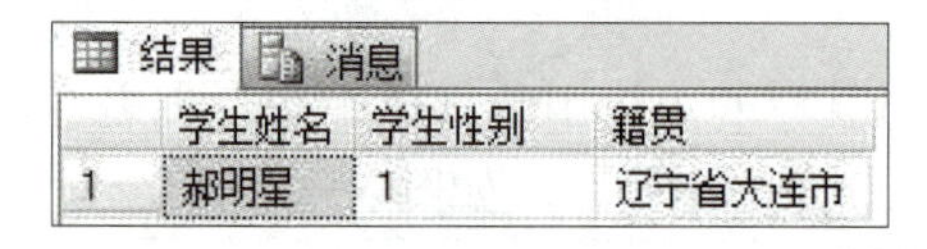

	学生姓名	学生性别	籍贯
1	郝明星	1	辽宁省大连市

图 5-8　使用 like 关键字实现模糊查询的结果

扫描二维码，观看“使用 like 关键字实现模糊查询”视频。

操作 5　使用 between…and…逻辑表达式设置闭合区间

操作目标

使用“between…and…”构成的逻辑表达式改写“操作 3”中的查询条件，显示年龄在

20 ～ 25 之间的学生信息。

操作实施

1）启动 SQL Server Management Studio，连接“教学管理”实例。

2）单击工具栏中的“新建查询”按钮，打开编辑 T-SQL 语句的页面，同时显示“SQL 编辑器”工具栏。

3）在“SQL 编辑器”工具栏的“可用数据库”下拉列表中选择“db_xsgl”数据库。

4）在编辑窗口中输入 select 语句命令，如图 5-9 所示。

```
select student_name as 学生姓名,
       student_sex as 学生性别,
       year(getdate())-year(student_birthday) as 学生年龄,
       pro_ID as 专业编号
from tab_student
where year(getdate())-year(student_birthday) between 20 and 25
```

图 5-9　使用 between…and… 设置闭合区间查询

5）输入完成后，单击“SQL 编辑器”工具栏中的“执行”按钮，即可完成操作。结果显示在“检查选项卡”中的“结果”页中。

扫描二维码，观看“使用 between…and…逻辑表达式设置闭合区间”视频。

操作 6　使用 order by 子句对查询结果排序

操作目标

现需要将“操作 5”中的学生年龄按照从小到大的顺序进行排序显示，以便更加直观地查看学生的年龄。

请通过 SQL 语句完成学生年龄排序的操作。

操作实施

1）启动 SQL Server Management Studio，连接“教学管理”实例。

2）单击工具栏中的“新建查询”按钮，打开编辑 T-SQL 语句的页面，同时显示“SQL 编辑器”工具栏。

3）在“SQL 编辑器”工具栏的“可用数据库”下拉列表中选择“db_xsgl”数据库。

4）在编辑窗口中输入 select 语句命令，如图 5-10 所示。

```
select student_name as 学生姓名,
       student_sex as 学生性别,
       year(getdate())-year(student_birthday) as 学生年龄,
       pro_ID as 专业编号
from tab_student
where year(getdate())-year(student_birthday) between 20 and 25
order by year(getdate())-year(student_birthday) asc
```

图 5-10　使用 order by 实现查询结果排序

提示　在“order by 子句”中，排序方式的关键字为“asc”代表升序排序，而当关键字为“desc”则代表降序排序。

5）输入完成后，单击“SQL 编辑器”工具栏中的“执行”按钮，即可完成操作。结果显示在“检查选项卡”中的“结果”页中，如图 5-11 所示。

结果　消息

	学生姓名	学生性...	学生年...	专业编号
1	王燕	2	20	501
2	多桑	1	21	501
3	凌晨	2	21	904
4	刘权利	1	21	403
5	巴朗	1	22	403
6	郭政强	1	22	501
7	罗家艳	2	22	904
8	高猛	1	23	501

图 5-11　使用 order by 实现查询结果排序后的显示效果

扫描二维码，观看“使用 order by 子句对查询结果排序”视频。

任务 2　通过 SQL Server 函数管理数据

任务描述

当在实际工作中需要处理大量的数据时，需要先对数据进行分类处理、去除冗余、规则显示等操作，这就需要更加具有专业性的应用数据库进行管理。

作为教务信息管理系统的开发人员，你需要在开发系统查询模块的时候实现以下功能：消除相同行；将性别列的 1 和 2 的值分别显示为“男”和“女”；将日期时间以“年 - 月 - 日”的方式显示，并最终只显示日期，而不显示时间。

需要通过怎样的操作实现上述功能呢？

知识储备

1. SQL Server 函数

（1）定义

SQL Server 函数是能够完成特定功能并返回处理结果的一组 T-SQL 语句。其中，处理需要的基本数据称为输入参数，处理过程称为函数体，处理结果称为返回值。

（2）分类

SQL Server 函数分为以下两类。

1）内置函数：也称为系统函数，由 SQL Server 提供。

2）用户自定义函数：由用户根据实际应用编写处理程序。

2. SQL Server 常用函数

（1）字符串函数

常用字符串函数，见表 5-11。

表 5-11　常用字符串函数

序号	函数名称	参数	示例	说明
1	ascii	（字符串表达式）	select ascii('abc') 返回 97	返回字符串中最左侧的字符的ASCII 码
2	char	（整数表达式）	select char(100) 返回 d	把 ASCII 码转换为字符 介于 0 和 255 之间的整数。如果该整数表达式不在此范围内，将返回 NULL 值
3	charindex	（字符串表达式1, 字符串表达式 2[, 整数表达式]）	select charindex('ab',' BCabTabD') 返回 3 select charindex('ab',' BCabTabD',4) 返回 6	在字符串 2 中查找字符串 1，如果存在则返回第一个匹配的位置，如果不存在则返回 0。如果字符串 1 和字符串 2 中有一个是 NULL 则返回 NULL 可以指定在字符串 2 中查找的起始位置
4	difference	（字符串表达式1，字符串表达式 2）	select difference('Green', 'Greene') 返回 4	返回一个 0 ～ 4 的整数值，指示两个字符表达式之间的相似程度。0 表示几乎不同或完全不同，4 表示几乎相同或完全相同。注意相似并不代表相等
5	left	（字符串表达式，整数表达式）	select left('abcdefg',2) 返回 ab	返回字符串中从左边开始指定个数的字符
6	right	（字符串表达式，整数表达式）	select right('abcdefg',2) 返回 fg	返回字符串中从右边开始指定个数的字符
7	len	（字符串表达式）	select len('abcdefg') 返回 7	返回指定字符串表达式的字符数，其中不包含尾随空格
8	lower	（字符串表达式）	select lower('ABCDEF') 返回 abcdef	返回大写字符数据转换为小写的字符表达式
9	upper	（字符串表达式）	select upper('abcdef ') 返回 ABCDEF	返回小写字符数据转换为大写的字符表达式
10	ltrim	（字符串表达式）	select ltrim('abc') 返回 abc	返回删除了前导空格之后的字符表达式
11	rtrim	（字符串表达式）	select rtrim('abc') 返回 abc	返回删除了尾随空格之后的字符表达式
12	patindex	（字符串表达式1，字符串表达式 2）	select patindex('%ab%' , '123ab456') 返回 4 select patindex('ab%','123ab456') 返回 0 select patindex('___ab%','123ab456') 返回 1 select patindex('___ab_','123ab456') 返回 0	在字符串表达式 1 中可以使用通配符，此字符串的第一个字符和最后一个字符通常是 % % 表示任意多个字符，_ 表示任意字符 返回字符串表达式 2 中字符串表达式 1 所指定模式第一次出现的起始位置，没有找到则返回 0
13	reverse	（字符串表达式）	select reverse('abcde') 返回 edcba	返回指定字符串反转后的新字符串
14	space	（整数表达式）	select 'a'+space(2)+' b' 返回 a b	返回由指定数目的空格组成的字符串
15	str	（Float 型小数 [, 总长度 [, 小数点后保留的位数]]）	select str(123.451) 返回 123(123 前面有空格) select str(123.451,3) 返回 123 select str(123.451,7,3) 返回 123.451 select str(123.451,7,1) 返回 123.5 select str(123.451,5,3) 返回 123.5 select str(123.651,2) 返回 **	返回由数字转换成的字符串。返回字符数不到总长度的前面补空格，超过总长度的截断小数位。如果需要截断整数位则返回 ** 注意在截断时遵循四舍五入 总长度。它包括小数点、符号、数字以及空格。默认值为 10 小数点后最多保留 16 位。默认不保留小数点后面的数字

（续）

序　　号	函数名称	参　　数	示　　例	说　　明
16	stuff	（字符串表达式1，开始位置，长度，字符串表达式2）	select stuff('abcdef',2,2,'123') 返回 a123def	在字符串表达式1中在指定的开始位置删除指定长度的字符，并在指定的开始位置处插入字符串表达式2。返回新字符串
17	substring	（字符串表达式，开始位置，长度）	select substring('abcdef ',2,2) 返回 bc	返回子字符串
18	replace	（字符串表达式1，字符串表达式2，字符串表达式3）	select replace('abcttabchhabc','abc','123') 返回 123tt123hh123	用字符串表达式3替换字符串表达式1中出现的所有字符串表达式2的匹配项。返回新的字符串

（2）日期时间函数

常用日期时间函数，见表5-12。

表5-12　常用日期时间函数表

序　　号	函数名称	参　　数	示　　例	说　　明
1	dateadd	（日期部分，数字，日期）	select dateadd(year,45,'1990-12-11') 返回 2035-12-11 00:00:00.000 select dateadd(month,45,'1990-12-11') 返回 1994-09-11 00:00:00.000 select dateadd(mm,45,'1990-12-11') 返回 1994-09-11 00:00:00.000 select dateadd(qq,12,'1990-12-11') 返回 1993-12-11 00:00:00.000 select dateadd(hh,12,'1990-12-11') 返回 1990-12-11 12:00:00.000 select dateadd(yy,-12,'1990-12-11') 返回 1978-12-11 00:00:00.000	返回给指定日期加上一个时间间隔后的新的日期值 数字：用于与指定的日期部分相加的值。如果指定了非整数值，则将舍弃该值的小数部分，舍弃时不遵循四舍五入 日期：指定的原日期 在此函数中dw，dy，dd效果一样都表示天
2	datediff	（日期部分，开始日期，结束日期）	select datediff(yy,'1990-12-11','2008-9-10') 返回 18 select datediff(mm,'2007-12-11',' 2008-9-10') 返回 9	返回两个指定日期的差的整数值 在计算时由结束日期减去开始日期 在此函数中dw，dy，dd效果一样都表示天
3	datename	（日期部分，日期）	select datename(mm,'2007-12-11') 返回 12 select datename(dw,'2007-12-11') 返回星期二 select datename(dd, '2007-12-11') 返回 11	返回表示指定日期部分的字符串 dw表示一星期中星期几，wk表示一年中的第几个星期，dy表示一年中的第几天
4	datepart	（日期部分，日期）	select datepart(mm,'2007-12-11') 返回 12 select datepart(dw,'2007-12-11') 返回 3 select datepart(dd, '2007-12-11') 返回 11	返回表示指定日期部分的整数 wk表示一年中的第几个星期 dy表示一年中的第几天 dw表示一星期中星期几，返回整数默认1为星期天
5	getdate	无参数	select getdate() 返回 2009-04-28 18:57:24.153	返回当前系统日期和时间
6	day	（日期）	select day('2007-12-11') 返回 11	返回一个整数，表示指定日期的天的部分 等价于 datepart(dd, 日期)
7	month	（日期）	select month('2007-12-11') 返回 12	返回一个整数，表示指定日期的月的部分 等价于 datepart(mm, 日期)
8	year	（日期）	select year('2007-12-11') 返回 2007	返回一个整数，表示指定日期的年的部分 等价于 datepart(yy, 日期)
9	getutcdate	无参数	select getutcdate() 返回 2009-04-28 10:57:24.153	返回表示当前的UTC时间（世界标准时间）。即格林尼治时间（GMT）

参数中的日期部分是指定要返回新值的日期的组成部分。SQL Server 2008 可识别的日期部分及其缩写，见表 5-13。

表 5-13　SQL Server 2008 可识别的日期部分及其缩写

序　号	日期部分	含　义	缩　写
1	year	年	yy, yyyy
2	quarter	季	qq, q
3	month	月	mm, m
4	dayofyear	天（请看函数中的说明）	dy, y
5	day	天（请看函数中的说明）	dd, d
6	week	星期	wk, ww
7	weekday	天（请看函数中的说明）	dw, w
8	hour	小时	hh
9	minute	分钟	mi, n
10	second	秒	ss, s
11	millisecond	毫秒	ms

（3）数学函数

常用数学函数，见表 5-14。

表 5-14　常用数学函数

序　号	函数名称	参　数	示　例	说　明
1	abs	（数值表达式）	select abs(–23.4) 返回 23.4	返回指定数值表达式的绝对值（正值）
2	pi	无参数	select pi() 返回 3.14159265358979	返回 π 的值
3	cos	（浮点表达式）	select cos(pi()/3) 返回 0.5	返回指定弧度的余弦值
4	sin	（浮点表达式）	select sin(pi()/6) 返回 0.5	返回指定弧度的正弦值
5	cot	（浮点表达式）	select cot(pi()/4) 返回 1	返回指定弧度的余切值
6	tan	（浮点表达式）	select tan(pi()/4) 返回 1	返回指定弧度的正切值
7	acos	（浮点表达式）	select acos(0.5) 返回 1.0471975511966	返回其余弦是所指定的数值表达式的弧度，求反余弦
8	asin	（浮点表达式）	select asin(0.5) 返回 0.523598775598299	返回其正弦是所指定的数值表达式的弧度，求反正弦
9	atan	（浮点表达式）	select atan(1) 返回 0.785398163397448	返回其正切是所指定的数值表达式的弧度，求反正切
10	degrees	（数值表达式）	select degrees(pi()/4) 返回 45	返回以弧度指定的角的相应角度
11	radians	（数值表达式）	select radians(180.0) 返回 3.1415926535897931	返回指定度数的弧度值。注意如果传入整数值则返回的结果将会省略小数部分
12	exp	（浮点表达式）	select exp(4) 返回 54.5981500331442	返回求 e 的指定次幂，e=2.718281···
13	log	（浮点表达式）	select log(6) 返回 1.79175946922805	返回以 e 为底的对数，求自然对数
14	log10	（浮点表达式）	select log10(100) 返回 2	返回以 10 为底的对数
15	ceiling	（数值表达式）	select ceiling(5.44) 返回 6 select ceiling(–8.44) 返回 –8	返回大于或等于指定数值表达式的最小整数
16	floor	（数值表达式）	select floor(5.44) 返回 5 select floor(–8.44) 返回 –9	返回小于或等于指定数值表达式的最大整数
17	power	（数值表达式 1，数值表达式 2）	select power(5,2) 返回 25	返回数值表达式 1 的数值表达式 2 次幂
18	sqrt	（数值表达式）	select sqrt(25) 返回 5	返回数值表达式的平方根

（续）

序　号	函数名称	参　数	示　例	说　明
19	sign	（数值表达式）	select sign(6) 返回 1 select sign(–6) 返回 –1 select sign(0) 返回 0	表达式为正返回 +1 表达式为负返回 –1 表达式为零返回 0
20	rand	（[整数表达式]）	select rand(100) 返回 0.715436657367485 select rand() 返回 0.28463380767982 select rand() 返回 0.0131039082850364	返回从 0 ～ 1 之间的随机 float 值 整数表达式为种子，使用相同的种子产生的随机数相同。即使用同一个种子值重复调用 RAND() 会返回相同的结果 不指定种子则系统会随机生成种子
21	round	（数值表达式 [, 长度 [, 操作方式]]）	select round(1236.555,2) 返回 1236.560 select round(1236.555,2,1) 返回 1236.550 select round(1236.555,0) 返回 1237.000 select round(1236.555,–1) 返回 1240.000 select round(1236.555,–1,1) 返回 1230.000 select round(1236.555,–2) 返回 1200.000 select round(1236.555,–3) 返回 1000.000 select round(1236.555,–4) 返回 0.000 select round(5236.555,–4) 出现错误 select round(5236.555,–4,1) 返回 0.000	返回一个数值，舍入到指定的长度。注意返回的数值和原数值的总位数没有变化 长度：舍入精度。如果长度为正数，则将数值舍入到长度指定的小数位数。如果长度为负数，则将数值小数点左边部分舍入到长度指定的长度。注意如果长度为负数，并且大于小数点前的数字个数，则将返回 0。如果长度为负数并且等于小数点前的数字个数且操作方式为四舍五入时，最前面的一位小于 5 返回 0，大于等于 5 会导致错误出现，如果操作方法不是四舍五入时则不会出现错误，返回结果一律为 0 操作方式：默认为 0 遵循四舍五入，指定其他整数值则直接截断

（4）数据类型转换函数

常用数据类型转换函数，见表 5-15。

表 5-15　常用数据类型转换函数

序　号	函数名称	参　数	示　例	说　明
1	convert	（数据类型 [（长度）]，表达式 [, 样式]）	select convert(nvarchar,123) 返回 123 select N' 年龄：'+convert(nvarchar,23) 返回 年龄：23（注意：如果想要在结果中正确显示中文，则需要在给定的字符串前面加上 N，加 N 是为了使数据库识别 Unicode 字符） select convert(nvarchar ,getdate()) 返回 04 28 2009 10:21PM select convert(nvarchar ,getdate(),101) 返回 04/28/2009 select convert(nvarchar ,getdate(),120) 返回 2009-04-28 12:22:21 select convert(nvarchar(10) ,getdate(),120) 返回 2009-04-28	将一种数据类型的表达式转换为另一种数据类型的表达式 长度：如果数据类型允许设置长度，可以设置长度，如 varchar(10) 样式：用于将日期类型数据转换为字符数据类型的日期格式的样式
2	cast	（表达式 as 数据类型 [（长度）]）	select cast(123 as nvarchar) 返回 123 select N' 年龄 :'+cast(23 as nvarchar) 返回年龄：23	将一种数据类型的表达式转换为另一种数据类型的表达式

其中，日期类型数据转换为字符数据类型的日期格式的部分样式表，见表 5-16。

表 5-16　日期类型数据转换为字符数据类型的日期格式的部分样式表

序　号	不带世纪数位（yy）	带世纪数位（yyyy）	标　准	输入 / 输出
1	—	0 或 100	默认设置	mon dd yyyy hh:miAM（或 PM）
2	1	101	美国	mm/dd/yyyy
3	2	102	ANSI	yy.mm.dd
4	3	103	英国 / 法国	dd/mm/yy
5	4	104	德国	dd.mm.yy
6	5	105	意大利	dd-mm-yy
7	—	120	ODBC 规范	yyyy-mm-dd hh:mi:ss(24h)

（5）聚合函数

聚合函数对一组值执行计算，并返回单个值。除了 COUNT 以外，聚合函数都会忽略空值。聚合函数经常与 SELECT 语句的 GROUP BY 子句一起使用。

聚合函数的常用格式：函数名（[all|distinct] 表达式）。

all：默认值，对所有的值进行聚合函数运算包含重复值。

distinct：消除重复值后进行聚合函数运算。

常用聚合函数，见表 5-17。

表 5-17　常用聚合函数

序　号	函 数 名 称	示　例	说　明
1	avg	SELECT avg(VacationHours)as ' 平均休假小时数 ' FROM HumanResources.Employee WHERE Title LIKE 'Vice President%' 返回 25	返回组中各值的平均值。空值将被忽略。表达式为数值表达式
2	count	SELECT count(*)FROM Production. Product 返回 504 SELECT count(Color)FROM Production.Product 返回 256 SELECT count(distinct Color)FROM Production. Product 返回 9	返回组中的项数。COUNT(*) 返回组中的项数，包括 NULL 值和重复项。如果指定表达式则忽略空值。表达式为任意表达式
3	min	select min(ListPrice)from Production. Product 返回 0	返回组中的最小值。空值将被忽略。表达式为数值表达式，字符串表达式，日期
4	max	select max(ListPrice) from Production. Product 返回 3578.27	返回组中的最大值。空值将被忽略。表达式为数值表达式，字符串表达式，日期
5	sum	SELECT sum(SickLeaveHours) as' 总病假小时数 ' FROM HumanResources.Employee WHERE Title LIKE 'Vice President%'; 返回 97	返回组中所有值的和。空值将被忽略。表达式为数值表达式

任务实施

操作 1　使用 distinct 函数消除相同行

操作目标

现要求操作学生信息表“tab_student”，查找并显示学生来自哪些省市，重复省市不显示。

操作实施

1）启动 SQL Server Management Studio，连接“教学管理”实例。

2）单击工具栏中的“新建查询”按钮，打开编辑 T-SQL 语句的页面，同时显示“SQL 编辑器”工具栏。

3）在“SQL 编辑器”工具栏的“可用数据库”下拉列表中选择“db_xsgl”数据库。

4）在编辑窗口中输入 select 语句命令，如图 5-12 所示。

```
select distinct student_nativeplace as 学生籍贯
from tab_student
```

图 5-12　使用 distinct 函数消除相同行

5）输入完成后，单击“SQL 编辑器”工具栏中的“执行”按钮，即可完成操作。结果显示在“检查选项卡”中的“结果”页中，如图 5-13 所示。

结果 | 消息

	学生籍贯
1	湖北省麻城
2	黑龙江省牡丹江市
3	河北省保定市
4	湖北省武汉市
5	河南省安阳市
6	辽宁省大连市
7	湖北省黄石市
8	西藏自治区
9	湖南省吉首市
10	广东省东莞市
11	广西壮族自治区柳州市
12	上海市
13	北京市
14	湖北省孝感市
15	浙江省温州市
16	陕西省咸阳市
17	内蒙古自治区

图 5-13　使用 distinct 函数消除相同行后的显示效果

扫描二维码，观看“使用 distinct 函数消除相同行”视频。

操作 2　使用 case…when…函数分类处理

操作目标

现要求操作学生信息表“tab_student”，显示学生的“姓名”“籍贯”“性别”以及性别的文字描述。1 代表男，2 代表女。

操作实施

1）启动 SQL Server Management Studio，连接“教学管理”实例。

2）单击工具栏中的“新建查询”按钮，打开编辑 T-SQL 语句的页面，同时显示“SQL 编辑器”工具栏。

3）在“SQL 编辑器”工具栏的“可用数据库”下拉列表中选择“db_xsgl”数据库。

4）在编辑窗口中输入 select 语句命令，如图 5-14 所示。

```
select student_name as 学生姓名,
       student_nativeplace as 籍贯,
       student_sex as 性别,
       case when student_sex=1 then '男'
            when student_sex=2 then '女'
       end as 性别说明
from tab_student
```

图 5-14　使用 case…when…函数分类处理

5）输入完成后，单击“SQL 编辑器”工具栏中的“执行”按钮，即可完成操作。结果显示在“检查选项卡”中的“结果”页中，如图 5-15 所示。

结果　消息

	学生姓名	籍贯	性别	性别说明
1	唐李生	湖北省麻城	1	男
2	黄耀	黑龙江省牡丹江市	1	男
3	华美	河北省保定市	2	女
4	刘权利	湖北省武汉市	1	男
5	王燕	河南省安阳市	2	女
6	郝明星	辽宁省大连市	1	男
7	高猛	湖北省黄石市	1	男
8	多桑	西藏自治区	1	男
9	郭政强	湖南省吉首市	1	男
10	陆敏	广东省东莞市	2	女
11	林惠萍	广西壮族自治区柳州市	2	女
12	郑家谋	上海市	2	女
13	罗家艳	北京市	2	女
14	史玉磊	湖北省孝感市	1	男
15	凌晨	浙江省温州市	2	女
16	徐栋梁	陕西省咸阳市	1	男
17	巴朗	内蒙古自治区	1	男

图 5-15　使用 case…when…函数分类处理后的显示效果

扫描二维码，观看“使用 case…when…函数分类处理”视频。

操作 3　使用 convert 函数转换数据类型

操作目标

现要求操作学生信息表“tab_student”，显示学生的“学生姓名”“籍贯”以及“出生日期”列参与的字符串串联运算，将“出生日期”列的值显示为“生日为”+“原值”。

操作实施

1）启动 SQL Server Management Studio，连接“教学管理”实例。

2）单击工具栏中的“新建查询”按钮，打开编辑 T-SQL 语句的页面，同时显示“SQL 编辑器”工具栏。

3）在“SQL 编辑器”工具栏的“可用数据库”下拉列表中选择“db_xsgl”数据库。

4）在编辑窗口中输入 select 语句命令，如图 5-16 所示。

```
select student_name as 学生姓名,
       student_nativeplace as 籍贯,
       '生日为'+convert(varchar,student_birthday,21) as 学生生日
from tab_student
```

图 5-16　使用 convert 函数转换数据类型

5）输入完成后，单击“SQL 编辑器”工具栏中的“执行”按钮，即可完成操作。结果显示在“检查选项卡”中的“结果”页中，如图 5-17 所示。

结果　消息

	学生姓名	籍贯	学生生日
1	唐李生	湖北省麻城	生日为1997-04-19 00:00:00.000
2	黄耀	黑龙江省牡丹江市	生日为1995-01-02 00:00:00.000
3	华美	河北省保定市	生日为1995-11-09 00:00:00.000
4	刘权利	湖北省武汉市	生日为1992-10-20 00:00:00.000
5	王燕	河南省安阳市	生日为1993-08-02 00:00:00.000
6	郝明星	辽宁省大连市	生日为1996-11-27 00:00:00.000
7	高猛	湖北省黄石市	生日为1990-02-03 00:00:00.000
8	多桑	西藏自治区	生日为1992-10-26 00:00:00.000
9	郭政强	湖南省吉首市	生日为1991-06-10 00:00:00.000
10	陆敏	广东省东莞市	生日为1994-03-18 00:00:00.000
11	林惠萍	广西壮族自治区柳州市	生日为1996-12-04 00:00:00.000
12	郑家谋	上海市	生日为1995-03-24 00:00:00.000
13	罗家艳	北京市	生日为1991-05-16 00:00:00.000
14	史玉磊	湖北省孝感市	生日为1994-09-11 00:00:00.000
15	凌晨	浙江省温州市	生日为1992-06-28 00:00:00.000
16	徐栋梁	陕西省咸阳市	生日为1995-12-20 00:00:00.000
17	巴朗	内蒙古自治区	生日为1991-09-25 00:00:00.000

图 5-17　使用 convert 函数转换数据类型后的显示效果

扫描二维码，观看“使用 convert 函数转换数据类型”视频。

操作 4　使用 substring 函数截取字符串

操作目标

现要求操作学生信息表“tab_student”，显示“学生姓名”“籍贯”列，以及“出生日期”列参与的字符串串联运算后的结果。要求通过串联运算将“出生日期”列的值显示为“生日为”+“原值”，且该日期的显示方式为“年 - 月 - 日”。

操作实施

1）启动 SQL Server Management Studio，连接“教学管理”实例。

2）单击工具栏中的“新建查询”按钮，打开编辑 T-SQL 语句的页面，同时显示“SQL 编辑器”工具栏。

3）在“SQL 编辑器”工具栏的“可用数据库”下拉列表中选择“db_xsgl”数据库。

4）在编辑窗口中输入 select 语句命令，如图 5-18 所示。

```
select student_name as 学生姓名,
       student_nativeplace as 籍贯,
       '生日为'+substring(convert(varchar,student_birthday,21),1,10) as 学生生日
from tab_student
```

图 5-18　使用 substring 函数截取字符串

5）输入完成后，单击“SQL 编辑器”工具栏中的“执行”按钮，即可完成操作。结果显示在“检查选项卡”中的“结果”页中，如图 5-19 所示。

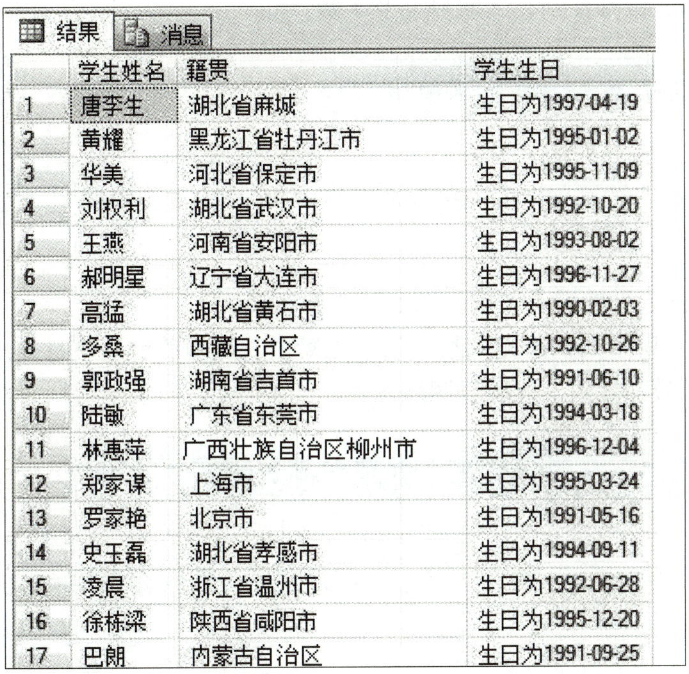

结果 | 消息

	学生姓名	籍贯	学生生日
1	唐李生	湖北省麻城	生日为1997-04-19
2	黄耀	黑龙江省牡丹江市	生日为1995-01-02
3	华美	河北省保定市	生日为1995-11-09
4	刘权利	湖北省武汉市	生日为1992-10-20
5	王燕	河南省安阳市	生日为1993-08-02
6	郝明星	辽宁省大连市	生日为1996-11-27
7	高猛	湖北省黄石市	生日为1990-02-03
8	多桑	西藏自治区	生日为1992-10-26
9	郭政强	湖南省吉首市	生日为1991-06-10
10	陆敏	广东省东莞市	生日为1994-03-18
11	林惠萍	广西壮族自治区柳州市	生日为1996-12-04
12	郑家谋	上海市	生日为1995-03-24
13	罗家艳	北京市	生日为1991-05-16
14	史玉磊	湖北省孝感市	生日为1994-09-11
15	凌晨	浙江省温州市	生日为1992-06-28
16	徐栋梁	陕西省咸阳市	生日为1995-12-20
17	巴朗	内蒙古自治区	生日为1991-09-25

图 5-19　使用 substring 函数截取字符串后的显示效果

扫描二维码，观看“使用 substring 函数截取字符串”视频。

拓 展 训 练

拓展训练 1　显示教师的工龄

训练任务

在“db_xsgl”数据库中，创建“教师表（tab_teacher）”，并在表中插入多条记录。完成后，请操作该表，显示教师的工龄。

训练要求

1）教师表命名为“tab_teacher”，其包含字段及类型，见表 5-18。

表 5-18 “tab_teacher”数据表属性

序号	字段名称	数据类型	是否为空	主键	说明
1	teacher_ID	Varchar(10)	否	是	教师编号
2	teacher_name	Char（10）	是		姓名
3	teacher_sex	Int	是		性别
4	teacher_birthday	Smalldatetime	是		生日
5	teacher_workdate	Smalldatetime	是		入职日期

2）向教师表中插入的数据至少 5 条。

3）根据本项目中所学的知识，依据教师的“入职日期”完成教师工龄的显示。显示内容包括：教师姓名、教师性别、入职日期及工龄。

拓展训练 2 教师按工龄由长到短排列

训练任务

在“拓展训练 1”的基础上完成按教师工龄由长到短的顺序进行排序显示。

训练要求

1）再向“教师表”中插入 5 条或以上的数据。

2）根据本项目所学知识，完成教师按其工龄由长到短的顺序进行排序显示。显示内容包括：教师姓名、教师性别、入职日期及工龄。

拓展训练 3 显示入学时间长短，并按时间长短划分年级

训练任务

在“db_xsgl”数据库中，操作“学生信息表”，以 2013 年为基准，将学生分为三个年级并显示相应信息。

训练要求

1）年级划分提示：2011 年入学为三年级；2012 年入学位二年级；2013 年入学为一年级。

2）根据所学知识，完成学生年级的划分并显示。显示内容包括：学生姓名、性别、入学日期和年级。

项目小结

1）通过多项具体的操作任务，引导读者学会并熟悉基本查询的创建。包括查询数据表的所有列、查询数据表的指定列，查询时更改标题、查询时使用计算列、查询时限制行，对查询结果进行排序、数据分组和汇总等。

2）通过多项具体的操作任务，引导读者掌握 SELECT 语句的语法格式及功能；SQL 常用函数的基本应用及语法规则。

课后拓展与实践

1）在数据查询中，SELECT 和__________语句是 SELECT 语句必需的两个关键字。

2）在 SELECT 查询语句中，使用__________关键字可以消除重复行。

3）使用____________子句进行排序时，升序用关键字 asc 表示，降序用__________关键字表示。

4）在 WHERE 子句中，使用字符匹配符__________或__________可以把表达式与字符串进行比较，从而实现对字符串的模糊查询。

阅 读 提 升

海量数据的搜索已经成为制约信息化进一步深化的瓶颈。目前具有一定信息化程度的企业都有自己的数据库，利用数据库都可以实现查询。这就引出了一个“时间成本”的问题。当数据量达到一定级别，查询条件达到一定数量，同时有多人查询时，要从一个数据库中找到自己需要的数据通常就会花费较长的时间，如果每天有大量时间花在数据库的搜索上，那就将造成高额的时间成本。

2020 年是大数据广泛用于分析人的轨迹的一年。由于追踪新冠病毒疑似感染者、密切接触者等一系列人群的需求，以及疫情防控健康码分析的需求，各地各部门广泛使用了大数据分析技术，以便能够有效进行新冠疫情的联防联控，当然这一切都是获得使用人许可的。这一检索技术的引入大大降低了地方防控的压力。

那么，一个人的行踪轨迹大数据从何而来呢？这需要你去挖掘和探索。

项目 6　统计学生成绩信息

学习目标

✧ 能灵活运用聚合函数解决实际问题
✧ 掌握 SQL 中查询子句的高级应用方法
✧ 掌握嵌套查询、子查询的概念及其使用方法

任务 1　统计成绩

任务描述

你在开发统计报表模块时，会遇到这样的情况：系统需要统计分析学生的某一门课程的最高成绩、最低成绩、总成绩、平均分等。

这种情况若体现在 SQL Server 的应用上，应该如何完成？

知识储备

在 SQL 函数中，基本的函数类型和种类有若干种。SQL 拥有很多可用于计数和计算的内建函数。SQL 函数的基本类型是 Aggregate 函数和 Scalar 函数。

1．函数的语法

内建 SQL 函数的语法是：SELECT function（列）FROM 表。

2．合计函数

合计函数（Aggregate functions）的操作面向一系列的值，并返回一个单一的值。在 SQL Server 中的合计函数，见表 6-1。

提示　如果在 SELECT 语句的项目列表中的众多其他表达式中使用 SELECT 语句，则这个 SELECT 必须使用 GROUP BY 语句。

表 6-1　在 SQL Server 中的合计函数

序　号	函　数	描　述
1	AVG (column)	返回某列的平均值
2	COUNT (column)	返回某列的行数（不包括 NULL 值）
3	COUNT (*)	返回被选行数
4	COUNT (DISTINCT column)	返回相异结果的数目
5	FIRST (column)	返回在指定的域中第一个记录的值（SQL Server 2000 不支持）
6	LAST (column)	返回在指定的域中最后一个记录的值（SQL Server 2000 不支持）
7	MAX (column)	返回某列的最高值
8	MIN (column)	返回某列的最低值
9	SUM (column)	返回某列的总和

3. Scalar 函数

Scalar 函数的操作面向某个单一的值，并返回基于输入值的一个单一的值。在 SQL Server 中的 Scalar 函数，见表 6-2。

表 6-2　在 SQL Server 中的 Scalar 函数

序　号	函　数	描　述
1	UCASE (c)	将某个域转换为大写
2	LCASE (c)	将某个域转换为小写
3	MID (c, start [,end])	从某个文本域提取字符
4	LEN (c)	返回某个文本域的长度
5	INSTR (c, char)	返回在某个文本域中指定字符的数值位置
6	LEFT (c, number_of_char)	返回某个被请求的文本域的左侧部分
7	RIGHT (c, number_of_char)	返回某个被请求的文本域的右侧部分
8	ROUND (c, decimals)	对某个数值域进行指定小数位数的四舍五入
9	MOD (x, y)	返回除法操作的余数
10	NOW ()	返回当前的系统日期
11	FORMAT (c, format)	改变某个域的显示方式
12	DATEDIFF (d, date1, date2)	用于执行日期计算

任务实施

操作 1　使用 max 和 min 函数查询最高成绩和最低成绩

操作目标

请在数据库“db_xsgl”中，建立学生成绩表“tab_score”，并在该表内插入现有数据信息，见表 6-3。请使用 select 语句查询并在课程编号为“01054010”的课程中，显示学生取得的最高成绩和最低成绩。显示内容包括该课程的编号、最高分和最低分。

表 6-3　学生成绩数据表

序　　号	学 生 学 号	课 程 编 号	成　　绩	专 业 编 号
1	20130006	09064049	89.50	403
2	20130006	09065050	98.00	403
3	20130006	02091010	89.70	403
4	20130006	09006050	60.50	403
5	20130006	01054010	74.00	403
6	20130006	02000032	90.00	403
7	20130006	09023040	56.50	403
8	20130006	09061050	95.00	403
9	20130003	09064049	90.00	501
10	20130003	09065050	93.00	501
11	20130003	02091010	67.70	501
12	20130003	09006050	70.50	501
13	20130003	01054010	86.50	501
14	20130003	02000032	50.00	501
15	20130003	09023040	45.50	501
16	20130003	09061050	85.00	501

操作实施

1）启动 SQL Server Management Studio，连接“教学管理”实例。

2）通过之前所学知识，创建成绩表并将表名定义为“tab_score”。表中包含字段名称及属性说明，见表 6-4。

表 6-4　“tab_score”数据表中包含的字段名称及属性说明

序　　号	字 段 名 称	数 据 类 型	是 否 为 空	约　　束	说　　明
1	student_ID	Varchar (10)	是	外键	学生学号
2	lesson_ID	Varchar (10)	是	外键	课程编号
3	student_score	Float	是		成绩
4	pro_ID	Varchar (10)	是	外键	专业编号

提示 | 此处创建表“tab_score”可使用如下方式进行：

① 将表 6-3 中的数据复制到 Excel 文档中，并修改列名称，如图 6-1 所示。

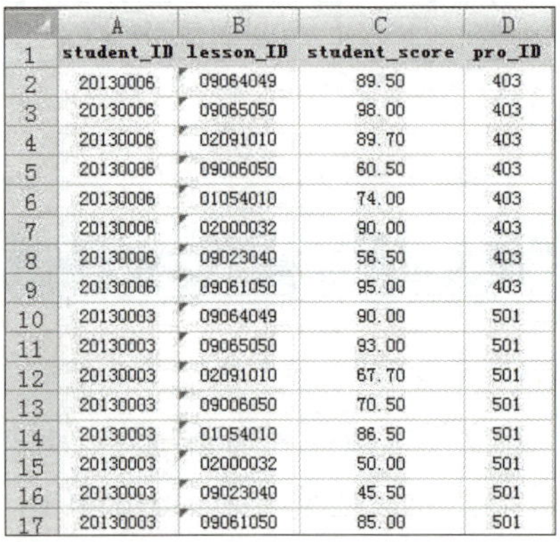

	A	B	C	D
1	student_ID	lesson_ID	student_score	pro_ID
2	20130006	09064049	89.50	403
3	20130006	09065050	98.00	403
4	20130006	02091010	89.70	403
5	20130006	09006050	60.50	403
6	20130006	01054010	74.00	403
7	20130006	02000032	90.00	403
8	20130006	09023040	56.50	403
9	20130006	09061050	95.00	403
10	20130003	09064049	90.00	501
11	20130003	09065050	93.00	501
12	20130003	02091010	67.70	501
13	20130003	09006050	70.50	501
14	20130003	01054010	86.50	501
15	20130003	02000032	50.00	501
16	20130003	09023040	45.50	501
17	20130003	09061050	85.00	501

图 6-1　Excel 数据

② 展开“Management Studio”操作界面左侧的“数据库”节点并右击教学管理数据库“db_xsgl”的节点，在出现的快捷菜单中选择“任务”选项，并在展开的下拉菜单中，选择“导入数据”命令，打开“SQL Server 导入和导出向导”对话框，如图 6-2 所示。

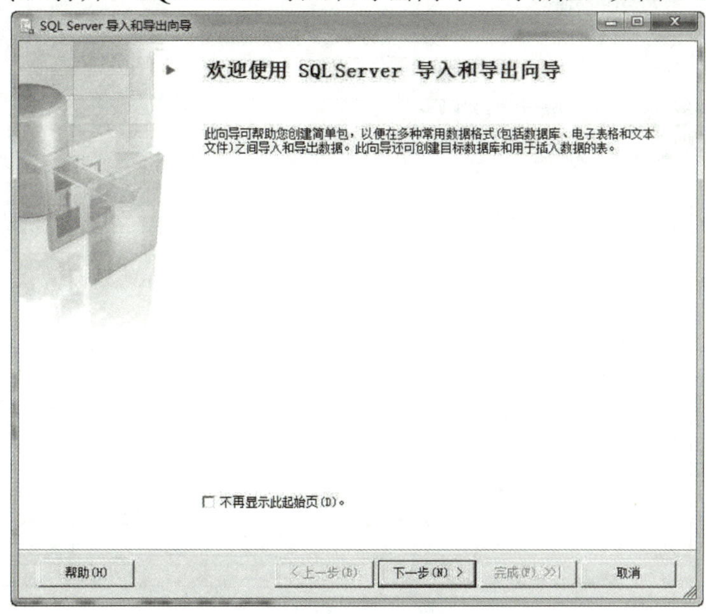

图 6-2 “SQL Server 导入和导出向导”对话框

③ 根据“SQL Server 导入和导出向导”对话框中的提示，单击“下一步”按钮，进入“选择数据源”对话框，在“数据源”右侧的下拉列表框中选择“Microsoft Excel”选项，并在“Excel 连接设置”选项组中的“Excel 文件路径”后的文本框内设置已经存有数据的 Excel 文档，其他选项设置，如图 6-3 所示。

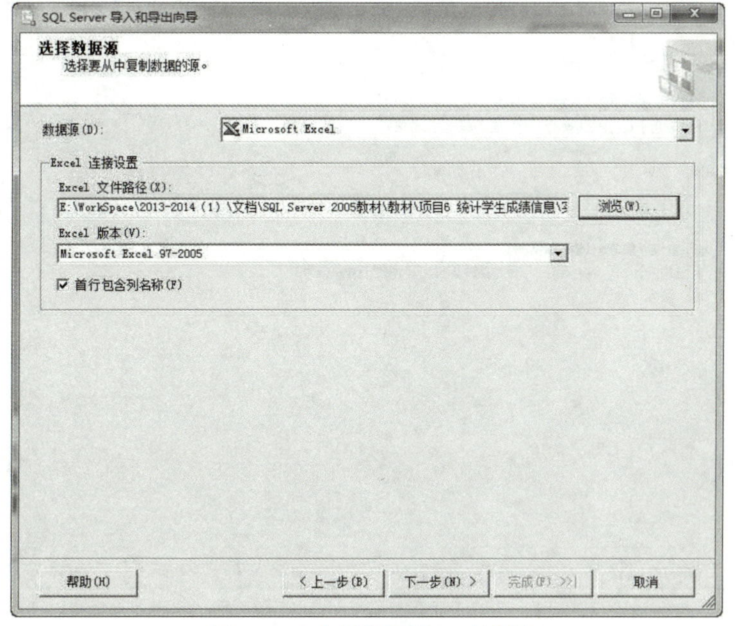

图 6-3 “选择数据源”对话框

④ 单击“下一步”按钮，弹出“选择目标”对话框，按照图 6-4 所示的内容进行设置。

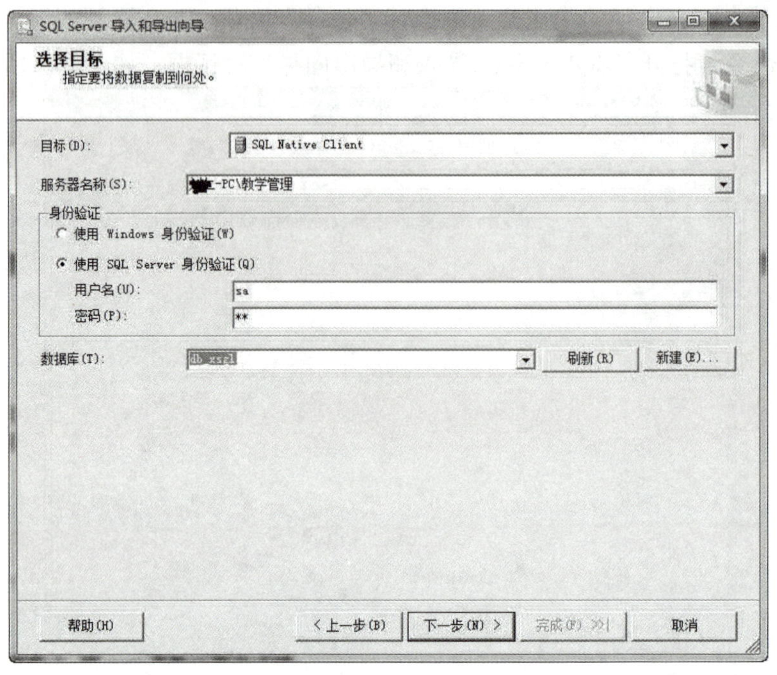

图 6-4 选择目标

⑤ 单击“下一步”按钮，进入“指定表复制或查询”对话框。在此处可以选择两种方式进行数据的复制或查询，本任务选择“复制一个或多个表或视图的数据”单选按钮，如图 6-5 所示。

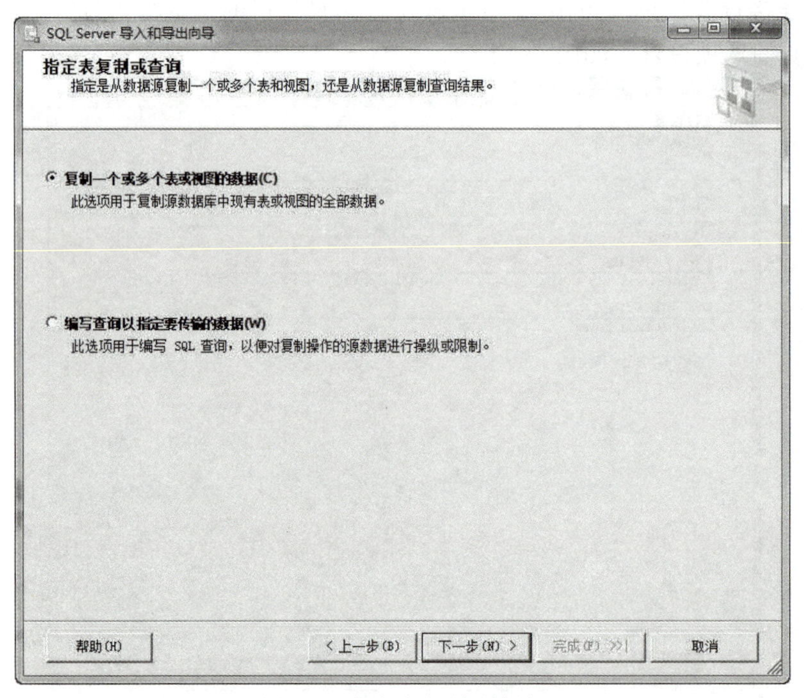

图 6-5 指定表复制或查询

⑥ 单击“下一步”按钮，进入“选择源表和源视图”对话框。在“表和视图”列表框中选择包含有所需数据的一个或多个源，并进入编辑状态。

此时，可以在“目标”列中单击需要编辑的内容，进行修改。例如，此处将目标修改为“[db_xsgl].[dbo].[tab_score]”，如图 6-6 所示。

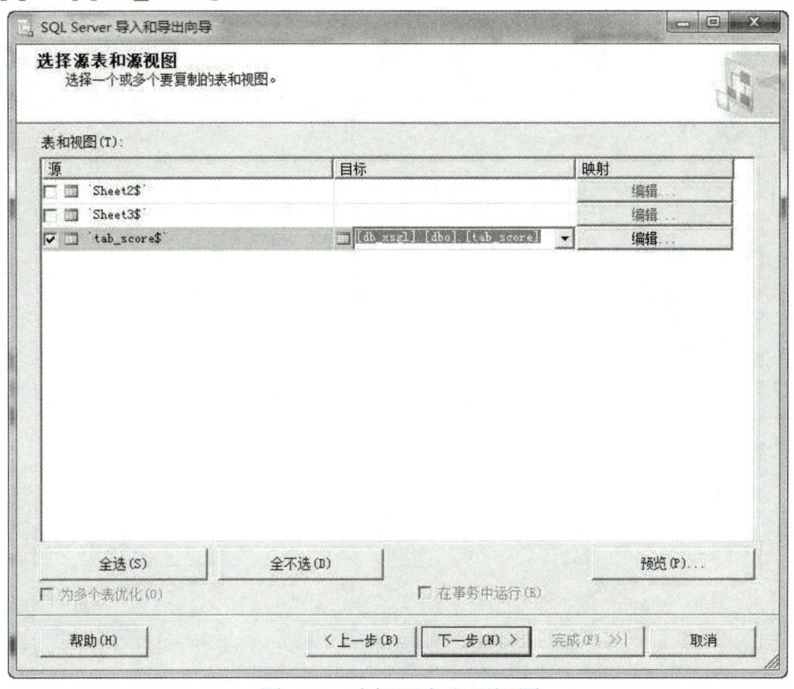

图 6-6　选择源表和源视图

然后单击“映射”列的高亮显示的“编辑”按钮，可以进入“列映射”对话框，编辑设置字段的属性，如图 6-7 所示。

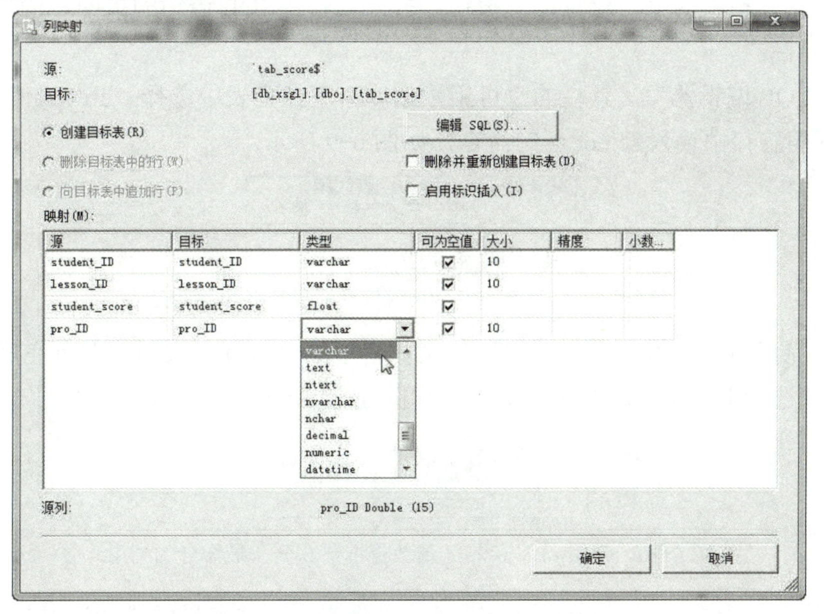

图 6-7　设置字段属性

设置完成后，单击“确定”按钮，即可返回“选择源表和源视图”窗口。

⑦ 至此，可以连续单击“完成”按钮，进入向导的最后一步“执行成功”对话框，如图 6-8 所示。

图 6-8 “执行成功”对话框

⑧ 单击“关闭”按钮，退出向导。回到“Management Studio”界面中，在单击“对象资源管理器”的“刷新”按钮后，操作结果即可显示。

3）单击工具栏中的“新建查询”按钮，打开编辑 T-SQL 语句的页面，同时显示“SQL 编辑器”工具栏。

4）在“SQL 编辑器”工具栏的“可用数据库”下拉列表中选择“db_xsgl”数据库。

5）在编辑窗口中输入 select 语句命令，如图 6-9 所示。

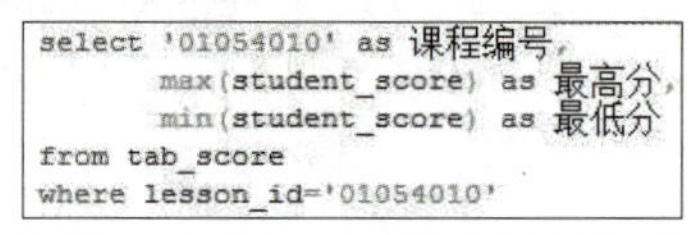

```
select '01054010' as 课程编号,
       max(student_score) as 最高分,
       min(student_score) as 最低分
from tab_score
where lesson_id='01054010'
```

图 6-9 使用 max 和 min 函数查询最高分和最低分

6）输入完成后，单击“SQL 编辑器”工具栏中的“执行”按钮，即可完成操作。结果显示在“检查选项卡”中的“结果”页中，如图 6-10 所示。

结果 消息

	课程编号	最高...	最低分
1	01054010	86.5	74

图 6-10 使用 max 和 min 函数查询最高分和最低分的结果

扫描二维码，观看“使用 max 和 min 函数查询最高成绩和最低成绩”视频。

操作 2　使用 sum 函数计算总成绩

操作目标

请使用 select 语句查询并在课程编号为“01054010”的课程中显示学生取得的总成绩。数据信息，见表 6-3。

操作实施

1）启动 SQL Server Management Studio，连接“教学管理”实例。

2）单击工具栏中的“新建查询”按钮，打开编辑 T-SQL 语句的页面，同时显示“SQL 编辑器”工具栏。

3）在“SQL 编辑器”工具栏的“可用数据库”下拉列表中选择“db_xsgl”数据库。

4）在编辑窗口中输入 select 语句命令，如图 6-11 所示。

```
select '01054010' as 课程编号,
       sum(student_score) as 总成绩
from tab_score
where lesson_id='01054010'
```

图 6-11　使用 sum 函数计算总成绩

5）输入完成后，单击“SQL 编辑器”工具栏中的“执行”按钮，即可完成操作。结果显示在“检查选项卡”中的“结果”页中，如图 6-12 所示。

结果　消息

	课程编号	总成绩
1	01054010	160.5

图 6-12　使用 sum 函数计算总成绩的显示结果

扫描二维码，观看“使用 sum 函数计算总成绩”视频。

操作 3　使用 count 函数计算参与考试的学生总数

操作目标

请使用 select 语句查询并显示课程编号为“01054010”的课程参与考试的学生总数，数据信息见表 6-3。

操作实施

1）启动 SQL Server Management Studio，连接“教学管理”实例。

2）单击工具栏中的“新建查询”按钮，打开编辑 T-SQL 语句的页面，同时显示“SQL 编辑器”工具栏。

3）在“SQL 编辑器”工具栏的“可用数据库”下拉列表中选择“db_xsgl”数据库。

4）在编辑窗口中输入 select 语句命令，如图 6-13 所示。

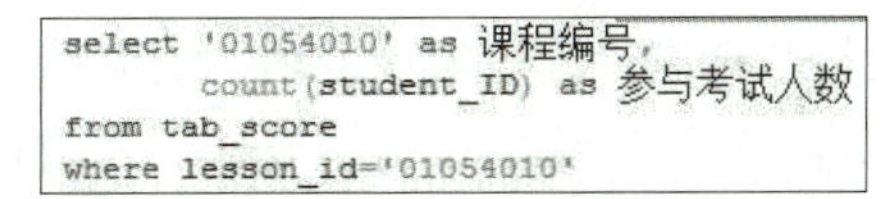

```
select '01054010' as 课程编号,
       count(student_ID) as 参与考试人数
from tab_score
where lesson_id='01054010'
```

图 6-13　使用 count 函数计算参与考试的学生总数

5）输入完成后，单击“SQL 编辑器”工具栏中的“执行”按钮，即可完成操作。结果显示在“检查选项卡”中的“结果”页中，如图 6-14 所示。

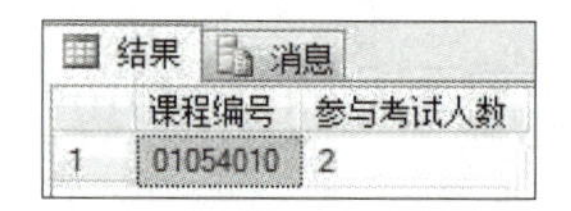

图 6-14　使用 count 函数计算参与考试的学生总数的显示结果

扫描二维码，观看“使用 count 函数计算参与考试的学生总数”视频。

操作 4　使用 avg 函数计算平均成绩

操作目标

请使用 select 语句查询并显示编号为“01054010”的课程的学生取得的平均成绩，数据信息见表 6-3。

操作实施

1）启动 SQL Server Management Studio，连接“教学管理”实例。

2）单击工具栏中的“新建查询”按钮，打开编辑 T-SQL 语句的页面，同时显示“SQL 编辑器”工具栏。

3）在“SQL 编辑器”工具栏的“可用数据库”下拉列表中选择“db_xsgl”数据库。

4）在编辑窗口中输入 select 语句命令，如图 6-15 所示。

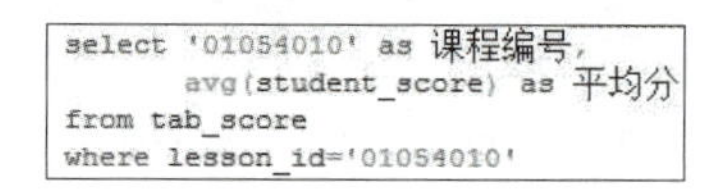

```
select '01054010' as 课程编号,
       avg(student_score) as 平均分
from tab_score
where lesson_id='01054010'
```

图 6-15　使用 avg 函数计算学生平均成绩

5）输入完成后，单击“SQL 编辑器”工具栏中的“执行”按钮，即可完成操作。结果显示在“检查选项卡”中的“结果”页中，如图 6-16 所示。

图 6-16　使用 avg 函数计算学生平均成绩的显示结果

扫描二维码，观看“使用 avg 函数计算平均成绩”视频。

任务 2　分组和筛选统计结果

任务描述

在 Excel 中，有一项功能很实用，即分类汇总功能。该功能不仅能够对数据的信息进行分类，还可以在分类完成后对已分类的数据进行分析统计处理，更加直观地得到我们想要的结果。

假设你作为开发设计人员，需要在系统的功能设计上尽可能符合用户的使用习惯，那么应该如何利用 SQL Server 来实现分类汇总功能？

知识储备

分组统计

1. 定义

根据指定的某个（或多个）字段将查询结果进行分组，使指定字段上有相同值的记录分在一组，再通过聚合函数、数学函数等函数对查询结果进行统计计算而得到新的临时字段结果，即为分组统计。

2. 使用 SQL 查询进行分组统计

（1）GROUP BY 语句

GROUP BY 语句结合合计函数，根据一个或多个列对结果集进行分组。SQL GROUP BY 语法如下：

```
SELECT column_name, aggregate_function(column_name)
FROM table_name
WHERE column_name operator value
GROUP BY column_name
```

其中，“column_name”代表列名，“aggregate_function”代表函数名，“table_name”代表表名，“operator value”代表查询条件值，“GROUP BY column_name”中的“column_name”可以代表多个列。

（2）HAVING 子句

在 SQL 中增加 HAVING 子句是因为 WHERE 关键字无法与合计函数一起使用。SQL HAVING 语法如下：

```
SELECT column_name, aggregate_function (column_name)
FROM table_name
WHERE column_name operator value
GROUP BY column_name
HAVING aggregate_function (column_name) operator value
```

其中，“column_name”代表列名，“aggregate_function”代表函数名，“table_name”代表表名，“operator value”代表查询条件值。

任务实施

操作 1　使用 group by 子句对统计结果分组

操作目标

请通过 SQL Server 操作数据信息表，并取得该数据信息中的每门课程的平均成绩，数据信息表的内容，见表 6-3。请问系统开发设计人员需要怎样设计此功能？

操作实施

1）启动 SQL Server Management Studio，连接“教学管理”实例。

2）单击工具栏中的“新建查询”按钮，打开编辑 T-SQL 语句的页面，同时显示“SQL 编辑器”工具栏。

3）在“SQL 编辑器”工具栏的“可用数据库”下拉列表中选择“db_xsgl”数据库。

4）在编辑窗口中输入 select 语句命令，如图 6-17 示。

```
select lesson_ID as 课程编号,
       avg(student_score) as 平均成绩
from tab_score
group by lesson_ID
```

图 6-17　使用 group by 子句统计每门课程平均成绩

5）输入完成后，单击“SQL 编辑器”工具栏中的“执行”按钮，即可完成操作。结果显示在“检查选项卡”中的“结果”页中，如图 6-18 所示。

结果 | 消息

	课程编号	平均成绩
1	01054010	80.25
2	02000032	70
3	02091010	78.7
4	09006050	65.5
5	09023040	51
6	09061050	90
7	09064049	89.75
8	09065050	95.5

图 6-18　使用 group by 子句统计每门课程平均成绩的显示结果

扫描二维码，观看“使用 group by 子句对统计结果分组”视频。

操作 2　使用 having 子句筛选分组统计结果

操作目标

请通过 SQL Server 操作数据信息表，并取得该数据信息中的每门课程的平均成绩都大于 80 的信息，数据信息表的内容，见表 6-3。请问系统开发设计人员需要怎样设计此功能？

操作实施

1）启动 SQL Server Management Studio，连接“教学管理”实例。

2）单击工具栏中的“新建查询”按钮，打开编辑 T-SQL 语句的页面，同时显示“SQL 编辑器”工具栏。

3）在“SQL 编辑器”工具栏的“可用数据库”下拉列表中选择“db_xsgl”数据库。

4）在编辑窗口中输入 select 语句命令，如图 6-19 所示。

```
select lesson_ID as 课程编号,
       avg(student_score) as 平均成绩
from tab_score
group by lesson_ID
having avg(student_score)>=80
order by lesson_ID
```

图 6-19　使用 having 子句筛选分组统计课程平均成绩

5）输入完成后，单击“SQL 编辑器”工具栏中的“执行”按钮，即可完成操作。结果显示在“检查选项卡”中的“结果”页中，如图 6-20 所示。

	课程编号	平均成绩
1	01054010	80.25
2	09061050	90
3	09064049	89.75
4	09065050	95.5

图 6-20　使用 having 子句筛选分组统计课程平均成绩的显示结果

扫描二维码，观看“使用 having 子句筛选分组统计结果”视频。

任务 3　使用子查询进行成绩对比

任务描述

现需要对成绩数据进行对比分析，即统计并对比同一门课程中的成绩高低。作为开发设计人员，你该如何实现这一功能？

知识储备

1．嵌套查询

嵌套查询是指在一个外层查询中包含有另一个内层查询，即一个 SQL 查询语句块可以嵌套在另一个查询块的 WHERE 子句中。其中外层查询称为父查询、主查询；内层查询称为子查询、从查询。

2．子查询

子查询是 SELECT 语句内的另外一条 SELECT 语句，因此也常被称为内查询或是内 SELECT 语句。SELECT、INSERT、UPDATE 或 DELETE 命令中允许是一个表达式的地方都可以包含子查询，子查询甚至可以包含在另外一个子查询中。

（1）语法

子查询的语法如下：

（SELECT [ALL | DISTINCT]<select item list>

FROM <table list>

[WHERE<search condition>]

[GROUP BY <group item list>

[HAVING <group by search conditoon>]]）

（2）语法规则

1）子查询的 SELECT 查询使用圆括号括起来。

2）不能包括 COMPUTE 或 FOR BROWSE 子句。

3）如果同时指定 TOP 子句，则可能只包括 ORDER BY 子句。

4）子查询最多可以嵌套 32 层，个别查询可能会不支持 32 层嵌套。

5）任何可以使用表达式的地方都可以使用子查询，只要它返回的是单个值。

6）如果某个表只出现在子查询中而不出现在外部查询中，那么该表中的列就无法包含在输出语句中。

（3）语法格式

1）WHERE 查询表达式 [NOT] IN（子查询）。

2）WHERE [NOT] EXISTS（子查询）。

3．SQL 高级应用

（1）简单嵌套查询

嵌套查询内层子查询通常作为搜索条件的一部分呈现在 WHERE 或 HAVING 子句中。例如，把一个表达式的值和由子查询生成的一个值相比较，这个测试类似于简单比较测试。

子查询比较测试用到的运算符是 =、<>、<、>、<= 和 >=。子查询比较测试把一个表达式的值和由子查询产生的一个值进行比较，返回比较结果为 TRUE 的记录。

（2）带 IN 的嵌套查询

带 IN 的嵌套查询语法格式：WHERE　查询表达式　IN（子查询）。

一些嵌套内层的子查询会产生一个值，也有一些子查询会返回一列值，即子查询不能返回带几行和几列数据的表。其原因在于子查询的结果必须适合外层查询的语句。当子查询产生一系列值时，适合用带 IN 的嵌套查询。

把查询表达式单个数据和由子查询产生的一系列的数值相比较，如果数值匹配一系列值中的一个，则返回 TRUE。

（3）带 NOT IN 的嵌套查询

NOT IN 的嵌套查询语法格式：WHERE　查询表达式　NOT　IN（子查询）。

NOT IN 和 IN 的查询过程相类似。

（4）带 SOME 的嵌套查询

SQL 支持 3 种定量比较谓词：SOME、ANY 和 ALL。它们都是判断是否任何或全部返回值都满足搜索要求。其中 SOME 和 ANY 是存在量的，只注重是否有返回值满足搜索要求。这两种定量比较谓词含义相同，可以替换使用。

（5）带 ANY 的嵌套查询

ANY 属于 SQL 支持的 3 种定量比较谓词之一。且和 SOME 完全等价，即能用 SOME 的地方完全可以使用 ANY。

SQL 中定量比较谓词不支持反操作，也就是说，不能在 ANY 或者 SOME 前加 NOT 关键字，但可以用“<>”号表示否定。

（6）带 ALL 的嵌套查询

ALL 的使用方法和 ANY 或者 SOME 一样，也是把列值与子查询结果进行比较，但是它不要求任意结果值的列值为真，而是要求所有列的查询结果都为真，否则就不返回行。

（7）带 EXISTS 的嵌套查询

EXISTS 只注重子查询是否返回行。如果子查询返回一个或多个行，谓词返回为真值，否则为假。EXISTS 搜索条件并不真正地使用子查询的结果，它仅仅测试子查询是否产生任何结果。

任务实施

操作 1　使用 any 的子查询

操作目标

请通过 SQL Server 操作数据信息表，并取得该数据信息中的课程编号是 01054010 课程的不同专业的成绩，同时显示 403 专业中只要比 501 专业中任何一个人的成绩低的记录，数据信息表的内容，见表 6-3。请问作为系统开发设计人员，需要怎样实现此功能？

操作实施

1）启动 SQL Server Management Studio，连接“教学管理”实例。

2）单击工具栏中的“新建查询”按钮，打开编辑 T-SQL 语句的页面，同时显示“SQL 编辑器”工具栏。

3）在“SQL 编辑器”工具栏的“可用数据库”下拉列表中选择“db_xsgl”数据库。

4）在编辑窗口中输入 select 语句命令，如图 6-21 所示。

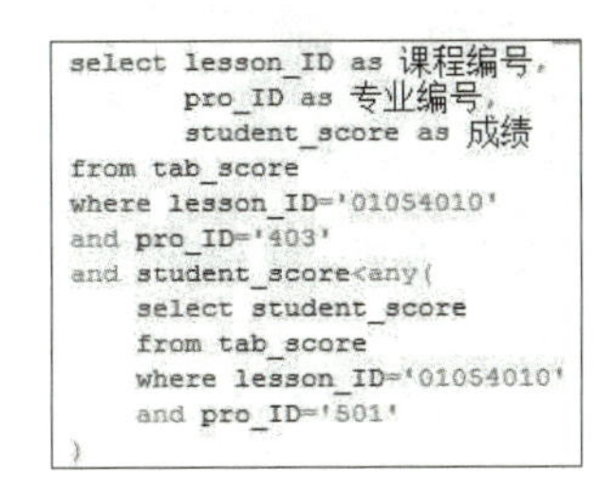

```
select lesson_ID as 课程编号,
       pro_ID as 专业编号,
       student_score as 成绩
from tab_score
where lesson_ID='01054010'
and pro_ID='403'
and student_score<any(
    select student_score
    from tab_score
    where lesson_ID='01054010'
    and pro_ID='501'
)
```

图 6-21　使用 any 语句比较成绩

5）完成输入后，单击“SQL 编辑器”工具栏中的“执行”按钮，即可完成操作。结果显示在“检查选项卡”中的“结果”页中，如图 6-22 所示。

结果　消息

	课程编号	专业编...	成绩
1	01054010	403	74

图 6-22　使用 any 语句比较成绩的显示结果

扫描二维码，观看“使用 any 的子查询”视频。

操作 2　使用 all 的子查询

操作目标

请通过 SQL Server 操作数据信息表，并取得该数据信息中的课程编号是 01054010 课程的不同专业的成绩，显示 403 专业中比 501 专业中任何一个人的成绩低的记录，数据信息表的内容，见表 6-3。请问系统开发设计人员需要怎样设计此功能？

操作实施

1）启动 SQL Server Management Studio，连接“教学管理”实例。

2）单击工具栏中的“新建查询”按钮，打开编辑 T-SQL 语句的页面，同时显示“SQL 编辑器”工具栏。

3）在“SQL 编辑器”工具栏的“可用数据库”下拉列表中选择“db_xsgl”数据库。

4）在编辑窗口中输入 select 语句命令，如图 6-23 所示。

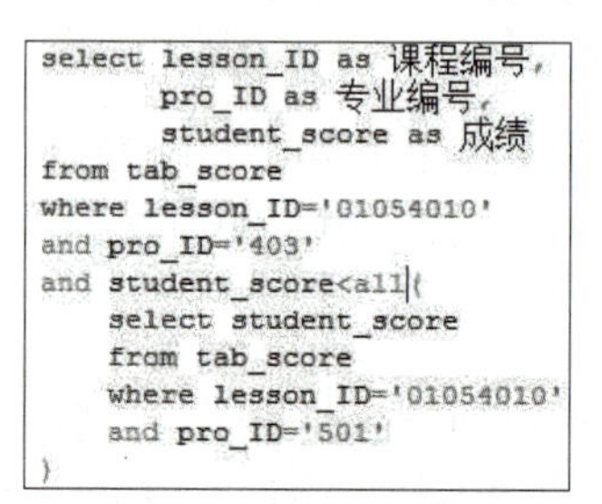

图 6-23　使用 all 语句比较成绩

5）输入完成后，单击“SQL 编辑器”工具栏中的“执行”按钮，即可完成操作。结果显示在“检查选项卡”中的“结果”页中，如图 6-24 所示。

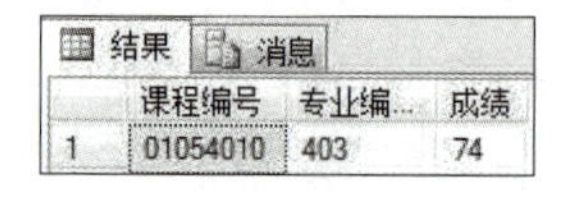

图 6-24　使用 all 语句比较成绩的显示结果

扫描二维码，观看“使用 all 的子查询”视频。

拓 展 训 练

拓展训练 1　显示计算机应用技术专业学生的最大年龄和最小年龄

训练任务

请按照表 5-10 所示信息，操作“tab_student”信息表，并进行统计计算，其中专业信

息表“tab_pro”中的数据，见表 6-5。

表 6-5　专业信息表数据

序　号	专 业 编 号	专 业 名 称
1	403	计算机应用技术专业
2	501	电子商务专业
3	904	高尔夫专业

训练要求

1）建立专业信息表“tab_pro”，内容见表 6-5，其中字段“pro_ID”为专业编号，varchar（5）类型，关键字；字段“pro_name”专业名称，varchar（100）类型，不能为空。

2）学生信息表中的字段“pro_ID”为外键，与专业信息表“tab_pro”关联。

3）显示“403”专业学生的最大年龄和最小年龄。

拓展训练 2　使用 avg、sum 和 count 函数计算高尔夫专业学生平均年龄

训练任务

操作“tab_student”信息表，并进行统计计算，其中专业信息表“tab_pro”中的数据见表 6-5，统计高尔夫专业的学生平均年龄。

训练要求

1）用 avg、sum 和 count 函数统计“904”专业的学生的平均年龄。

2）显示“专业名称”和“平均年龄”。

拓展训练 3　使用 avg 函数计算计算机应用技术专业学生平均年龄

训练任务

操作“tab_student”信息表，并进行统计计算，其中专业信息表“tab_pro”中的数据见表 6-5，统计计算机应用技术专业的学生平均年龄。

训练要求

1）用 avg 函数统计“403”专业的学生的平均年龄。

2）显示“专业名称”和“平均年龄”。

拓展训练 4　按专业分组显示各专业平均年龄并按降序排序

训练任务

操作“tab_student”信息表，并进行统计计算，其中专业信息表“tab_pro”中的数据见表 6-5，统计各专业的学生平均年龄并降序排列。

训练要求

1）用 avg 和 order by 函数统计各专业的学生的平均年龄并降序排列。

2）显示“专业名称”和各专业学生的“平均年龄”。

项目小结

1）SQL Server 的聚合函数 min、max、sum、count 和 avg 的应用。

2）SQL Server 查询语句中的 group by 子句的应用。

3）SQL Server 查询语句中的 having 子句的应用。

4）SQL Server 查询语句中的连接谓词 any 和 all 的应用。

课后拓展与实践

建立“教师表”，查询并显示年龄最大和最小的教师记录。

阅读提升

观其所聚，则天地万物之情可知矣。

——《周易·泽地萃》

古人已经找到了数据使用的目标，而且不仅有思想，还有应用。而处于现代的我们更是数据使用的受益者和引路人，我国政府统计大数据应用已走在世界的前列。

有人说，现代历史上的历次技术革命，中国扮演的大多是学习者的角色。而在这次大数据的新变革中，中国的技术创新与观念领先令世界刮目相看。我国正以开放的心态和创新的勇气，随着大数据一路奔跑。

提高篇

项目 7　创建多表数据查询

学习目标

✧ 能够运用 SQL 查询进行多表联合查询信息

✧ 掌握内连接查询和外连接查询的含义和语法

任务 1　查询表的内连接

任务描述

现需要对“专业信息表”“教师信息表”和“课程表”中的信息进行操作，查询出各个专业中的课程信息、教师信息，各课程的授课“教师信息”，各教师所授“课程信息”等。

知识储备

内连接

1．概念

内连接也叫连接，是最早的一种连接，其早期被称为普通连接或自然连接。内连接是从结果中删除其他被连接表中没有匹配行的所有行，所以内连接可能会丢失信息。

2．内连接的语法

```
SELECT fieldlist
FROM table1 [INNER] join table2
ON table1.column=table2.column
```

一个表中的行和另外一个表中的行匹配连接。表中的数据决定了如何对这些行进行组合。从每一个表中选取一行，根据这些列的值是否相同，组合方式分为一对一、多对一和多对多的关系。

1）一对一关系。当连接的两个表，两个连接列的值完全相同，则两个表连接相当于一对一的关系。

2）多对一关系。当连接的两个表，其中一个表要连接的列出现重复值，而另外一个表的值是唯一的。这时连接的两个表之间就出现了多对一的关系。

3）多对多关系。当连接的两个表，要连接的列都出现重复值，这时连接的两个表之间出现多对多的关系。

任务实施

操作 1 “教师表”和“课程表”的内连接查询

操作目标

操作“db_xsgl”数据库，建立教师表“tab_teacher”和课程表“tab_lesson”，并在表中插入关联数据，对两个表使用内连接查询，显示各个课程的授课教师信息，包括课程名称、学分、教师编号和教师姓名。

教师表“tab_teacher”和课程表“tab_lesson”字段及其类型值分别见表 7-1 和表 7-2；所插入数据分别见表 7-3 和表 7-4。

表 7-1 “tab_teacher”数据表字段及其类型

序　号	字段名称	数据类型	是否为空	主　键	说　明
1	teacher_ID	Varchar (10)	否	是	编号
2	teacher_name	Varchar (35)	是		姓名
3	teacher_sex	Int	是		性别
4	teacher_birthday	Smalldatetime	是		生日
5	teacher_ptitles	Varchar (60)	是		职称
6	pro_ID	Varchar (10)	是		专业编号

表 7-2 “tab_lesson”数据表字段及其类型

序　号	字段名称	数据类型	是否为空	主　键	说　明
1	lesson_ID	Varchar (10)	否	是	课程编号
2	lesson_name	Varchar (150)	是		课程名称
3	lesson_credit	Float	是		课程学分
4	pro_ID	Varchar (10)	是		专业编号
5	teacher_ID	Varchar (10)	是		授课教师编号

表 7-3 “tab_teacher”表插入数据

序　号	教师编号	教师姓名	性　别	入职日期	职　称	专业编号
1	0102010021	李桦	女	1980-05-04	副教授	0201
2	0203010010	王宇	男	2006-06-19	讲师	0301
3	0203020009	张辉	男	2009-08-10	助理讲师	0302
4	0304030044	霍蓉蓉	女	2003-08-19	讲师	0403
5	0405010022	倪安凯	男	2002-11-01	讲师	0501
6	0405030015	吴宇凝	女	2008-01-10	助理讲师	0503
7	0506020030	杨华武	男	2010-12-20	助理讲师	0602
8	0609020041	潘一龙	男	2007-10-25	讲师	0902
9	0609040019	王毅	男	1978-06-10	教授	0904

表 7-4 “tab_lesson”表插入数据

序　号	课程编号	课程名称	学　分	专业编号	授课教师编号
1	09065050	数据结构	4.0	0201	0405030015
2	02091010	大学语文	3.0	0301	0506020030
3	09006050	线性代数	3.0	0302	0609020041
4	01054010	大学英语	4.0	0403	0609040019
5	02000032	美术设计	2.0	0501	0203020009
6	09023040	运筹学	5.0	0503	0304030044
7	09061050	数据库及应用	3.0	0602	0405010022
8	05020030	管理学原理	3.0	0902	0102010021
9	05020051	市场营销学	3.0	0904	0203010010
10	04010002	法学概论	3.0	0201	0609040019
11	04020021	合同法实务	2.0	0902	0203020009

操作实施

1）启动 SQL Server Management Studio，连接“教学管理”实例。

2）单击工具栏中的“新建查询”按钮，打开编辑 T-SQL 语句的页面，同时显示“SQL 编辑器”工具栏。

3）在“SQL 编辑器”工具栏的“可用数据库”下拉列表中选择“db_xsgl”数据库。

4）在编辑窗口中输入 select 语句命令，如图 7-1 所示。

```
select a.lesson_name as 课程名称,
       a.lesson_credit as 课程学分,
       b.teacher_id as 教师编号,
       b.teacher_name as 教师姓名
from tab_lesson a
     inner join tab_teacher b
     on a.teacher_ID = b.teacher_ID
```

图 7-1　使用内连接查询

5）输入完成后，单击“SQL 编辑器”工具栏中的“执行”按钮，即可完成操作。结果显示在“检查选项卡”中的“结果”页中，如图 7-2 所示。

结果　消息

	课程名称	课程学...	教师编号	教师姓名
1	大学英语	4	609040019	王毅
2	美术设计	2	203020009	张辉
3	大学语文	3	506020030	杨华武
4	法学概论	3	609040019	王毅
5	合同法实务	2	203020009	张辉
6	管理学原理	3	102010021	李桦
7	市场营销学	3	203010010	王宇
8	线性代数	3	609020041	潘一龙
9	运筹学	5	304030044	霍蓉蓉
10	数据库及应用	3	405010022	倪安凯
11	数据结构	4	405030015	吴宇凝

图 7-2　使用内连接查询的显示结果

扫描二维码，观看“‘教师表’和‘课程表’的内连接查询”视频。

操作2 “专业表”“课程表”与“教师表”的自然连接

操作目标

操作“db_xsgl”数据库，对教师表“tab_teacher”、课程表“tab_lesson”和专业表“tab_profession”使用自然连接查询，显示课程名称、课程学时、教师编号、教师姓名、专业编号和专业名称。

其中，专业表“tab_profession”需在数据库中建立，且该表字段及其类型见表7-5；所插入数据见表7-6。

表7-5 “tab_profession”数据表字段及其类型

序号	字段名称	数据类型	是否为空	主键	说明
1	pro_ID	Varchar (10)	否	是	专业编号
2	pro_name	Varchar (150)	是		专业名称
3	school_ID	Varchar (10)	是		所在分院编号

表7-6 “tab_profession”表插入数据

序号	专业编号	专业名称	所在分院编号
1	0201	新闻学	02
2	0301	金融学	03
3	0302	投资学	03
4	0403	国际法	04
5	0501	工商管理	05
6	0503	市场营销	05
7	0602	会计学	06
8	0902	信息管理	09
9	0904	计算机科学	09

操作实施

1）启动SQL Server Management Studio，连接“教学管理”实例。

2）单击工具栏中的“新建查询”按钮，打开编辑T-SQL语句的页面，同时显示“SQL编辑器”工具栏。

3）在“SQL编辑器”工具栏的“可用数据库”下拉列表中选择“db_xsgl”数据库。

4）在编辑窗口中输入select语句命令，如图7-3所示。

```
select a.lesson_name as 课程名称,
       a.lesson_credit as 课程学时,
       b.teacher_id as 教师编号,
       b.teacher_name as 教师姓名,
       c.pro_ID as 专业编号,
       c.pro_name as 专业名称
from tab_lesson a
     inner join tab_teacher b
     on a.teacher_ID = b.teacher_ID
        inner join tab_profession c
        on c.pro_ID = b.pro_ID
```

图7-3 使用多表自然连接查询

项目7 创建多表数据查询

5）输入完成后，单击“SQL 编辑器”工具栏中的“执行”按钮，即可完成操作。结果显示在“检查选项卡”中的“结果”页中，如图 7-4 所示。

结果 | 消息

	课程名称	课程学...	教师编号	教师姓...	专业编...	专业名称
1	大学英语	4	609040019	王毅	904	计算机科学
2	美术设计	2	203020009	张辉	302	投资学
3	大学语文	3	506020030	杨华武	602	会计学
4	法学概论	3	609040019	王毅	904	计算机科学
5	合同法实务	2	203020009	张辉	302	投资学
6	管理学原理	3	102010021	李桦	201	新闻学
7	市场营销学	3	203010010	王宇	301	金融学
8	线性代数	3	609020041	潘一龙	902	信息管理
9	运筹学	5	304030044	霍蓉蓉	403	国际法
10	数据库及应用	3	405010022	倪安凯	501	工商管理
11	数据结构	4	405030015	吴宇凝	503	市场营销

图 7-4　使用多表自然连接查询显示结果

扫描二维码，观看“‘专业表’‘课程表’与‘教师表’的自然连接”视频。

任务 2　查询表的外连接

任务描述

现需要对“专业表”“教师表”和“课程表”中的信息进行操作，查询出各个专业中的课程信息、教师信息、专业信息间相互依存关系，并显示符合条件的信息。

知识储备

外连接

外连接扩充了内连接的功能，会把内连接中删除表源中的一些行保留下来。由于保留下来的行不同，一般把外连接分为左外连接、右外连接和全外连接 3 种。

1．左外连接

左外连接保留了第一个表的所有行，但只包含第二个表与第一个表匹配的行。第二个表相应的空行被放入 NULL 值。

左外连接的语法：

```
SELECT fieldlist
FROM table1 left join table2
ON table1.column=table2.column
```

2．右外连接

右外连接保留了第二个表的所有行，但只包含第一个表与第二个表匹配的行。第一个

表的相应空行被输入 NULL 值。

右外连接的语法：

SELECT fieldlist

FROM table1 right join table2

ON table1.column=table2.column

3. 全外连接

全外连接会把两个表所有的行都显示在结果表中。

全外连接的语法：

SELECT fieldlist

FROM table1 full join table2

ON table1.column=table2.column

任务实施

操作 1 “教师表”与“课程表”的左连接查询

操作目标

操作“db_xsgl”数据库，对教师表“tab_teacher”和课程表“tab_lesson”使用左连接查询，显示各个教师的所授课程的名称。对于没有授课的教师，则显示“无”。查询结果按照“教师姓名”排序。

操作实施

1）启动 SQL Server Management Studio，连接“教学管理”实例。

2）单击工具栏中的“新建查询”按钮，打开编辑 T-SQL 语句的页面，同时显示“SQL 编辑器”工具栏。

3）在“SQL 编辑器”工具栏的“可用数据库”下拉列表中选择“db_xsgl”数据库。

4）在编辑窗口中输入 select 语句命令，如图 7-5 所示。

```
select a.teacher_ID as 教师编号,
       a.teacher_name as 教师姓名,
       isnull(b.lesson_name,'无') as 所授课程
from tab_teacher a
     left join tab_lesson b
     on a.teacher_ID = b.teacher_ID
order by a.teacher_name
```

图 7-5　两表间的左连接查询

5）输入完成后，单击“SQL 编辑器”工具栏中的“执行”按钮，即可完成操作。结果显示在“检查选项卡”中的“结果”页中，如图 7-6 所示。

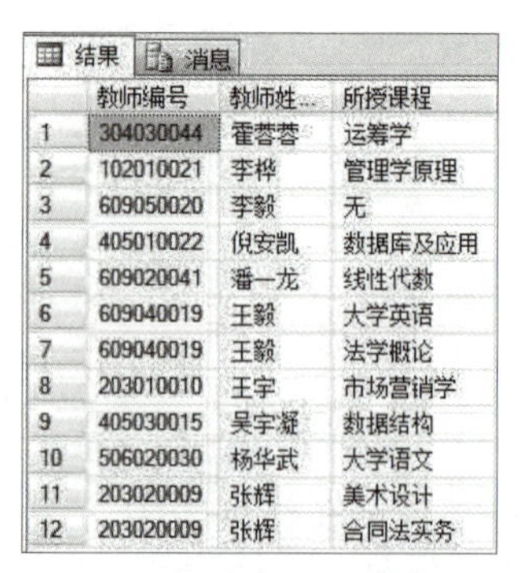

	教师编号	教师姓...	所授课程
1	304030044	霍荟荟	运筹学
2	102010021	李桦	管理学原理
3	609050020	李毅	无
4	405010022	倪安凯	数据库及应用
5	609020041	潘一龙	线性代数
6	609040019	王毅	大学英语
7	609040019	王毅	法学概论
8	203010010	王宇	市场营销学
9	405030015	吴宇凝	数据结构
10	506020030	杨华武	大学语文
11	203020009	张辉	美术设计
12	203020009	张辉	合同法实务

图 7-6　两表间的左连接查询显示结果

扫描二维码，观看“‘教师表’与‘课程表’的左连接查询”视频。

操作 2　“教师表”与“课程表”的右连接查询

操作目标

操作“db_xsgl”数据库，对教师表“tab_teacher”和课程表“tab_lesson”使用右连接查询，显示各个课程的授课教师的姓名，对于没有安排授课教师的课程，授课教师显示为“无”。

操作实施

1）启动 SQL Server Management Studio，连接“教学管理”实例。

2）单击工具栏中的“新建查询”按钮，打开编辑 T-SQL 语句的页面，同时显示“SQL 编辑器”工具栏。

3）在“SQL 编辑器”工具栏的“可用数据库”下拉列表中选择“db_xsgl”数据库。

4）在编辑窗口中输入 select 语句命令，如图 7-7 所示。

```
select a.lesson_ID as 课程编号,
       a.lesson_name as 课程名称,
       isnull(b.teacher_name,'无') as 授课教师
from tab_teacher b
     right join tab_lesson a
     on a.teacher_ID = b.teacher_ID
```

图 7-7　使用 select 语句建立两表间的右连接查询

5）输入完成后，单击“SQL 编辑器”工具栏中的“执行”按钮，即可完成操作。结果显示在“检查选项卡”中的“结果”页中，如图 7-8 所示。

	课程编号	课程名称	授课教师
1	1054010	大学英语	王毅
2	2000032	美术设计	张辉
3	2091010	大学语文	杨华武
4	4010002	法学概论	王毅
5	4020021	合同法实务	张辉
6	5020030	管理学原理	李桦
7	5020051	市场营销学	王宇
8	9006050	线性代数	潘一龙
9	9023040	运筹学	霍荟荟
10	9061050	数据库及应用	倪安凯
11	9065050	数据结构	无

图 7-8　两表间的右连接查询显示结果

扫描二维码，观看“‘教师表’与‘课程表’的右连接查询”视频。

操作 3 “教师表”与“课程表”的全连接查询

操作目标

操作“db_xsgl”数据库，对教师表“tab_teacher”和课程表“tab_lesson”使用全连接查询，显示各个课程的授课教师的姓名，对于没有安排授课教师的课程，授课教师显示为“无”；显示各个教师的所授课程的名称，对于没有授课的教师，所授课程显示“无”。

操作实施

1）启动 SQL Server Management Studio，连接“教学管理”实例。

2）单击工具栏中的“新建查询”按钮，打开编辑 T-SQL 语句的页面，同时显示“SQL 编辑器”工具栏。

3）在“SQL 编辑器”工具栏的“可用数据库”下拉列表中选择“db_xsgl”数据库。

4）在编辑窗口中输入 select 语句命令，如图 7-9 所示。

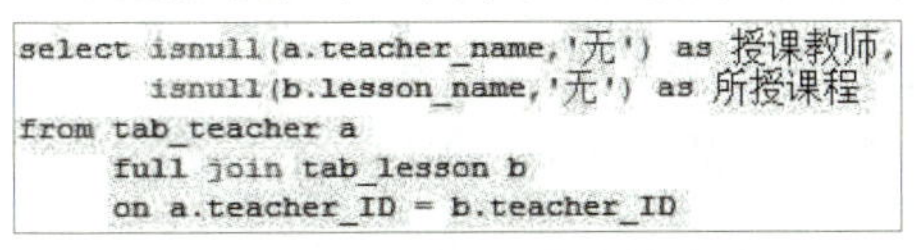

```
select isnull(a.teacher_name,'无') as 授课教师,
       isnull(b.lesson_name,'无') as 所授课程
from tab_teacher a
     full join tab_lesson b
     on a.teacher_ID = b.teacher_ID
```

图 7-9　两表间的全连接查询

5）输入完成后，单击“SQL 编辑器”工具栏中的“执行”按钮，即可完成操作。结果显示在“检查选项卡”中的“结果”页中，如图 7-10 所示。

结果　消息

	授课教师	所授课程
1	李桦	管理学原理
2	王宇	市场营销学
3	张辉	美术设计
4	张辉	合同法实务
5	霍蓉蓉	运筹学
6	倪安凯	数据库及应用
7	吴宇凝	无
8	杨华武	大学语文
9	潘一龙	线性代数
10	王毅	大学英语
11	王毅	法学概论
12	李毅	无
13	无	数据结构

图 7-10　两表间的全连接查询显示结果

扫描二维码，观看“‘教师表’与‘课程表’的全连接查询”视频。

任务 3　使用子查询检查教学计划

任务描述

操作数据库，使用子查询，对教师表“tab_teacher”进行查询，从而检查教学计划。

知识储备

子查询

在 SQL 语言中，当一个查询语句嵌套在另一个查询语句的查询条件之中时，称为子查询。子查询总是写在圆括号中，可以用在使用表达式的任何地方。如嵌套在 SELECT、INSERT、UPDATE 或 DELETE 语句或其他子查询中的查询。任何允许使用表达式的地方都可以使用子查询。子查询也称为内部查询或内部选择，而包含子查询的语句也称为外部查询或外部选择。

用三种语法来创建子查询：

1）comparison [ANY | ALL | SOME] (sqlstatement)

2）expression [NOT] IN (sqlstatement)

3）[NOT] EXISTS (sqlstatement)

子查询可分为以下三个部分。

1. 组成部分

comparison：一个表达式及一个比较运算符，将表达式与子查询的结果作比较。

expression：用于搜寻子查询结果集的表达式。

sqlstatement：SELECT 语句遵从与其他 SELECT 语句相同的格式及规则。它必须括在括号之中。

2. 说明

子查询可以代替表达式用于 SELECT 语句字段表或 WHERE 或 HAVING 子句。在子查询之中，在 WHERE 或 HAVING 子句的表达式中，用于计算的特定值是由 SELECT 语句提供的。

3. 使用

ANY 或 SOME 谓词，它们是同义字，来检索主查询中的记录，这些记录要满足在子查询中检索的任何记录的比较条件。如下列示例将返回全部单价比任何以 25% 或更高的折扣卖出的产品高的产品：

```
SELECT * FROM Products
WHERE UnitPrice > ANY
(SELECT UnitPrice FROM OrderDetails
WHERE Discount >= .25);
```

ALL 谓词只检索主查询中的这些记录，它们满足在子查询中检索的所有记录的比较条件。如果将前一个示例中的 ANY 改为 ALL，则查询只会返回单价比全部以 25% 或更高的折扣卖出的产品高的产品。这是更多的限制。

IN 谓词只能在主查询检索那些记录，在子查询中的某些记录也包含和它们相同的值。下列示例返回有 25% 或更高的折扣的所有产品：

```
SELECT * FROM Products
WHERE ProductID IN
```

(SELECT ProductID FROM OrderDetails
WHERE Discount >= .25);

相反，也可用 NOT IN 在主查询中检索那样的记录，在子查询中没有包含与它们的值相同的记录。

在 TRUE/FALSE 比较中使用 EXISTS 谓词（与可选的 NOT 保留字一起）来决定子查询是否会返回任何记录。

任务实施

操作 1 使用 not in 的子查询

操作目标

操作“db_xsgl”数据库，对教师表“tab_teacher”使用 not in 查询，显示没有安排课程的教师姓名、教师编号、性别和职称。

操作实施

1）启动 SQL Server Management Studio，连接“教学管理”实例。

2）单击工具栏中的“新建查询”按钮，打开编辑 T-SQL 语句的页面，同时显示“SQL 编辑器”工具栏。

3）在“SQL 编辑器”工具栏的“可用数据库”下拉列表中选择“db_xsgl”数据库。

4）在编辑窗口中输入 not in 语句命令，如图 7-11 所示。

```
select teacher_ID as 教师编号,
       teacher_name as 教师姓名,
       (case when teacher_sex='0' then '女'
             when teacher_sex='1' then '男'
        end) as 性别,
       teacher_pt as 职称
from tab_teacher
where teacher_ID
      not in (
         select teacher_ID
         from tab_lesson
         where teacher_ID is not null
```

图 7-11 使用 not in 的子查询

5）输入完成后，单击“SQL 编辑器”工具栏中的“执行”按钮，即可完成操作。结果显示在“检查选项卡”中的“结果”页中，如图 7-12 所示。

结果 | 消息

	教师编号	教师姓...	性...	职称
1	405030015	吴宇凝	女	助理讲师
2	609050020	李毅	男	副教授

图 7-12 使用 not in 子查询显示结果

扫描二维码，观看“使用 not in 的子查询”视频。

操作 2　使用 exists 的子查询

操作目标

操作“db_xsgl”数据库，对教师表“tab_teacher”使用 exists 查询，满足当课程表中存在未安排授课教师的课程，并且教师表中也存在未安排课程的教师时，显示没有安排课程的教师姓名、教师编号、性别和职称。

操作实施

1）启动 SQL Server Management Studio，连接“教学管理”实例。

2）单击工具栏中的“新建查询”按钮，打开编辑 T-SQL 语句的页面，同时显示“SQL 编辑器”工具栏。

3）在“SQL 编辑器”工具栏的“可用数据库”下拉列表中选择“db_xsgl”数据库。

4）在编辑窗口中输入 select 语句命令，如图 7-13 所示。

```
select teacher_ID as 教师编号,
       teacher_name as 教师姓名,
       (case when teacher_sex='0' then '女'
             when teacher_sex='1' then '男'
        end) as 性别,
       teacher_pt as 职称
from tab_teacher
where exists (
         select *
         from tab_lesson
         where teacher_ID is null
      )
      and teacher_ID
      not in (
         select teacher_ID
         from tab_lesson
         where teacher_ID is not null
      )
```

图 7-13　使用 exists 的子查询

5）输入完成后，单击“SQL 编辑器”工具栏中的“执行”按钮，即可完成操作。结果显示在“检查选项卡”中的“结果”页中，如图 7-14 所示。

图 7-14　使用 exists 的子查询显示结果

提示　如果结果中无数据，则表示不能满足“当课程表中存在未安排授课教师的课程，并且教师表中也存在未安排课程的教师”这个条件。

扫描二维码，观看“使用 exists 的子查询”视频。

拓展训练

拓展训练 1　显示各专业的学生信息

训练任务

对学生表“tab_student”、成绩表“tab_score”和课程表“tab_lesson”进行左连接查询。

训练要求

1）向成绩表中插入数据，见表 7-7。

表 7-7　向“tab_score”表插入数据

序　号	学生编号	课程编号	成　绩
1	06053113	01054010	85
2	06053113	02091010	80
3	06053113	09064049	75
4	06053113	05020030	90
5	06053113	09061050	82
6	07042219	02091010	85
7	07042219	01054010	78
8	07042219	09061050	72
9	08055117	01054010	92
10	08055117	09064049	85
11	08055117	09061050	88
12	07093305	09064049	92
13	07093305	01054010	86
14	07093305	05020030	70
15	07093305	09065050	90
16	06041138	02091010	74
17	06041138	04010002	83
18	08053131	01054010	77
19	08053131	09061050	66
20	07093317	09064049	78
21	07093317	01054010	87
22	07093325	01054010	76
23	07093325	09065050	81
24	07093325	09064049	82
25	07093325	04010002	75
26	08041136	01054010	88
27	08041136	09061050	85

2）使用左连接查询，显示学生编号、学生姓名、课程编号、课程名称和成绩。

3）在查询结果中，学生编号升序排列，课程编号升序排列，成绩降序排列。

拓展训练 2　统计学生平均成绩

训练任务

对学生表“tab_student”和成绩表“tab_score”进行内连接查询。

训练要求

1）使用内连接查询，显示参加考试的学生的学生编号、学生姓名、总成绩和平均成绩。
2）在训练要求“1）”的基础上显示平均成绩在 80 分以上的学生信息。
3）整体信息按照学生编号降序排列。

项 目 小 结

本项目通过实例操作，引导读者进入到多表查询领域，进一步掌握和理解 SQL 语句的使用方法，能够做到举一反三，以便在今后的学习或工作中更加灵活地运用 SQL 解决实际问题。

课后拓展与实践

在项目所提供的数据表中进行如下查询操作：
1）内连接成绩表和课程表，要求显示成绩表中的学号、成绩，课程表中的课程名称。
2）使用左连接查询课程与成绩表中的数据。
3）使用右连接查询课程与成绩表中的数据。
4）找出“2）”和“3）”中两种查询方式有什么不同之处，举例说明。

阅 读 提 升

在数据库的开发和维护过程中，多表查询的优化设计可以大大地提高系统性能，对于数据量大的数据库系统尤为重要。因此编写 SQL 查询语句时要认真思考、反复切磋，抓住问题的关键，编写出既正确又简练的语句，尽可能提高查询执行的效率，达到事半功倍的效果。

我国大数据技术大部分为基于国外开源产品的二次改造，核心技术能力亟待加强。这也是我们大数据产业发展的一大隐患。

基于庞大的用户群体和巨量的数据反馈，我们可以获得大量平台类、管理类、应用类技术大面积落地的案例和研究，这都是宝贵的经验财富。

相信不久的将来，我们也终将攻克大数据核心技术领域的难题，为我国大数据产业发展补上最后一块漏洞。

如果是你，你会选择这样一个充满机遇与挑战的行业吗？

项目 8　创建和使用“学生管理”视图

学习目标

- ✧ 会使用 T-SQL 语句对数据库创建视图
- ✧ 能够使用 SQL Server Management Studio 工具对数据库创建视图并使用视图
- ✧ 掌握通过视图对数据库进行查询的方法
- ✧ 掌握通过视图对数据库进行操作的方法

任务 1　创建视图

任务描述

假设你作为开发设计人员，需要通过 SQL Server 2008 建立视图，来查看学生的成绩信息，包括学号、姓名、课程名称和成绩。请问你将如何操作？

知识储备

视图是数据库的重要组成部分，在大部分的事务和分析型数据库中，使用较多。SQL Server 2008 为视图提供了多种重要的扩展特性，如分区视图等，这些新特性使数据库的灵活性和伸缩性得以提升。

1．什么是视图

视图是通过定义查询建立的虚拟表。与普通的数据表一样，视图由一组数据列和数据行构成。由于视图返回的结果集，与数据表有相同的形式，因此它可以像数据表一样使用。

视图通常在以下情况使用：

1）从一张数据表中，取出一部分数据列或者一些数据行，并形成一张虚拟表。通过这样的方式，可以隐藏用户暂时不需要的数据。

2）使用视图可以简化查询语句。如先将两张或多张数据表连接并取交集，形成视图，再通过视图进行数据查询。

3）可以在视图中生成数据表的统计信息，用户可以直接使用这些统计信息。

2．SQL 视图

在 SQL 中，视图是基于 SQL 语句的结果集的可视化的表。

视图包含行和列，就像一个真实的表。视图中的字段就是来自一个或多个数据库中的真实的表中的字段。在视图中，可以向其添加 SQL 函数、where 以及 join 语句，也可以提交数据，就像这些数据来自某个单一的表。

提示　数据库的设计和结构不会受到视图中的 SQL 函数、where 或 join 语句的影响。

3．视图的种类

在 SQL Server 2008 数据库中，视图分为标准视图、索引视图、分区视图三种。其中标准视图是常用的视图，索引视图和分区视图是 SQL Server 2008 数据库中引入的特性，本任务中将重点介绍标准视图的使用和一般特征。三种视图的特点如下。

1）标准视图。标准视图组合了一个或多个表中的数据，其重点放在特定数据及简化数据操作上。

2）索引视图。一般的视图是虚拟的，并不是保存在硬盘上的表。而索引视图是被物理化了的视图，它已经过计算并记录在硬盘上。

3）分区视图。分区视图是由在一台或多台服务器间水平连接一组成员表中的分区数据形成的视图。

4．视图的优点

使用视图将会带来许多好处，如它可以帮助用户建立更加安全的数据库，简化查询过程等。视图的优点突出体现在以下几个方面：

1）关注用户数据：视图可以帮助用户建立一个可管理的环境。它允许操作者访问指定的数据，并隐藏另一部分数据，即用户不关心和不需要的数据信息可以不显示在视图中。操作者只能关注视图中显示的数据，而无法操作没有在视图中出现的表的数据。

2）隐藏复杂性：视图可以隐藏数据库设计的复杂性。它提供给开发人员改变数据库设计，而不影响用户和数据库的交互能力。例如，在改变数据库的结构后，开发人员可以根据需要对视图进行调整，便于用户的使用。

3）使查询更加灵活：通过视图，可以隐藏分布式查询背后的数据表的关联结构。用户可以通过查询视图，代替编写复杂的查询语句，或是复杂的 T-SQL 脚本。

4）简化权限的管理：视图也用于代替授权查询指定的列。数据库的所有者可以向用户

授予视图的相关权限，即可实现复杂的数据项的授权。

5）提高性能：视图也可用于处理复杂查询的结果。例如，需要使用通过数据表生成的统计信息时，视图允许对数据进行分区，也允许将分区指定在不同计算机的不同分区上。

6）重新组织数据：可以创建连接多表等复杂的查询视图，并应用于导入、导出数据到相关的应用系统中。

5. 视图创建

视图可以使用 SQL Server Management Studio 工具的查询设计器生成和编辑，也可以通过编写 T-SQL 语句来实现修改和删除。使用 T-SQL 语句编写视图的方式比较灵活，但不易掌握；使用 SQL Server Management Studio 工具创建视图的方法更加直观。

使用 SQL 语句创建视图的语句是 Create View 语句，其语法结构如下：

```
CREATE VIEW view_name AS
SELECT column_name (s)
FROM table_name
WHERE condition
```

提示 视图总是显示最近的数据。每当用户查询视图时，数据库引擎会通过使用 SQL 语句来重建数据。

任务实施

操作 1　在“视图”选项卡中创建“住宿管理”视图

操作目标

为方便学生宿舍的管理，校务系统一般都可以直接查看学生的学号、姓名、性别和籍贯。请操作“db_xsgl”数据库，使用学生表“tab_student”中的数据作为数据来源建立视图，并使该视图显示上述学生信息。“住宿管理”视图与学生表对应关系，见表 8-1。

表 8-1　“住宿管理”视图与学生表对应关系

序　号	视图名称	别　名	表　名	字段名称
1	“住宿管理”视图	学号	tab_student	student_ID
2		姓名		student_name
3		性别		student_sex
4		籍贯		student_nativeplace

操作实施

1）启动 SQL Server Management Studio，连接“教学管理”实例。

2）选择“db_xsgl”数据库，并单击展开该节点，可以查看到“视图”节点，如图 8-1 所示。

3）右击“视图”节点，在出现的快捷菜单中选择“新建视图”菜单命令，系统将显示“添加表”对话框，如图 8-2 所示。在“添加表”对话框中有可操作的“表”“视图”“函数”和“同义词”这四个标签。

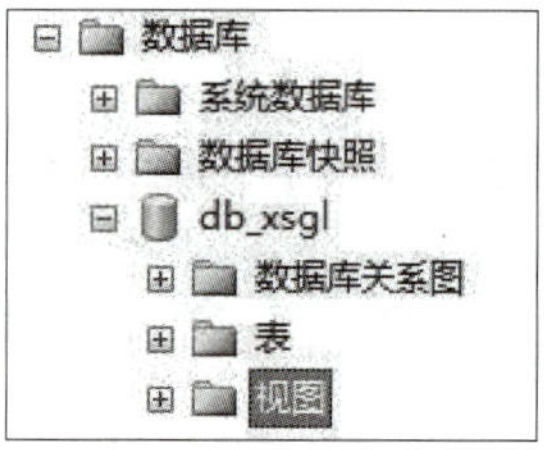

数据库
系统数据库
数据库快照
db_xsgl
数据库关系图
表
视图

图 8-1　查看“视图”节点

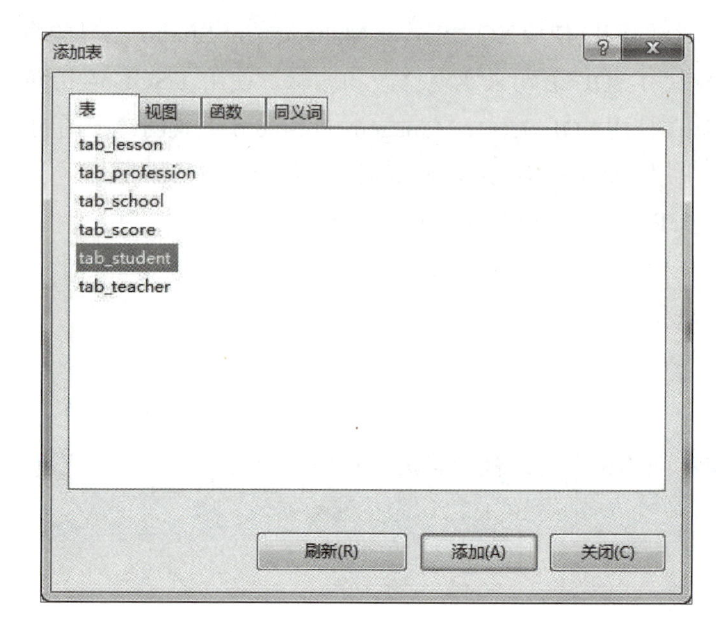

图 8-2　“添加表”对话框

4）在“添加表”对话框中，可以选择数据表或者其他类型的数据对象。本任务中选择“tab_student”数据表，单击“添加”按钮，“查询设计器”将以图形窗格的方式显示所选对象。

5）完成“添加表”对话框的操作后，单击“关闭”按钮。用户通过在查询设计器的快捷菜单中选择“添加表”菜单命令，就可以随时再次调出该对话框。

6）“查询设计器”从上到下分为四个部分，如图 8-3 所示。第一部分称为“关系图”窗格，以可视化图形的方式显示数据表、视图以及表间关系等数据对象；第二部分称为“网格”窗格，是对可用的数据表、列以及别名等信息进行设置的操作界面；第三部分称为“SQL”窗格，展示了通过操作界面处理而自动生成的 T-SQL 语句，该部分的 T-SQL 语句也可以直接通过手动编写来实现；第四部分称为“结果”窗格，以表格的形式显示视图的执行结果。

7）在查询设计器界面的“关系图”窗格中，按顺序单击表“tab_student”的列筛选视图中所要显示的数据列，如图 8-4 所示。选择完成以后，设计界面的“网格”窗格和“SQL”窗格将能够同时反映出操作的结果。到此，就完成了简单的视图设计的过程。

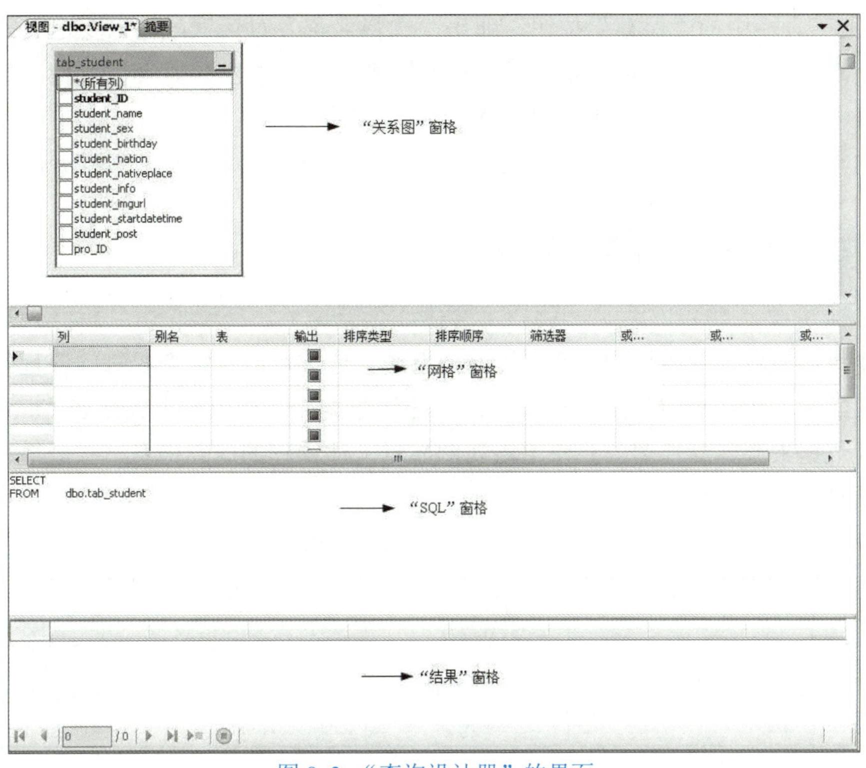

图 8-3 "查询设计器"的界面

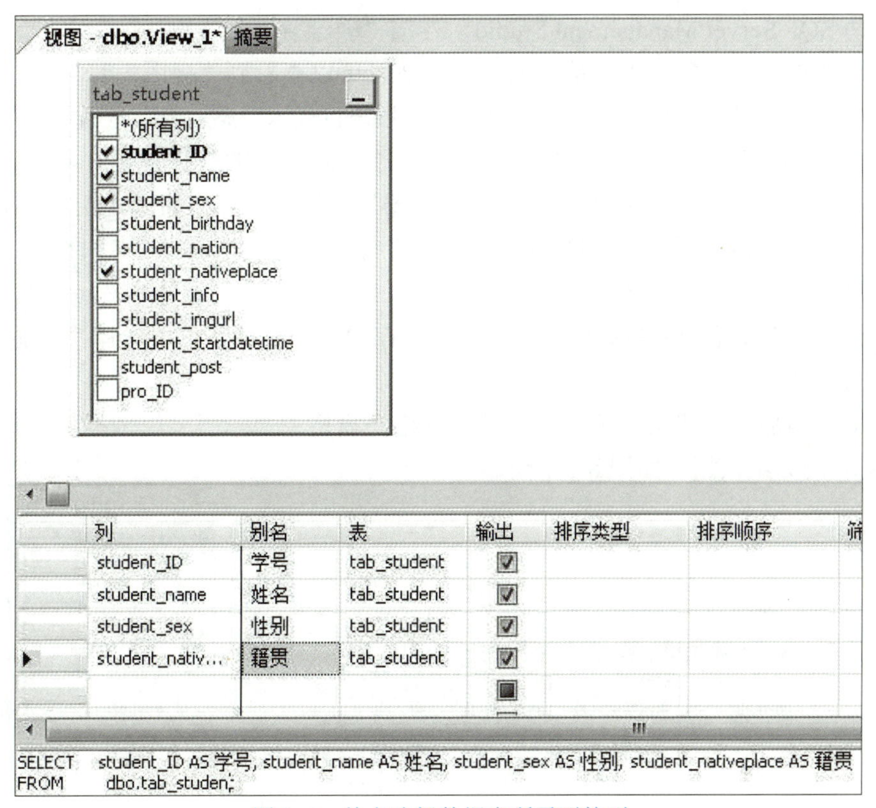

图 8-4 单击选择数据表所需要的列

8）单击工具栏中的“保存”按钮，弹出“选择名称”对话框，输入要定义的名称“住宿管理”，单击“确定”按钮，这样就完成了创建一个简单视图的操作过程。事实上，在查询设计器中还有许多的选项，用于创建复杂的视图。

扫描二维码，观看“在‘视图’选项卡中创建‘住宿管理’视图”视频。

操作 2　在列表达式中创建“成绩统计”视图

操作目标

为方便每门课程学生成绩的管理，校办公系统一般都可以直接查看每门课程的课程号、总分、考试学生人数和平均分。请操作“db_xsgl”数据库，使用学生成绩表“tab_score”中的数据作为数据来源建立视图，并使用该视图显示上述课程的成绩信息。“成绩统计”视图与学生成绩对应关系，见表 8-2。

表 8-2　“成绩统计”视图与学生成绩表对应关系

序　号	视图名称	别　名	表　名	字段名称
1	“成绩统计”视图	课程号	tab_score	lesson_ID
2		总分		Sum (student_score)
3		考试学生人数		Count (student_ID)
4		平均分		Avg (student_score)

操作实施

1）启动 SQL Server Management Studio，连接“教学管理”实例。

2）选择“db_xsgl”数据库，单击展开该节点，可以查看到“视图”节点，右击“视图”节点，在快捷菜单中选择“新建视图”菜单命令，系统将显示“添加表”对话框。

3）在“添加表”对话框中，选择数据表或者其他类型的数据对象。单击选中“tab_score”数据表，单击“添加”按钮，“查询设计器”将以图形窗格的方式显示所选对象。

4）在查询设计器界面“关系图”窗格中，按顺序单击表“tab_score”的列筛选视图中所要显示的数据列，如图 8-5 所示。

5）在“网格”窗格的空白处单击鼠标右键，在弹出的快捷菜单中选择“添加分组依据”命令，如图 8-6 所示。

6）单击“添加分组依据”按钮后，在“网格”窗格中显示“分组依据”列选项，分别设置视图别名的分组依据，如图 8-7 所示。

	列	别名	表	输出
▶	lesson_ID	课程号	tab_score	☑
	student_score	总分	tab_score	☑
	student_ID	考试学生人数	tab_score	☑
	student_score	平均分	tab_score	☑

图 8-5　“网格”窗格中设置课程成绩显示列

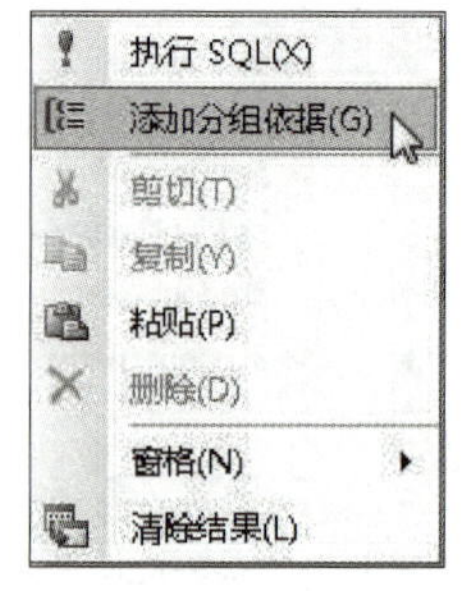

图 8-6　单击“添加分组依据”命令

8 PROJECT

列	别名	表	输出	排序类型	排序顺序	分组依据	筛选
lesson_ID	课程号	tab_score	☑			Group By	
student_score	总分	tab_score	☑			Sum	
student_ID	考试学生人数	tab_score	☑			Count	
student_score	平均分	tab_score	☑			Avg	

```
SELECT    lesson_ID AS 课程号, SUM(student_score) AS 总分, COUNT(student_ID) AS 考试学生人数, AVG(student_score) AS 平均分
FROM       dbo.tab_score
GROUP BY lesson_ID
```

图 8-7 “成绩统计”视图别名的分组依据设置

7）单击工具栏中的“保存”按钮，弹出“选择名称”对话框，输入要定义的名称“成绩统计”，单击“确定”按钮，这样就完成了创建“成绩统计”视图的操作过程。

8）右击“结果”窗格的任意位置，在弹出的快捷菜单中选择“执行 SQL（X）”命令，可以查看视图显示结果。

扫描二维码，观看“在列表达式中创建‘成绩统计’视图”视频。

操作 3　用 create view 语句创建“学籍管理”视图

操作目标

为方便学生信息管理，教务系统一般都可以直接查看学生的学号、姓名、性别、专业编号和职务。请操作“db_xsgl”数据库，使用学生表“tab_student”中的数据作为数据来源，利用 create view 语句建立视图来显示上述学生信息。“学籍管理”视图与学生表对应关系，见表 8-3。

表 8-3 “学籍管理”视图与学生表对应关系

序　号	视 图 名 称	别　名	表　名	字 段 名 称
1	“学籍管理”视图	学号	tab_student	student_ID
2		姓名		student_name
3		性别		student_sex
4		专业编号		pro_ID
5		职务		student_post

操作实施

1）启动 SQL Server Management Studio，连接“教学管理”实例。

2）单击工具栏中的“新建查询”按钮，打开编辑 T-SQL 语句的页面，同时显示“SQL 编辑器”工具栏。

3）在“SQL 编辑器”工具栏的“可用数据库”下拉列表中选择“db_xsgl”数据库。

4）在编辑窗口中输入 create view 语句命令创建视图。所使用的 create view 语句命令如图 8-8 所示。

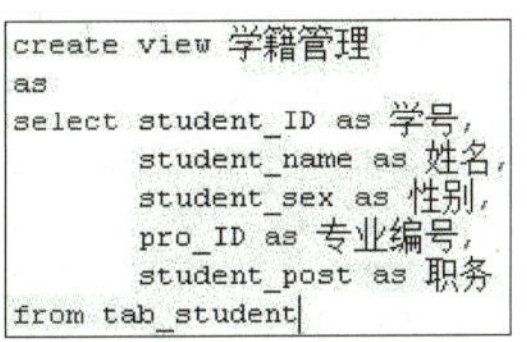

```
create view 学籍管理
as
select student_ID as 学号,
       student_name as 姓名,
       student_sex as 性别,
       pro_ID as 专业编号,
       student_post as 职务
from tab_student
```

图 8-8 使用 create view 语句创建视图

5）单击“SQL 编辑器”工具栏中的“执行”按钮，即可完成操作。

操作 4　在“视图”选项卡中创建多示例表视图

操作目标

为方便学生成绩管理，教务系统一般都可以直接查看学生的学号、姓名、性别、考试课程、考试成绩和所在专业。请操作“db_xsgl”数据库，使用学生表“tab_student”、学生成绩表“tab_score”、课程表“tab_lesson”和专业表“tab_profession”中的数据作为数据来源，建立视图显示上述学生成绩，视图对应关系，见表 8-4。

表 8-4　“学生成绩管理”视图与多表对应关系

序　号	视 图 名 称	别　名	表　名	字 段 名 称
1	“学生成绩管理”视图	学号	tab_student	student_ID
2		姓名		student_name
3		性别		student_sex
4		考试课程	tab_lesson	lesson_name
5		考试成绩	tab_score	student_score
6		所在专业	tab_profession	pro_name

操作实施

1）启动 SQL Server Management Studio，连接“教学管理”实例。

2）选择“db_xsgl”数据库，展开该节点，可以查看到“视图”节点，右击“视图”节点，在快捷菜单中选择“新建视图”菜单命令，系统将显示“添加表”对话框。

3）在“添加表”对话框中，选择数据表或者其他类型的数据对象。按住 <Ctrl> 键单击学生信息表“tab_student”、学生成绩表“tab_score”、课程表“tab_lesson”和专业表“tab_profession”这 4 个数据表，单击“添加”按钮，查询设计器将以图形的方式显示所选对象。

4）在查询设计器界面的“关系图”窗格中，通过按顺序单击学生表“tab_student”、学生成绩表“tab_score”、课程表“tab_lesson”和专业表“tab_profession”的列筛选视图中所要显示的数据列，如图 8-9 所示。

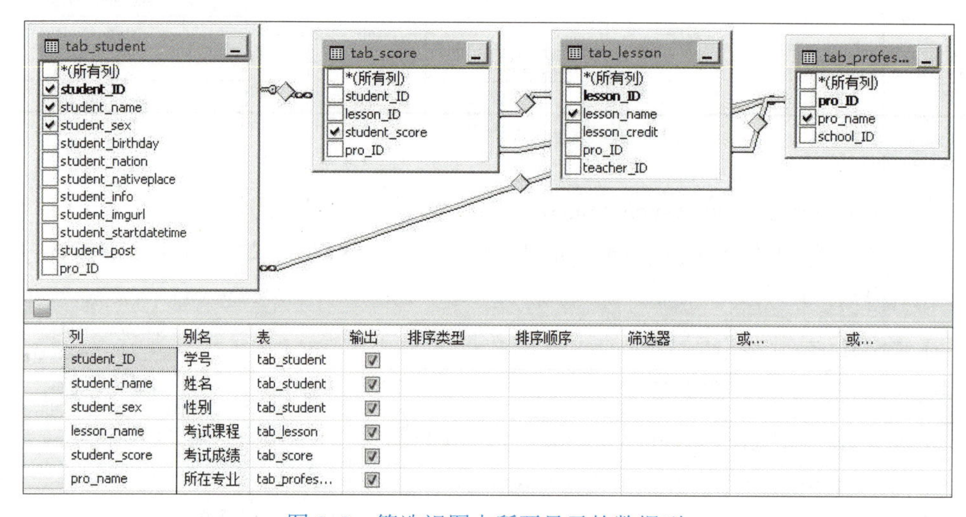

图 8-9　筛选视图中所要显示的数据列

5）单击工具栏中的“保存”按钮，弹出“选择名称”对话框，输入要定义的名称“学生成绩管理”，单击“确定”按钮，这样就完成了创建“学生成绩管理”视图的操作过程。

扫描二维码，观看“在‘视图’选项卡中创建多示例表视图”视频。

任务2　使用视图

任务描述

作为开发人员，在开发设计查询模块的过程中，查询语句的书写与验证是一件很让用户烦恼的事。假设现在让你通过视图功能的可视化操作得到自己想要编写的查询语句，需要怎样操作和使用已经创建的视图呢？

知识储备

1．查询视图

用户可以从某个查询或某个存储过程内部，或者从另一个视图内部来使用视图。通过向视图添加函数、JOIN 语句等，可以精确地提交数据。

语法格式：SELECT * FROM [view_name]

2．更新视图

用户可以使用下面的语法来更新视图：

```
SQL CREATE OR REPLACE VIEW Syntax
CREATE OR REPLACE VIEW view_name AS
SELECT column_name (s)
FROM table_name
WHERE condition
```

任务实施

操作1　查询“住宿管理”视图

操作目标

从“住宿管理”视图中显示性别为“男”的学生以及其“学号”“姓名”和“籍贯”。

操作实施

1）启动 SQL Server Management Studio，连接“教学管理”实例。

2）单击工具栏中的“新建查询”按钮，打开编辑 T-SQL 语句的页面，同时显示“SQL 编辑器”工具栏。

3）在“SQL 编辑器”工具栏的“可用数据库”下拉列表中选择“db_xsgl”数据库。

4）在编辑窗口中输入 select 语句命令，如图 8-10 所示。

```
select 学号,
       姓名,
       case 性别 when 1 then '男'
                 when 0 then '女'
       end as 性别,
       籍贯
from 住宿管理
where 性别=1
```

图 8-10　用视图查询信息

5）单击“SQL 编辑器”工具栏中的“执行”按钮，即可完成操作。在“结果”消息栏中可查看执行结果。

扫描二维码，观看“查询‘住宿管理’视图”视频。

操作 2　用“住宿管理”视图向“学生表”添加记录

操作目标

通过“住宿管理”视图向学生表“tab_student”中插入记录。

操作实施

1）启动 SQL Server Management Studio，连接“教学管理”实例。

2）单击工具栏中的“新建查询”按钮，打开编辑 T-SQL 语句的页面，同时显示“SQL 编辑器”工具栏。

3）在“SQL 编辑器”工具栏的“可用数据库”下拉列表中选择“db_xsgl”数据库。

4）在编辑窗口中输入 insert 语句命令，如图 8-11 所示。

```
insert into 住宿管理
(学号,姓名,性别,籍贯)
values
('20130020','芳琪','0','吉林省松原市')
```

图 8-11　通过视图增加信息

5）单击“SQL 编辑器”工具栏中的“执行”按钮，即可完成操作。在“结果”消息栏中可查看执行结果。

扫描二维码，观看“用‘住宿管理’视图向‘学生表’添加记录”视频。

操作 3　用“学籍管理”视图修改“学生表”的记录

操作目标

通过“学籍管理”视图，将学号是“20130018”的学生的班级职务修改为“班长”。

操作实施

1）启动 SQL Server Management Studio，连接“教学管理”实例。

2）单击工具栏中的“新建查询”按钮，打开编辑 T-SQL 语句的页面，同时显示“SQL 编辑器”工具栏。

3）在“SQL 编辑器”工具栏的“可用数据库”下拉列表中选择“db_xsgl”数据库。

```
update 学籍管理
set 职务='班长'
where 学号='20130018'
```

图 8-12　通过视图修改信息

4）在编辑窗口中输入 update 语句命令，如图 8-12 所示。

5）单击“SQL 编辑器”工具栏中的“执行”按钮，即可完成操作。在结果消息栏中可查看执行结果。

扫描二维码，观看“用‘学籍管理’视图修改‘学生表’的记录”视频。

操作 4　用“学籍管理”视图删除“学生表”的记录

操作目标

通过“学籍管理”视图删除退学学生的学号“20130020”。

操作实施

1）启动 SQL Server Management Studio，连接“教学管理”实例。

2）单击工具栏中的“新建查询”按钮，打开编辑 T-SQL 语句的页面，同时显示“SQL 编辑器”工具栏。

3）在“SQL 编辑器”工具栏的“可用数据库”下拉列表中选择“db_xsgl”数据库。

4）在编辑窗口中输入 delete 语句命令，如图 8-13 所示。

```
delete from 学籍管理
where 学号='20130020'
```

图 8-13　通过视图删除信息

5）单击“SQL 编辑器”工具栏中的“执行”按钮，即可完成操作。在“结果”消息栏中可查看执行“结果”。

扫描二维码，观看“用‘学籍管理’视图删除‘学生表’的记录”视频。

任务 3　删除视图

任务描述

“学生成绩管理”与“学籍管理”视图在使用过程中不能实现相应的作用时，请删除！

知识储备

1. 使用 SQL Server Management Studio 图形工具删除视图的一般过程

使用 SQL Server Management Studio 图形工具删除视图的操作，可参考如下步骤。

1）单击“开始”→“所有程序”→“Microsoft SQL Server 2008”→“SQL Server Management Studio”，启动 SQL Server Management Studio 工具。

2）在“对象资源管理器”的“视图”目录中，选择要删除的视图，右击该节点，在弹出的快捷菜单中，选择“删除”菜单命令。

3）在确认消息对话框中，单击“确定”按钮即可。

2. 使用 SQL 语句删除视图

SQL 语句往往用于批处理执行工作，但也可以用 SQL 语句通过 DROP VIEW 命令来删除视图。使用 DROP VIEW 删除视图的语法如下。

DROP VIEW [schema_name .] view_name [..., n] [;]

语法说明：

1）schema_name 项，指该视图所属架构的名称。

2）view_name 项，指要删除的视图的名称。

任务实施

操作 1　在“视图”选项卡中删除“学生成绩管理”视图

操作目标

使用 SQL Server Management Studio 工具，在“视图”选项卡内删除“学生成绩管理”视图。

操作实施

1）启动 SQL Server Management Studio，连接“教学管理”实例。

2）在“对象资源管理器”中，依次展开“数据库”→“db_xsgl”→“视图”节点。在“视图”目录中，选择“学生成绩管理”视图，右击该节点，在弹出的快捷菜单中，选择“删除”菜单命令，如图 8-14 所示。

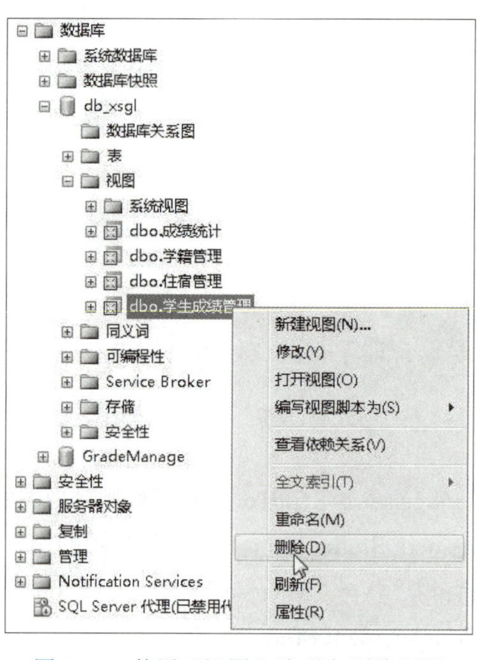

图 8-14　使用“视图”选项卡删除视图

3）在确认消息对话框中，单击“确定”按钮即可。

扫描二维码，观看“在‘视图’选项卡中删除‘学生成绩管理’视图”视频。

操作 2　使用 drop view 语句删除“学籍管理”视图

操作目标

使用 drop view 语句删除“学籍管理”视图。

操作实施

1）启动 SQL Server Management Studio，连接“教学管理”实例。

2）单击工具栏中的“新建查询”按钮，打开编辑 T-SQL 语句的页面，同时显示“SQL 编辑器”工具栏。

3）在“SQL 编辑器”工具栏的“可用数据库”下拉列表中选择“db_xsgl”数据库。

4）在编辑窗口中输入 drop view 语句命令，如图 8-15 所示。

```
drop view 学籍管理
```

图 8-15　使用 drop view 语句删除视图

5）单击“SQL 编辑器”工具栏中的“执行”按钮，即可完成操作。在“结果”消息栏中可查看执行结果。

拓展训练

拓展训练 1　在“视图”选项卡中创建“专业平均年龄”视图

训练任务

使用 SQL Server Management Studio，通过“视图”选项卡创建“专业平均年龄”视图。

训练要求

1）数据来源于“tab_student”表和“tab_profession”表。

2）视图中需显示“专业名称”“学生人数”和“平均年龄”。

3）按照“专业编号”进行分组，降序排列。

拓展训练 2　使用 create view 语句创建“专业平均年龄”视图

训练任务

使用 create view 语句创建“专业平均年龄”视图。

训练要求

1）数据来源于“tab_student”表和“tab_profession”表。

2）视图中需显示“专业名称”“学生人数”和“平均年龄”。

3）按照“专业编号”进行分组，升序排列。

项 目 小 结

本项目通过实例操作使读者对视图功能有一个基本了解。创建视图是一个相当简单的过程，然而理解视图的工作方式虽有一定的难度，但它将有助于更好地设计、使用和管理视图。

课后拓展与实践

在 Northwind 数据库中，存在有内在关系的两张表。这两张表分别为 Products 表（产品表），保存了产品的 ID 号、产品的名称、产品的供应商 ID 号、产品的单价、产品分类、产品描述；OrderDetails 表（订单详情表），保存了订单的信息，包括产品的 ID、单价和订购数量。

单独的订单详情表只能够提供产品的 ID 信息，而没有产品的名称、分类等信息。如果客户经理关心订单的产品详情等具体内容，可以通过视图将订单详情表与产品表进行连接，展示给完整的带有产品名称、分类的订单详情。

请就该客户经理所关心的内容建立视图。

阅 读 提 升

星星之火，可以燎原。

从国产数据库的第一把星星之火燃起，到如今众多国产数据库产品已经在润物细无声地进入到众多企业系统中。目前的国产数据库应用覆盖了银行、国企、政务等众多核心行业领域，也许我们浑然不觉，但衣食住行的背后，很多是由国产数据库支撑的。我国数据库技术从无到有，再到如今百花齐放的四十多年风雨历程，凝结了老一辈专家的心血。冯玉才当时研究数据库的初衷就是想让中国人用上国产数据库，没想过这条路一走就是四十多年，而且将来可能还有一段更长的路要走。我国数据库要发展壮大，还需要有后来者接棒前行，共同探索求变，以颠覆性的技术获得核心竞争力，进而提升我国在世界信息化产业的地位。

项目 9　设计学生成绩报表

学习目标

- ✧ 能够根据需求分析设计选取适合的报表布局
- ✧ 掌握报表布局格式的设置方法
- ✧ 掌握制作报表的基本步骤
- ✧ 掌握在报表中增加统计项目的方法

任务 1　创建学生成绩报表

任务描述

作为系统设计开发人员，用户要求设计并实现数据的报表功能，其报表的数据部分是学生成绩。报表的内容和格式，见表 9-1。

表 9-1　学生成绩报表

序　号	学 生 编 号	课 程 编 号	学 生 成 绩	专 业 编 号
1	20130006	09064049	89.50	403
2	20130006	09065050	98.00	403
3	20130006	02091010	89.70	403
4	20130006	09006050	60.50	403
5	20130006	01054010	74.00	403
6	20130006	02000032	90.00	403
7	20130006	09023040	56.50	403
8	20130006	09061050	95.00	403
9	20130003	09064049	90.00	501
10	20130003	09065050	93.00	501
11	20130003	02091010	67.70	501
12	20130003	09006050	70.50	501
13	20130003	01054010	86.50	501
14	20130003	02000032	50.00	501
15	20130003	09023040	45.50	501
16	20130003	09061050	85.00	501

请你设计并实现上述报表样式。

知识储备

1．报表的概念

报表就是用表格、图表等格式来动态显示数据。它可以用公式表示为："报表 = 多样的格式 + 动态的数据"。在没有计算机以前，人们利用纸和笔来记录数据，如民间常常说的豆腐账，就是卖豆腐的小贩每天都会将自己卖出的豆腐收入记在一个本子上，然后每月都要汇总计算。这种情况下，报表数据和报表格式是紧密结合在一起的，两者都在同一个本子上。同时，该数据也只能通过一种只有记账人才能理解的形式表现，且这种形式难以修改。

当计算机出现之后，人们利用计算机的数据处理和界面设计的功能来生成、展示报表。计算机上的报表的主要特点是数据动态化，格式多样化；报表数据和报表格式的完全分离；用户可以只修改数据，或者只修改格式。报表分类的常用软件有：

1）Excel、Word 等编辑软件。它们可以做出很复杂的报表格式，但是由于它们没有定义专门的报表结构来动态地加载报表数据，所以这类软件中的数据都是已经定义好的、静态的、不能动态变化的。它们没有办法实现报表的"数据动态化"特性。

2）数据库软件。它们可以拥有动态变化的数据，但是这类软件一般只会提供简单的表格形式来显示数据。它们没有实现报表软件的"格式多样化"的特性。

3）报表软件。它们需要有专门的报表结构来动态地加载数据，同时也能够实现报表格式的多样化。

2．报表的分类

（1）列表式报表

列表式报表按照表头顺序平铺式展示，便于查看详细信息。一般基础信息表可以用列表式体现。多用于展示客户名单、产品清单、物品清单、订单、发货单等单据或当日工作记录，当日销售记录等记录条数比较少的数据。

（2）摘要式报表

摘要式报表是使用频率最高的一种报表形式，多用于数据汇总统计。如按人员汇总回款额、客户数等；按日期分组汇总应收额、回款额等。摘要式报表和列表式报表唯一的差别是多了数据汇总的功能。

（3）矩阵式报表

矩阵式报表主要用于多条件数据统计。如按照客户所有人和客户所属地区两个值汇总客户数量。矩阵式报表能汇总数据，查看起来更清晰，更适合在数据分析时使用。

（4）钻取式报表

钻取式报表是改变维的层次，变换分析的粒度，包括向上钻取和向下钻取。例如对于各地区各年度的销售情况，可以生成地区与年度的合计行，也可以生成地区或者年度的合计行。

3．SSRS 2008 报表工具

在开发程序中，报表所涉及的工作部分总是相当烦琐。其实，报表是格式化数据输出，真正需要编程的地方很少，但报表工具却较烦琐。因此要编写一个漂亮的报表，需要深入了解报表工具。SQL Server 2008 报表服务（SSRS 2008）简单易用，这里以它为例进行讲解。

SSRS 2008 是 SQL Server 2008 的一个组件。SSRS 2008 可以从多种数据源获取数据创建报表，简单易用，其生成的报表可以直接在网站和应用程序中使用。SSRS 2008 可以导出多种文件格式，包括 PDF、Excel、CSV、XML 等。

任务实施

操作 1　定义数据源

操作目标

操作数据库“db_xsgl”中的学生成绩表“tab_score”，进行报表操作的第一步，定义数据源并建立“学生管理数据库”共享数据源。在报表项目中新建表格式“学生成绩”报表，并为报表定义数据集“学生成绩报表_表格式_数据集”。数据集的数据来源为“tab_score”“tab_student”“tab_lesson”和“tab_profession”的左连接查询的结果。

操作实施

1）单击“开始”→“所有程序”→“Microsoft SQL Server 2008”→“SQL Server Business Intelligence Development Studio”命令，打开“SQL Server Business Intelligence Development Studio”界面，如图 9-1 所示。

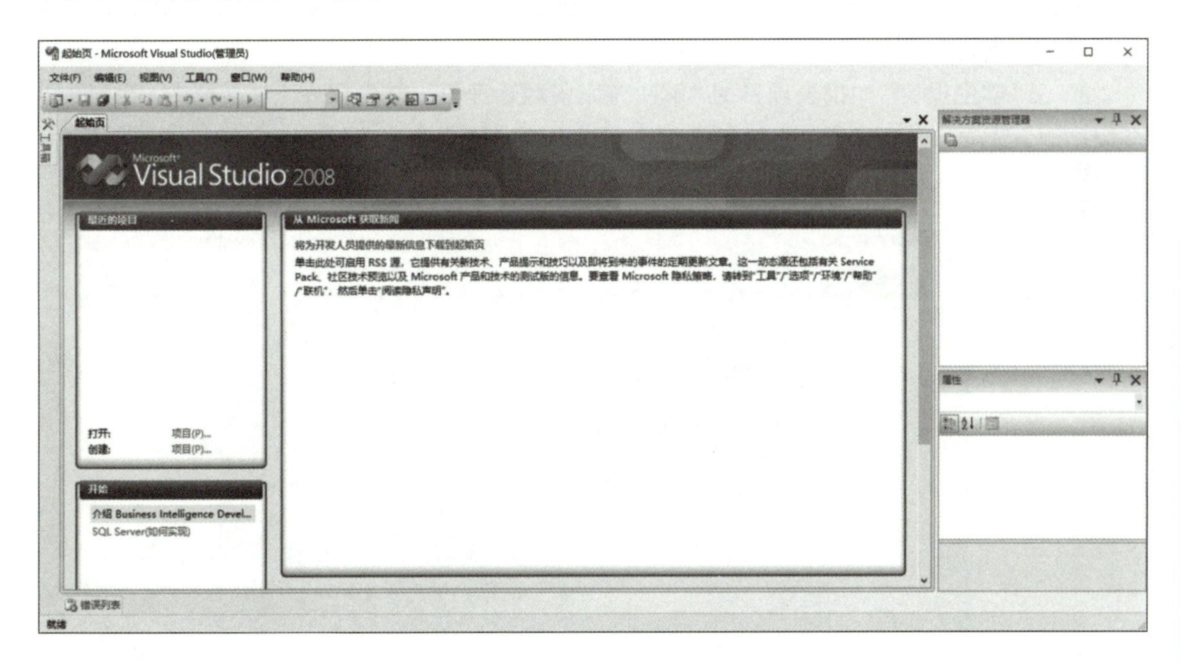

图 9-1　SQL Server Business Intelligence Development Studio 界面

2）依次打开“文件”→“新建”→“项目”选项，弹出“新建项目”对话框，在该对话框中选择“项目类型”为“商业智能项目”，在“模板”中选择“报表服务器项目”，并以“学生报表”为名称创建报表，如图 9-2 所示。

图 9-2　新建项目

单击“浏览”，选择项目所存储的位置，设置完成后，单击“确定”即可创建报表项目和解决方案。

3）在“学生报表”的报表项目的“解决方案资源管理器—学生报表”对话框中，找到“共享数据源”选项卡，在其上单击鼠标右键，在弹出的快捷菜单中选择“添加新数据源”命令，弹出“共享数据源属性”对话框，如图 9-3 所示。

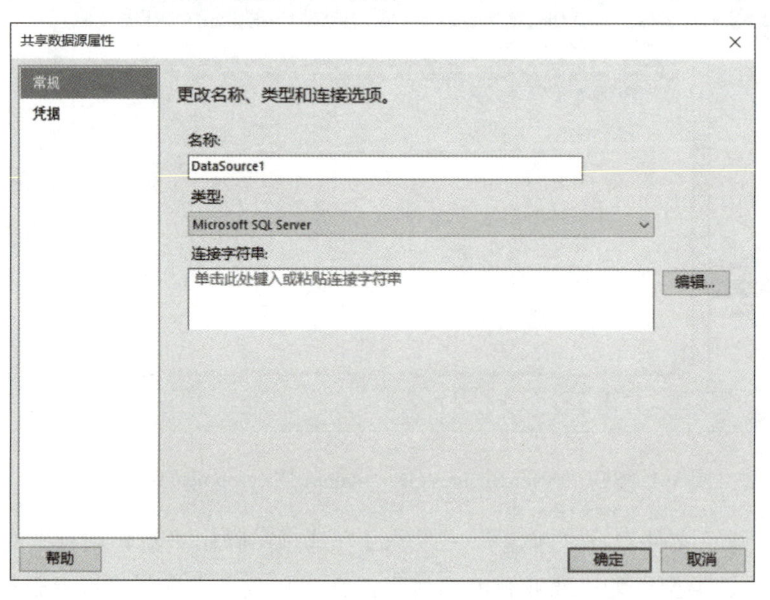

图 9-3　“共享数据源属性”对话框

4）在“共享数据源属性”对话框中，在名称处添加共享数据源名称为“学生管理数据库”，单击“编辑”按钮，弹出“连接属性”对话框，使用“SQL Server 身份验证”登录服务器，并选择连接到“db_xsgl”数据库，如图 9-4 所示。

5）单击“确定”按钮，关闭“连接属性”对话框。再次显示“共享数据源属性”对话框，如图 9-5 所示。

6）单击“确定”按钮，再次进入“学生报表”的报表项目，增加共享数据源成功，可在“解决方案资源管理器—学生报表”对话框中显示为“学生管理数据库 .rds”。

7）再次在“学生报表”的报表项目的“解决方案资源管理器—学生报表”对话框中，找到“报表”选项卡，在其上单击鼠标右键，在弹出的快捷菜单中选择“添加”/“新建项”命令，弹出“添加新项 - 学生报表”对话框，如图 9-6 所示。

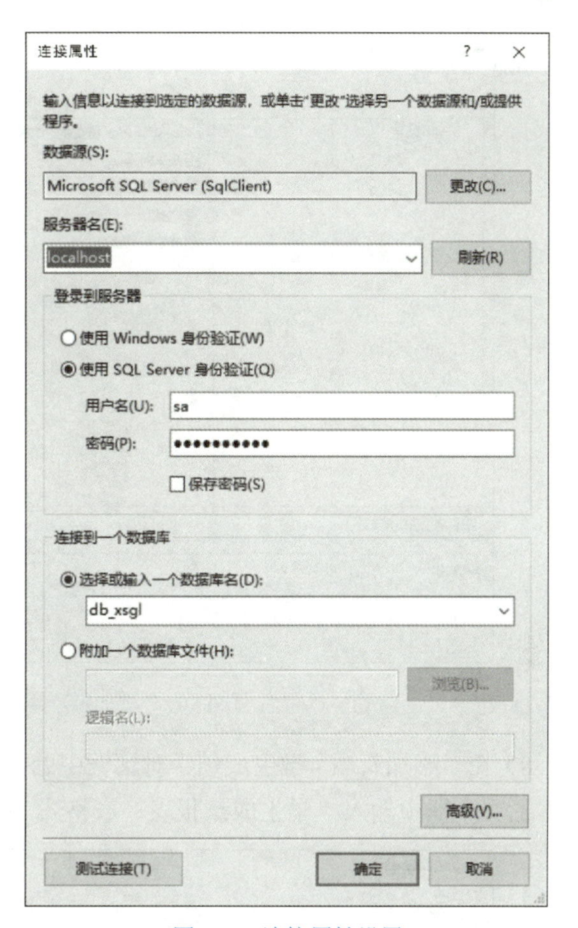

图 9-4　连接属性设置

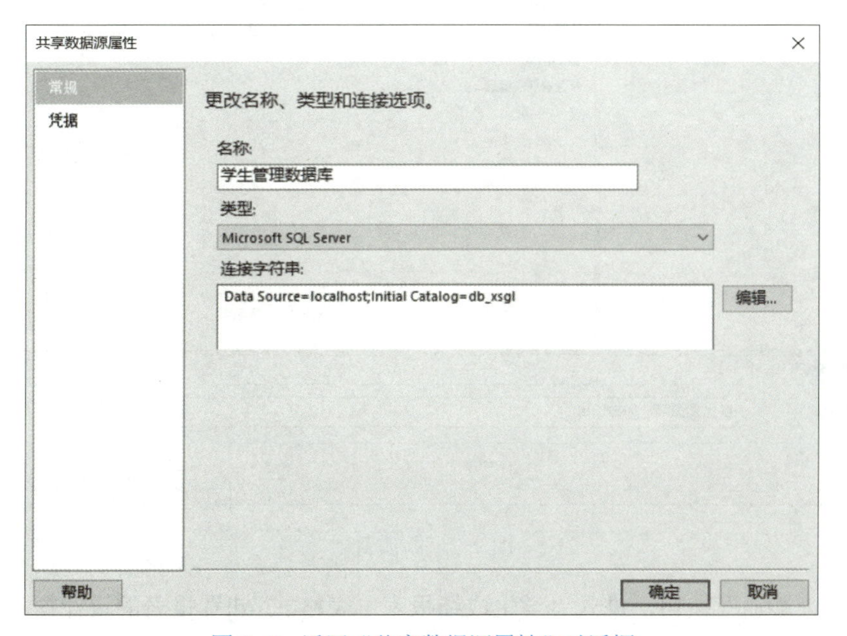

图 9-5　返回“共享数据源属性”对话框

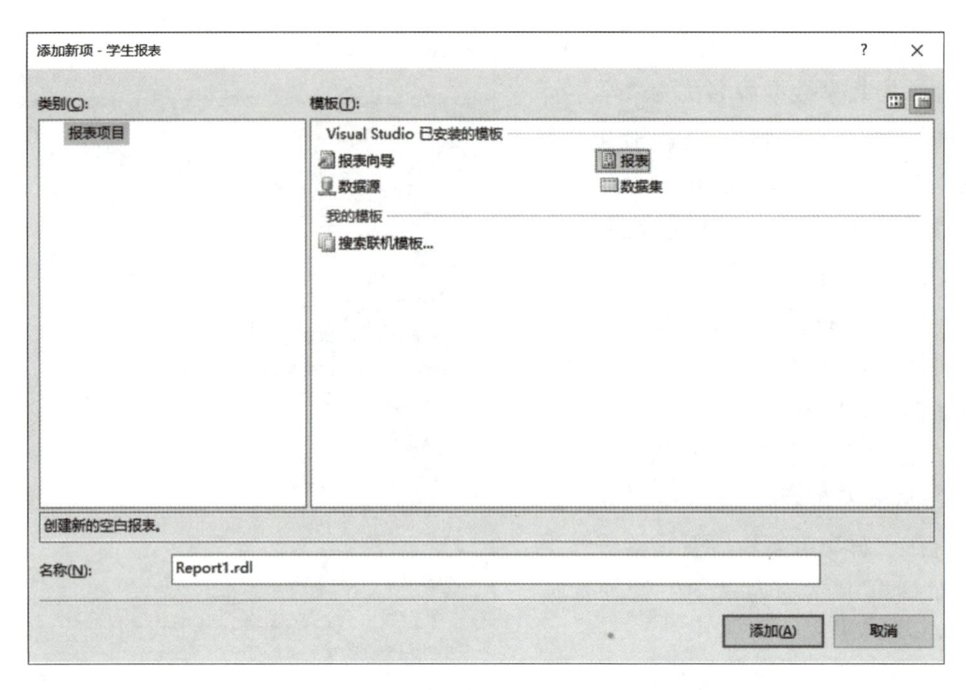

图 9-6 “添加新项 – 学生报表”对话框

8）在“添加新项 - 学生成绩”对话框中的“模板”列表框中选择“报表”项目，在“名称”的文本框中输入“学生成绩报表 _ 表格式 .rdl”，如图 9-7 所示。

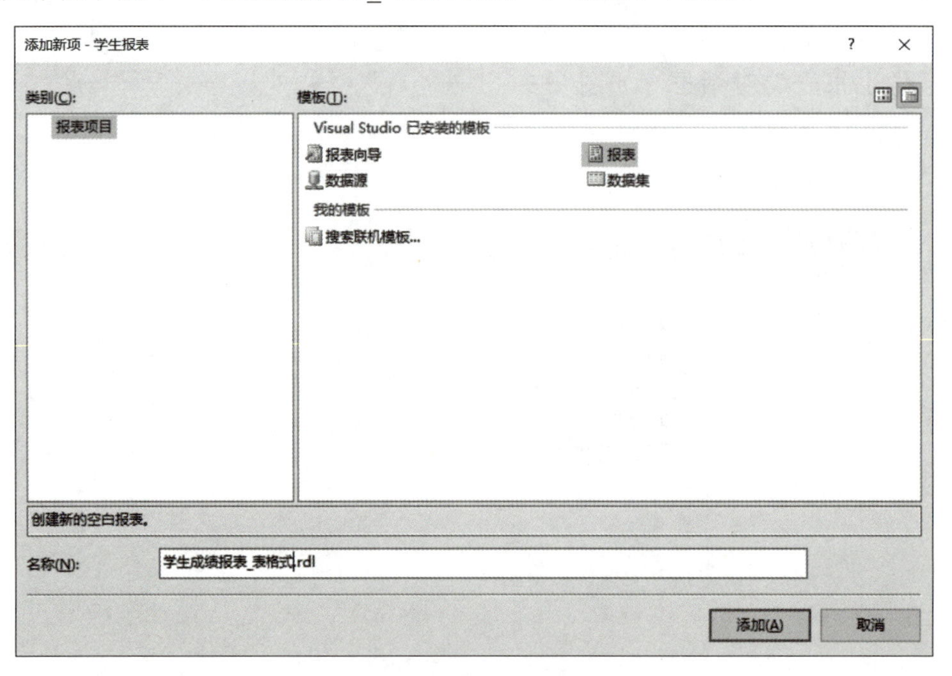

图 9-7 添加新项

9）单击“添加”按钮，进入“学生成绩报表 _ 表格式 .rdl”报表的设计窗口，在该窗口中包含了“报表数据”“设计”和“预览”单个 Tab 选项卡，此处在“报表数据”选项卡中的

“新建”下拉列表框中，选择“数据集”命令，弹出“数据集属性”对话框，如图 9-8 所示。

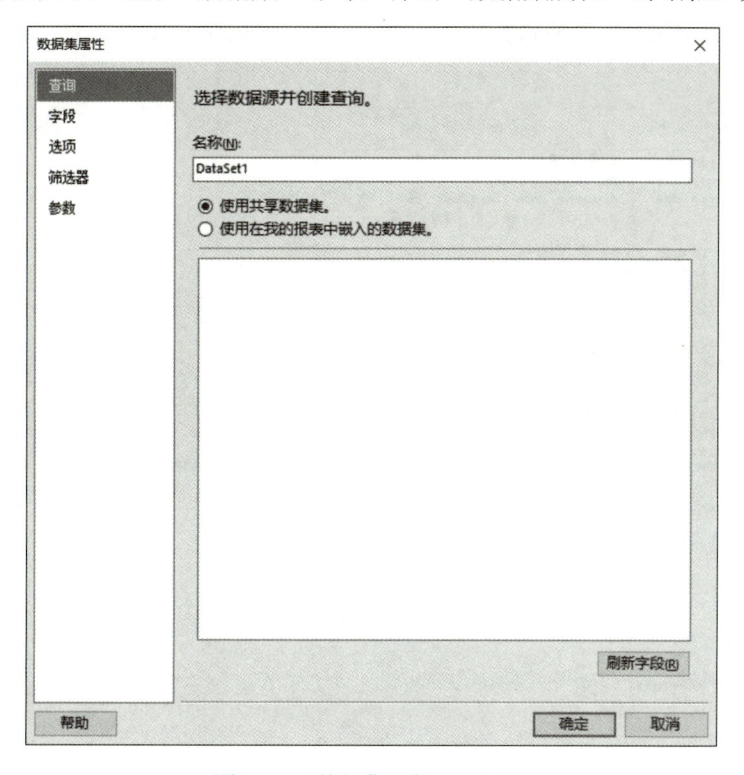

图 9-8 “数据集属性”对话框

10）在该对话框中的“名称”文本框中输入“学生成绩报表 _ 表格式 _ 数据集”字样，并选择“使用在我的报表中嵌入的数据集”，单击“新建”按钮，打开“数据源属性”对话框，在“数据源属性”对话框中进行如图 9-9 所示的设置。

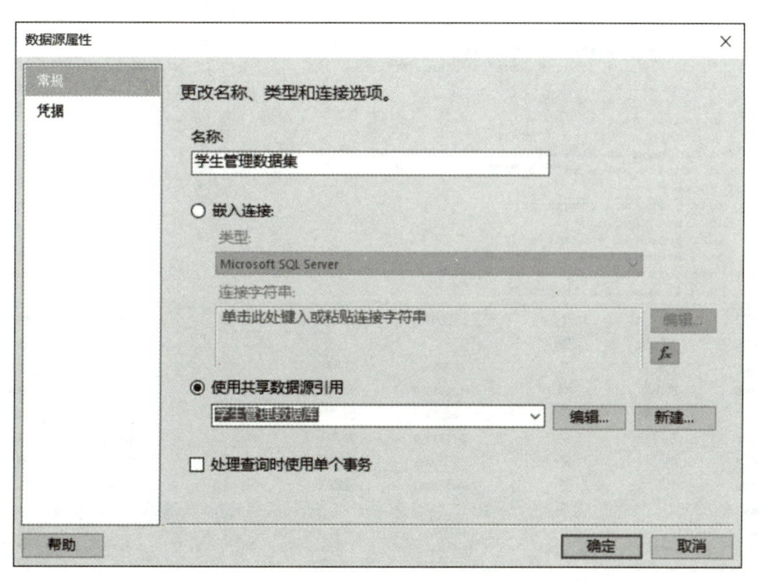

图 9-9 设置“数据源属性”

11）单击“确定”按钮，返回“数据集属性”对话框，并在该界面选择“查询设计器”按钮，在弹出的页面中选择“编辑为文本”按钮，输入如图 9-10 所示的命令。

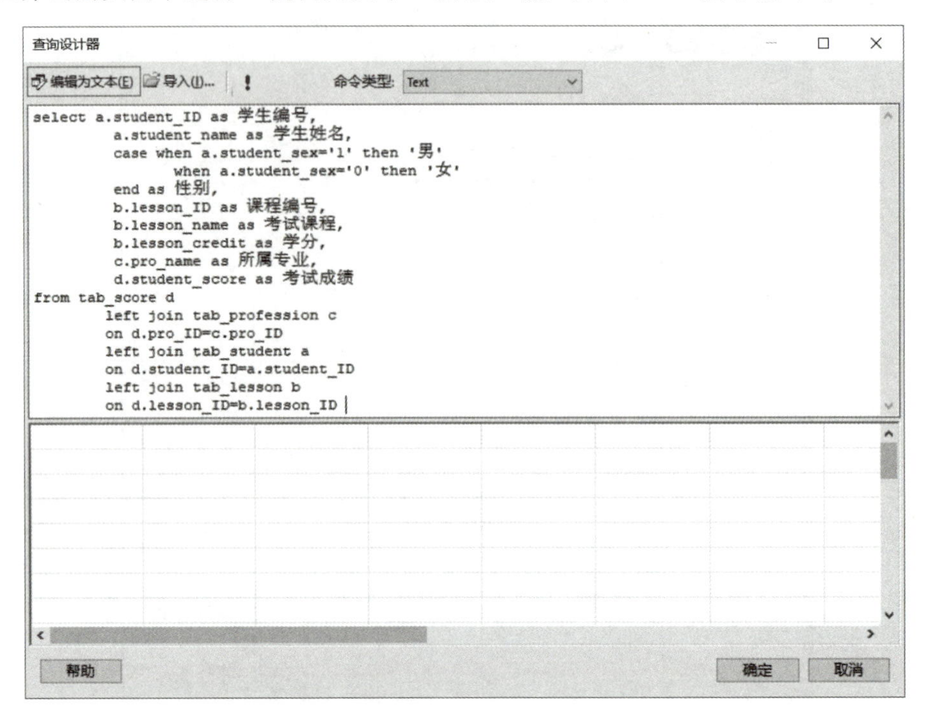

图 9-10 “查询设计器”界面

12）单击“！”按钮，即执行按钮，可以查看 SQL 语句的运行结果，如图 9-11 所示。

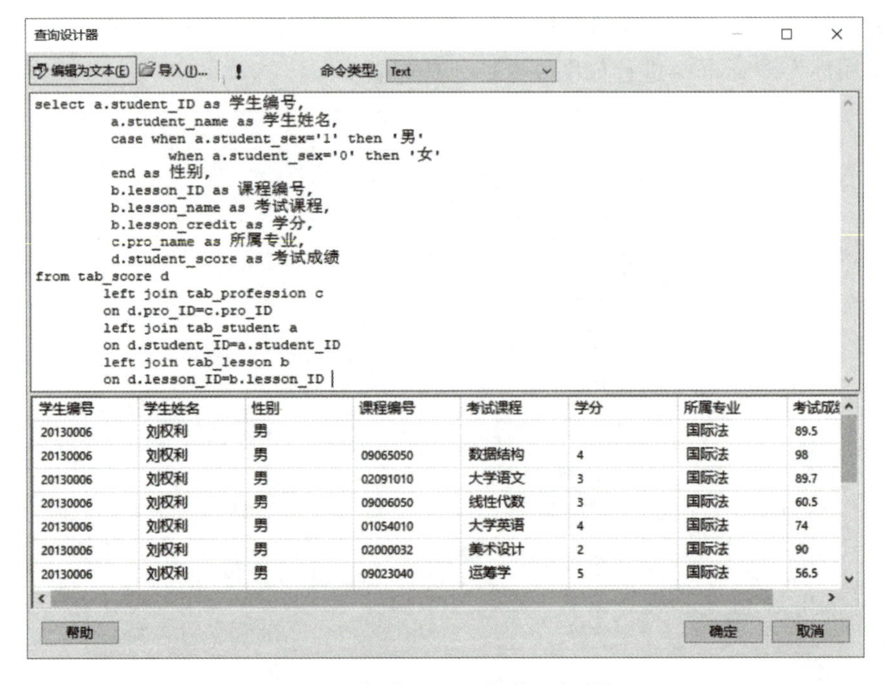

图 9-11 查看 SQL 语句的运行结果

13）单击“确定”按钮，返回“数据集属性”对话框，如图 9-12 所示，单击“确定”可完成定义数据源操作。

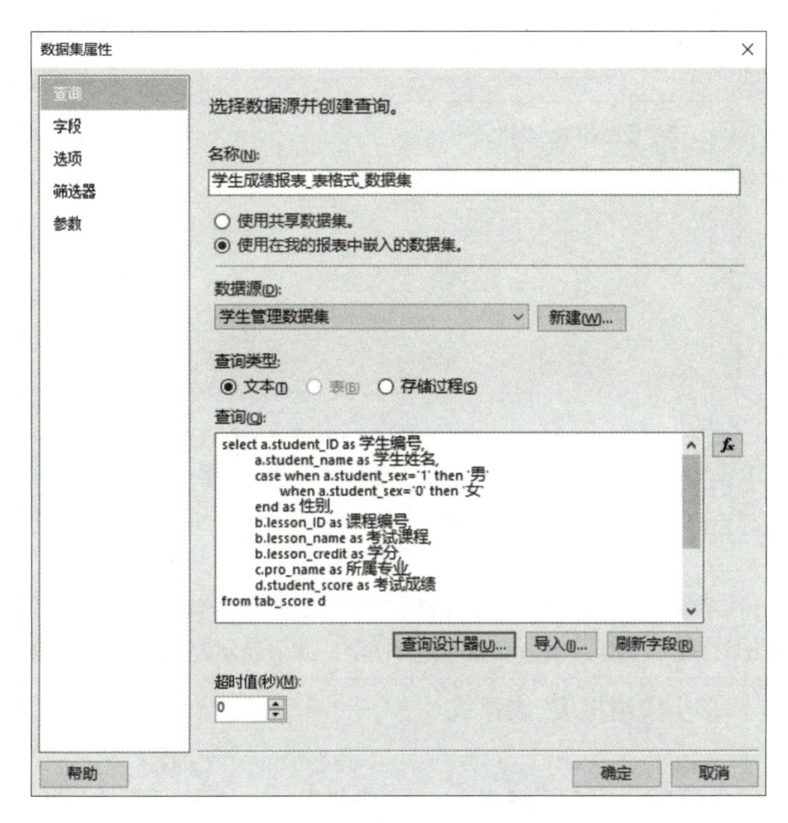

图 9-12　数据集填写完整状态

扫描二维码，观看“定义数据源”视频。

操作 2　定义布局

操作目标

设计报表的布局样式为表格式，将“所属专业”“学生姓名”“考试课程”和“考试成绩”依次定义为表格式报表的列。

操作实施

1）在“操作 1”的基础上，在“学生成绩报表 _ 表格式 .rdl”报表的设计窗口中，选择“设计”选项卡，从“视图”菜单中打开“工具箱”，从中选择“文本框”和“表”控件，将其拖放到“设计”选项卡中。在文本框中输入标题“学生成绩报表 _ 表格式”，并设置字体颜色，如图 9-13 所示。

图 9-13 设计报表布局

2）关闭“工具箱”，在数据集中分别拖拽“所属专业”“学生姓名”“考试课程”和“考试成绩”到表格的详细信息单元格，在表头单元格中自动显示默认的列名，如图 9-14 所示。

图 9-14 设置报表中的列

3）调整表头的背景颜色和字体颜色，并设置表格的高度和宽度，如图 9-15 所示。

图 9-15 设置显示效果

扫描二维码，观看“定义布局”视频。

操作 3 预览和输出报表

操作目标

预览显示学生成绩报表，并保存为“学生成绩报表 .xls”，存储位置可自选。

操作实施

1）在“操作 2”的基础上，打开“预览”选项卡，SQL Server 生成报表，生成结束后，报表预览效果如图 9-16 所示。

学生成绩报表_表格式

所属专业	学生姓名	考试课程	考试成绩
国际法	刘权利		89.5
国际法	刘权利	数据结构	98
国际法	刘权利	大学语文	89.7
国际法	刘权利	线性代数	60.5
国际法	刘权利	大学英语	74
国际法	刘权利	美术设计	90
国际法	刘权利	运筹学	56.5
国际法	刘权利	数据库及应用	95
工商管理	唐李生		90
工商管理	唐李生	数据结构	93
工商管理	唐李生	大学语文	67.7
工商管理	唐李生	线性代数	70.5
工商管理	唐李生	大学英语	86.5

图 9-16　报表预览效果

2）单击“预览”选项卡工具栏中的“导出”按钮，选择“Excel”命令，弹出“另存为”对话框，在“文件名”文本框中输入“学生成绩报表 .xls”，单击“保存”按钮即可完成操作，如图 9-17 所示。

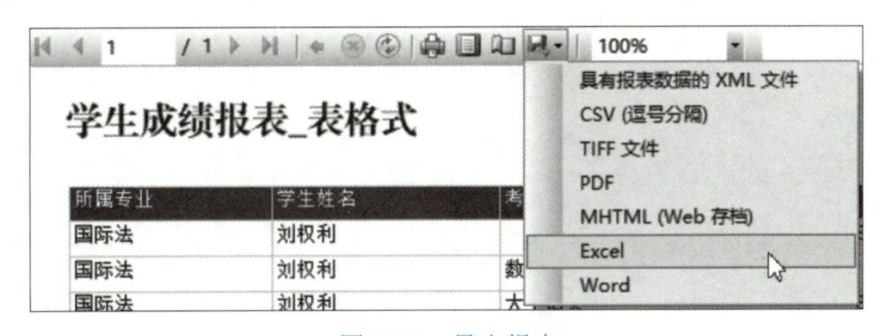

图 9-17　导出报表

> **提示**　在完成分步操作实例后，读者可以体会报表项目的创建过程，在此过程中也可以体会不同报表布局的用处。

扫描二维码，观看“预览和输出报表”视频。

任务 2　创建分组统计报表

任务实施

操作 1　为矩阵式“学生成绩”报表增加行组和总计项

操作目标

创建报表项目，名称为“学生成绩报表 _ 矩阵式”，该报表显示每个专业中的每个学生各门课程的成绩，数据集为“tab_score”“tab_student”“tab_lesson”和“tab_profession”的左连接查询的结果。

操作实施

1）参照“任务 1”中的操作实例，创建报表“学生成绩报表 _ 矩阵式 .rdl”，并为此报表定义与报表“学生成绩报表 _ 表格式 .rdl”相同的数据集“学生成绩报表 _ 矩阵式 _ 数据集”，如图 9-18 所示。

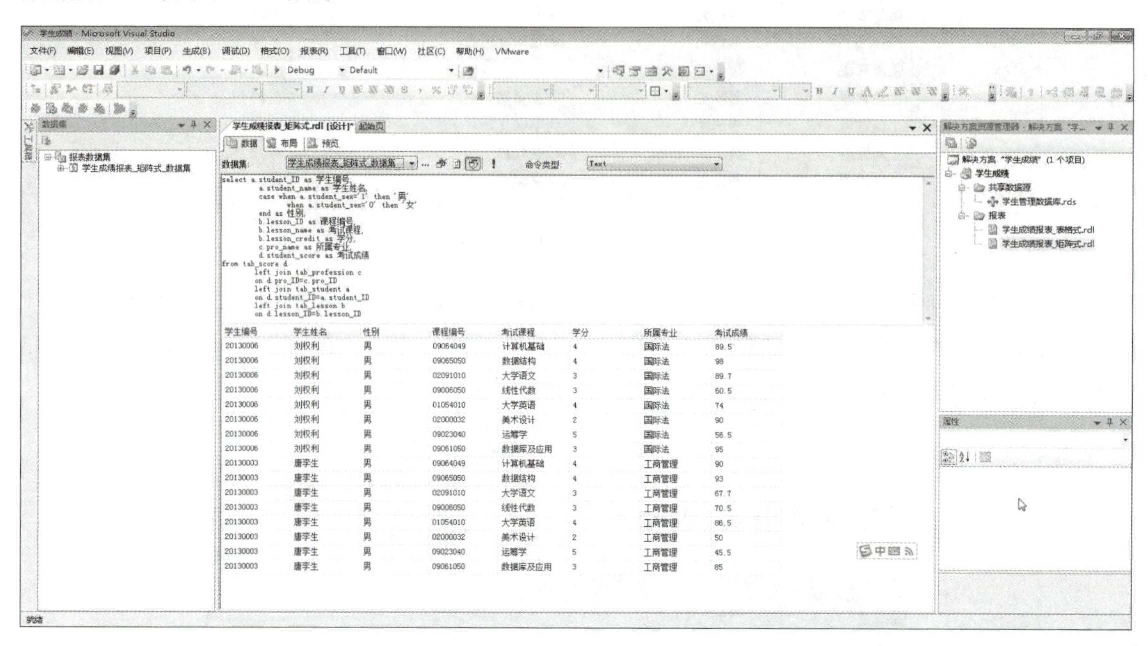

图 9-18　为“学生成绩报表 _ 矩阵式”定义数据集

2）打开“布局”选项卡，从“视图”菜单中打开“工具箱”，从中选择“文本框”和“矩阵”控件，将其拖放到“布局”选项卡中。在文本框中输入标题“学生成绩报表 _ 矩阵式”，并设置字体颜色。

3）关闭“工具箱”，在数据集中拖拽“所属专业”到“行”单元格，“考试课程”拖拽到“列”单元格，“考试成绩”拖拽到“数据”单元格，每个单元格中采用 SQL Server 默认的函数，如图 9-19 所示。

图 9-19　设置报表中的矩阵单元格的值

4）在“布局”选项卡中，右击矩阵的行单元格，在弹出的快捷菜单中选择“插入组”命令，弹出“分组和排序属性”对话框，在“分组方式”的“表达式”列表框中选择“学生姓名”，如图 9-20 所示。

5）单击“确定”按钮，返回“布局”选项卡，在“所属专业”单元格的右侧插入单元格“学生姓名”，如图 9-21 所示。

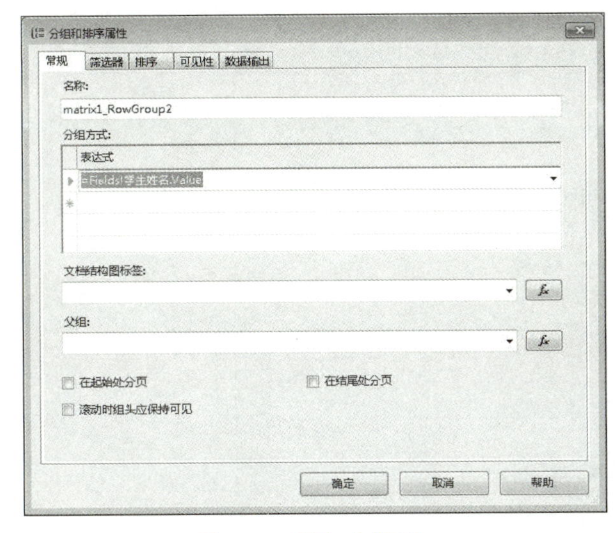

图 9-20　添加分组项

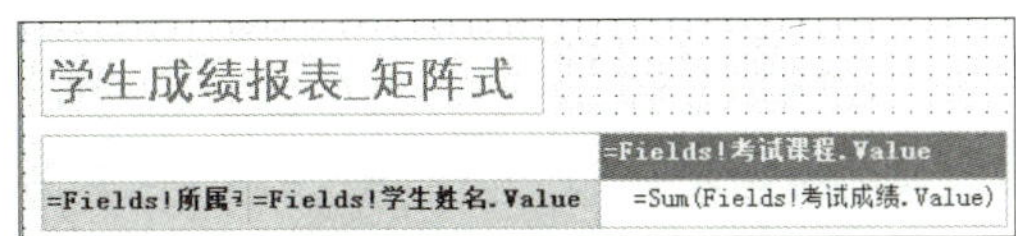

图 9-21　插入组

6）设置矩阵单元格的长度和宽度，打开“预览”选项卡，查看报表效果，如图 9-22 所示。

学生成绩报表_矩阵式

		计算机基础	数据结构	大学语文	线性代数	大学英语	美术设计	运筹学	数据库及应用
国际法	刘权利	89.5	98	89.7	60.5	74	90	56.5	95
工商管理	唐李生	90	93	67.7	70.5	86.5	50	45.5	85

图 9-22　预览报表效果

7）返回“布局”选项卡，分别在“考试课程”单元格、“学生姓名”单元格、“所属专业”单元格中右击，在弹出的快捷菜单中选择“小计”命令，添加按“学生姓名”“所属专业”汇总成绩，以及每个学生各门课程的成绩合计，如图 9-23 所示，可在此预览显示结果。

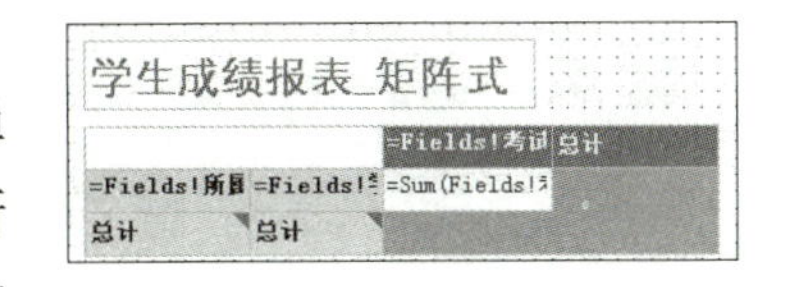

图 9-23　添加统计项目

8）将报表预览结果保存为“专业学生成绩报表 .xls”，自定义存储位置。

扫描二维码，观看“为矩阵式‘学生成绩’报表增加行组和总计项”视频。

操作 2　制作表格式“课程平均成绩”报表

操作目标

为“学生成绩报表 _ 表格式”增加组，分别统计每个专业的“参加考试人数”“总成绩”和“平均成绩”，并保存为“各专业学生成绩统计报表 .xls”。

操作实施

1）在任务 1 的基础上，打开“布局”选项卡，选中详细信息行，在左端的▭按钮上单击鼠标右键，在弹出的快捷菜单中选择“插入组”命令，弹出“分组与排序属性”对话框。在“分组方式”的“表达式”列表框中选择“所属专业”，取消勾选“包括组头”复选框，如图 9-24 所示。

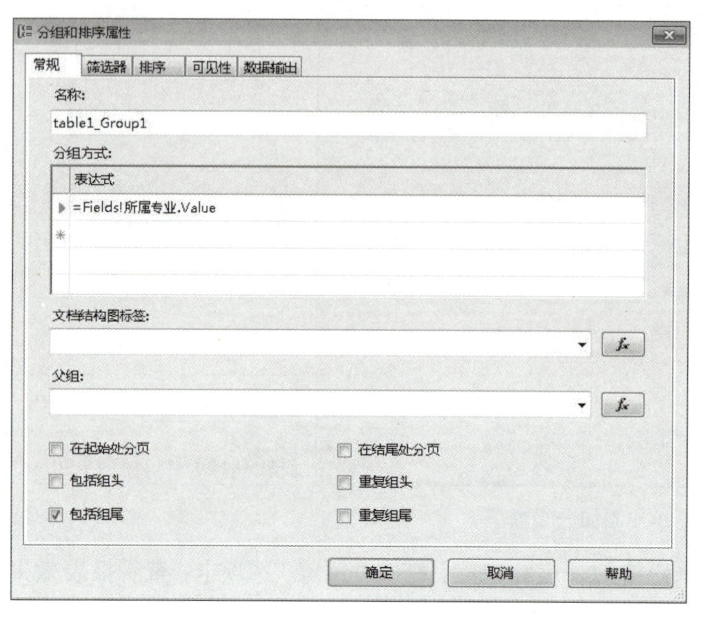

图 9-24　为表格式报表添加分组项

2）单击“确定”按钮，返回“布局”选项卡，在详细信息行中插入一组按照“所属专业”统计考试总人数的汇总项，编辑汇总项目名称和计算参加考试人数的公式，如图 9-25 所示。

学生成绩报表_表格式

所属专业	学生姓名	考试课程	考试成绩
=Fields!所属专业.Value	=Fields!学生姓名.Value	=Fields!考试课程.Value	=Fields!考试成绩.Value
		参加考试人数	=count(Fields!考试成绩.Value)
	表尾		

图 9-25　插入并统计项目

3）按照“1）”和“2）”的方法，再插入按“所属专业”计算平均成绩的汇总项目，如图 9-26 所示。

学生成绩报表_表格式

所属专业	学生姓名	考试课程	考试成绩
=Fields!所属专业.Value	=Fields!学生姓名.Value	=Fields!考试课程.Value	=Fields!考试成绩.Value
		参加考试人数	=count(Fields!考试成绩.Value)
		平均成绩	=avg(Fields!考试成绩.Value)

图 9-26　插入并统计平均成绩项目

4）右击“平均成绩”的计算公式单元格，在弹出的快捷菜单中选择“属性”命令，弹出“文本框”对话框，在“格式”选项卡的“格式代码”文本框的右侧单击▤按钮，

在弹出的“选择格式”对话框中，设置数字格式，如图 9-27 所示。

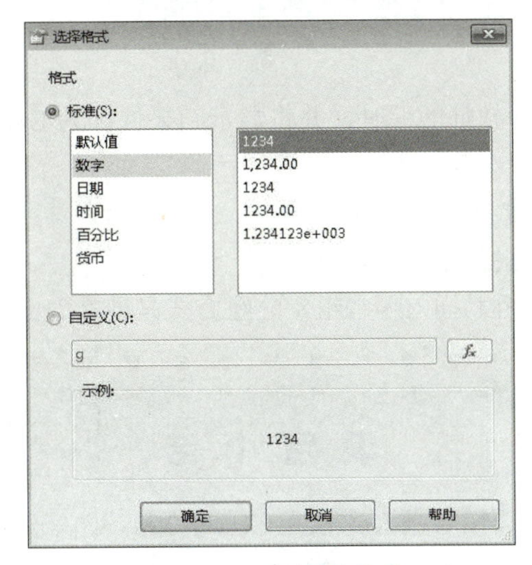

图 9-27　设置数字格式

5）单击“确定”按钮，进入“预览”选项卡中，查看报表结果。

6）可将报表结果保存为“各专业学生成绩统计报表 .xls”，自定义存储位置。

扫描二维码，观看“制作表格式‘课程平均成绩’报表”视频。

拓展训练

拓展训练 1　按课程统计参加考试的总人数和平均成绩

训练任务

建立报表，按课程统计参加考试的总人数和平均成绩，并导出 Excel 表。

训练要求

1）自行找出报表的数据来源。

2）自行设计报表布局来体现统计结果。

3）考虑是否需要插入组？插入哪些组？分组方式是什么？

拓展训练 2　制作表格式“教师课时统计”报表

训练任务

建立表格式报表，统计教师的课时，并将显示结果保存为 Excel。

训练要求

1）自行找出报表的数据来源。

2）自行设计报表布局来体现统计结果。

3）考虑是否需要插入组？插入哪些组？分组方式是什么？

拓展训练 3　制作矩阵式“教师课时统计”报表

训练任务

建立矩阵式报表，统计教师的课时，并将显示结果保存为 Excel。

训练要求

1）自行找出报表的数据来源。

2）自行设计报表布局来体现统计结果。

3）考虑是否需要插入组？插入哪些组？分组方式是什么？

项目小结

本项目以实际操作引导读者进入到 SQL Server 2008 报表设计的新领域，旨在使读者能够根据实际需要设计完成报表功能，简化操作，更加直观地体现数据的查询结果。

课后拓展与实践

1）什么是表格式报表？

2）什么是矩阵式报表？

3）什么是图形式报表？请举出使用该布局方式的例子。

阅读提升

“学如弓弩，才如箭镞。”

——袁枚《续诗品·尚识》

当我们谈起关键核心技术自主创新的话题时，很多人都会非常关注芯片，但是还有一种 IT 的核心技术，它的重要性丝毫不在芯片之下，那就是数据库。经过四十余年的发展，国产数据库已经走进全国，迈向国际。

达梦数据库管理系统（DM8）是新一代大型通用关系型数据库，全面支持 ANSI SQL 标准和主流编程语言接口 / 开发框架。行列融合存储技术，在兼顾 OLAP 和 OLTP 的同时，满足 HTAP 混合应用场景。

OpenBASE 是东软集团有限公司软件产品事业部推出的我国第一个自主知识产权的商品化数据库管理系统，该产品十多年来，已逐渐形成了以大型通用关系型数据库管理系统为基础的产品系列。

TiDB 是 PingCAP 公司自主设计、研发的开源分布式关系型数据库，是一款同时支持在线事务处理与在线分析处理的融合型分布式数据库产品，具备水平扩容或者缩容、金融级高可用、实时 HTAP、云原生的分布式数据库、兼容 MySQL 5.7 协议和 MySQL 生态等重要特性。

项目 10　创建“学生管理”数据库程序代码

学习目标

- ✧ 能够遵循代码的编写规范进行编程
- ✧ 能够运用 IF 语句编写程序
- ✧ 能够运用 CASE 语句编写程序
- ✧ 能够熟练创建并运用用户自定义函数
- ✧ 能够创建、执行、修改、删除简单存储过程
- ✧ 能够使用 UPDATE 语句更新数据
- ✧ 能够创建、修改、删除触发器
- ✧ 理解触发器的概念与作用

任务 1　创建并调用用户自定义函数

任务描述

为了能够更加方便地观察学生的考试情况，学校要求你做如下工作：

在“db_xsgl”数据库中创建一个用户自定义函数 dj，该标量函数通过输入成绩来判断是否通过课程考试。此函数实现的主要功能是能将数值型的输入参数转化为字符型的值进行输出，即如果函数接收的输入参数大于或者等于 60，返回信息“通过”；如果输入参数小于 60，则返回信息“未通过”。

请给出你的具体操作。

知识储备

1．T-SQL 简介

T-SQL 是微软在关系型数据库管理系统 SQL Server 中的 SQL-3 标准的实现，是微软对 SQL 的扩展，具有 SQL 的主要特点，同时增加了变量、运算符、函数、流程控制和注释等语言元素，使得其功能更加强大。同时，T-SQL 还自带了许多实用的函数。

（1）标识符

1）标准标识符，也称为常规标识符。定义标准标识符时，应遵守以下规则：

① 标识符的长度范围是 1 ～ 128 个字符。

② 标识符的第一个字符必须以字母（a ～ z 或 A ～ Z）、下划线（_）、@ 或 # 开头；后续字符可以是 ASCII 字符、Unicode 字符、符号（_、￥、@ 或 #），但不能全为下划线（_）、@ 或 #。

③ 标识符不能是 Transact-SQL 保留字。

④ 不允许在标识符中嵌入其他特殊字符或空格。

2）分隔标识符。分隔标识符是包含在双引号（""）或中括号（[]）内的标准标识符或不符合标准标识符规则的标识符。

对于不符合标准标识符规则的，比如对象或对象名称的一部分使用了保留关键字的，或者标识符中包含嵌入空格的，都必须分隔。

（2）批处理

批处理是包含一个或多个 T-SQL 语句的集合，由客户端发送到 SQL Server 实例以完成执行。

（3）注释

SQL Server 2008 有以下两种注释字符。

1）--（双连字符）。

2）/*…*/（斜杠—星号字符对）。

（4）常量

1）定义。常量是指在程序运行过程中值保持不变的量。

2）字符串常量。用单引号括起来的包括字母、数字以及特殊字符的字符串，为字符串常量。例如，'china' 'SQL Server 2008'。

3）整型常量。由没有用引号括起来且不包含小数点的数字字符串，为整型常量。例如，123、2005。

4）实型常量。由没有用引号括起来且包含小数点的数字字符串，为实型常量。例如，123.01、2008.5E4。

5）日期时间型常量。由单引号括起来表示日期格式的数据，为日期时间型数据常量。例如，'2008-10-1'。

6）货币型常量。以"￥"作为前缀的后接数字字符串，为货币型常量。例如，￥125、￥5425.12。

7）二进制常量。二进制常量具有前缀 0x 并且是十六进制数字字符串，为二进制常量。这些常量不使用引号括起来。例如，0xabc、0x341DF。

（5）变量

1）定义。变量是指在程序运行过程中可以变化的量。

2）注意事项。在定义和使用变量时应注意：

① 遵循"先定义，再使用"的基本原则。

② 变量名也是一种标识符，所以变量的命名也应遵守标识符的命名规则。

③ 变量的名字尽量做到见名知意，避免变量名与系统保留关键字同名。

3）分类。变量分为用户自定义的局部变量和系统提供的全局变量。

① 局部变量是一个能够拥有特定数据类型的对象，它的作用范围仅限制在程序内部。局部变量声明及其赋值使用语法，见表 10-1。

表 10-1　局部变量声明及其赋值使用语法

序　号	动　作	语法结构	参数说明
1	声明	DECLARE @variable_name datatype [，@variable_name datatype] …	① @variable_name：表示局部变量的名称，必须以"@"符号开头 ② Datatype：该局部变量指定的数据类型
2	赋值	方法一：通过 SET 语句赋值，格式为： SET @ 变量名 = 表达式	① 将表达式的值赋给左边的变量，SET 一次只能对一个变量赋值 ② 变量没有赋值时其值为 NULL
		方法二：通过 SELECT 语句赋值，格式为： SELECT @ 变量名 = 表达式 [，…] [FROM 表名][WHERE 条件表达式]	① 用 SELECT 赋值时如果省略 FROM 子句等同于上面的 SET 方法。若不省略，则将查询到的记录的数据结果赋值给局部变量，如果返回的是记录集，那么就将记录集中的最后一行记录的数据赋值给局部变量。所以尽量限制 WHERE 条件，使查询结果中只返回一条记录 ② SELECT 可以同时给多个变量赋值

② 全局变量是 SQL Server 系统内部使用的变量，其作用范围并不仅仅局限于某一程序，而是任何程序均可以随时调用。全局变量通常用于存储一些 SQL Server 的配置设定值和统计数据。用户可以在程序中用全局变量来测试系统的设定值或者是 T-SQL 命令执行后的状态值。全局变量的名字均以 @@ 开头。用户不能建立全局变量，也不能用 SET 或 SELECT 语句对全局变量赋值。

（6）运算符

在 SQL Server 中，T-SQL 运算符主要有算术运算符、赋值运算符、位运算符、比较运算符、逻辑运算符以及字符串运算符等六大类。T-SQL 运算符的具体表示形式，见表 10-2。

表 10-2　T-SQL 运算符

序　号	运算符名称	运算符及其说明
1	算术运算符	加（+）、减（–）、乘（*）、除（/）和取模（%，返回两个数相除后的余数）
2	赋值运算符	只有一个赋值运算符（=）
3	位运算符	&（与运算） 两个位为 1 时，结果为 1，否则为 0 |（或运算） 两个位只要有一个为 1，结果为 1，否则为 0 ^（异或运算） 两个位不同时，结果为 1，否则为 0 ～（非运算） 对 1 运算结果为 0，对 0 运算结果为 1

（续）

序　号	运算符名称	运算符及其说明
4	比较运算符	= 等于 > 大于 < 小于 >= 大于或等于 <= 小于或等于 <> 或 != 不等于 !> 不大于 !< 不小于
5	逻辑运算符	AND 如果被测试的表达式的布尔值都为 TRUE，则结果为 TRUE；否则结果为 FALSE OR 如果被测试的表达式的布尔值有一个为 TRUE，则结果为 TRUE；只有全为 FALSE 时，结果才为 FALSE NOT 对任何布尔运算的结果取反 ALL 如果一组的比较都为 TRUE，则比较结果才为 TRUE ANY 如果一组的比较中任何一个为 TRUE，则结果为 TRUE SOME 如果一组的比较中，有些比较结果为 TRUE，则结果为 TRUE
6	字符串运算符	字符串运算符只有一个，即加号“+”。利用字符串运算符可以将多个字符串连接起来，构成一个新的字符串

（7）运算符优先级

T-SQL 运算符优先级，见表 10-3。

表 10-3　T-SQL 运算符优先级

序　号	优先级顺序	运　算　符
1	1	～（非运算）
2	2	乘、除、取模运算符（*、/、%）

（续）

序　号	优先级顺序	运　算　符
3	3	加减运算符（+、-）、连接运算符（+）、位与运算符（&）
4	4	比较运算符（=、>、<、>=、<=、<>、!=、!>、!<）
5	5	位或和位异或运算符（|、^）
6	6	NOT
7	7	AND
8	8	OR、ALL、ANY 、SOME
9	9	赋值运算符（=）

（8）流程控制语句

SQL Server 2008 中，流程控制语句主要包括程序块语句、选择结构语句、强制转移语句、循环控制语句、等待语句和显示信息语句等。T-SQL 流程控制的具体语法结构及说明，见表 10-4。

表 10-4　T-SQL 流程控制语句

序　号	语 句 分 类	语 法 结 构	说　明
1	程序块语句	BEGIN 　SQL 语句 1 　SQL 语句 2 　… END	
2	选择结构语句	① 不含 ELSE 子句： IF　布尔表达式 SQL 语句块 ② 包含 ELSE 子句： IF　布尔表达式 　SQL 语句块 1 ELSE 　SQL 语句块 2	① 不含 ELSE 子句： 若 IF 后面的布尔表达式为真，则执行 SQL 语句块，然后执行 IF 结构后面的语句；否则跳过语句块直接执行 IF 结构后面的语句 ② 包含 ELSE 子句： 若 IF 后面的布尔表达式为真，则执行 SQL 语句块 1，否则执行 SQL 语句块 2。然后执行 IF…ELSE 结构后面的语句
3	强制转移语句	① 形式一：标签在 GOTO 语句后面定义。 GOTO　label …… label: ② 形式二：标签在 GOTO 语句前面定义。 Label: …… GOTO　label	Label 为标签名称
4	循环控制语句	WHILE < 条件表达式 > BEGIN 　< SQL 语句块 > END	WHILE 语句还常与 CONTINUE 和 BREAK 一起使用 ① CONTINUE 语句可以使程序跳过 CONTINUE 语句后面的语句，开始下一次循环条件判断 ② BREAK 语句则使程序终止循环，结束 WHILE 语句的执行。WHILE 语句也可以嵌套

（续）

<table>
<tr><th>序　号</th><th>语句分类</th><th>语法结构</th><th>说　明</th></tr>
<tr><td>5</td><td>等待语句</td><td>WAITFOR { DELAY 'time' | TIME 'time' }</td><td>① DELAY：用于指定程序等待的时间间隔，最长可达 24 小时
② TIME：用于指定某一时刻。当时间达到这一个时刻时开始执行程序
③ ‘time’ 的数据类型为 datetime，格式为 ‘hh:mm:ss’</td></tr>
<tr><td>6</td><td>显示信息语句</td><td>PRINT < 字符串 >|< 变量名 >|< 表示式 ></td><td></td></tr>
<tr><td>7</td><td>无条件退出语句</td><td>RETURN ［整型表达式］</td><td>RETURN 语句用于无条件地终止一个查询、存储过程或者批处理，不执行位于 RETURN 语句之后的程序
参数说明：
“整型表达式”为返回的整型值。存储过程可以给调用过程或应用程序返回一个整型值。在系统存储过程中返回零值表示成功，返回非零值则表示有错误发生</td></tr>
</table>

2. T-SQL 函数

SQL Server 2008 提供的函数分为内部函数和用户自定义函数。

（1）内部函数

内部函数具有帮助用户获得系统的相关信息、执行相关计算、实现数据转换以及统计等诸多功能。本项目所需内部函数此处不进行详解，如遇需要请查阅 T-SQL 函数常用内部函数。

（2）用户自定义函数

1）定义。用户自定义函数是用户为了实现某项特殊的功能自己创建的，用来补充和扩展内部函数。用户自定义函数不能用于执行一系列改变数据库状态的操作，但它可以像系统函数一样在查询或存储过程等的程序段中使用，也可以像存储过程一样通过 EXECUTE 命令来执行。

2）用户自定义函数的种类如下。

① 标量函数。标量函数返回一个确定类型的标量值，其返回值类型为除 TEXT、NTEXT、IMAGE、CURSOR、TIMESTAMP 和 TABLE 类型外的其他数据类型。其函数语句定义在 BEGIN-END 语句内。其在 RETURNS 子句中定义返回值的数据类型，并且函数的最后一条语句必须为 RETURN 语句。

创建标量函数的格式：

```
Create Function 函数名（参数）
RETURNS 返回值数据类型
[with {Encryption|Schemabinding}]
[AS]
BEGIN
SQL 语句 （ 必须有 RETURN 子句 ）
END
```

调用标量函数可以在 T-SQL 语句中允许使用标量表达式的任何位置调用返回标量值（与标量表达式的数据类型相同）的任何函数。必须使用至少由两部分组成名称的函数来调用标量值函数，即“架构名 . 对象名”，如 dbo.Max（12，34）。

② 内嵌表值函数。与标量函数不同，内嵌表值函数返回的结果是表，该表是由单个

SELECT 语句形成的。它可以用来实现带参数的视图的功能。

创建内嵌表值函数的格式：

Create Function 函数名（参数）

RETURNS table

[with {Encryption|Schemabinding}]

AS

RETURN（ 一条 SQL 语句 ）

调用内嵌表值函数：调用时不需指定架构名，如 select * from func（'51300521'）。

③ 多语句表值函数。和内嵌表值函数类似，多语句表值函数返回的结果也是表。它们的区别在于输出参数后的类型是否带有数据类型说明，如果有就是多语句表值函数。它可以进行多次查询，对数据进行多次筛选与合并，弥补了内嵌表值函数的不足。

创建多语句表值函数的格式：

Create Function 函数名（参数）

RETURNS 表变量名 （ 表变量字段定义 ）[with {Encryption|Schemabinding}]

AS

BEGIN

SQL 语句

RETURN

END

调用多语句表值函数：和调用内嵌表值函数一样，调用时不需指定架构名。

提示 | 与编程语言中的函数不同的是，SQL Server 自定义函数必须具有返回值。

提示 | Schemabinding 用于将函数绑定到它引用的对象上。函数一旦绑定，则不能删除、修改，除非删除绑定。

3. T-SQL 编程规范

（1）SQL 书写规范

1）SQL 语句的所有表名、字段名全部小写，系统保留字、内部函数名、SQL 保留字大写。

2）连接符 or、in、and 以及 =、<=、>= 等前后加上一个空格。

3）对较为复杂的 SQL 语句加上注释，说明算法、功能。

注释风格：注释单独成行，放在语句前面。

①应对不易理解的分支条件表达式加注释。

②对重要的计算应说明其功能。

③过长的函数应将其语句按实现的功能分段加以概括性说明。

④每条 SQL 语句均应有注释说明（表名、字段名）。

⑤常量及变量注释时，应注释被保存值的含义（必须），合法取值的范围（可选）。

⑥可采用单行 / 多行注释（-- 或 /* */ 方式）。

4）SQL 语句的缩进风格。

①一行有多列，且超过 80 个字符时，基于列对齐原则，采用下行缩进。

②WHERE 子句书写时，每个条件占一行，语句另起一行时，以保留字或者连接符开始，连接符右对齐。

5）多表连接时，使用表的别名来引用列。

6）供别的文件或函数调用的函数，绝不应使用全局变量交换数据。

（2）书写优化性能建议

1）避免嵌套连接。例如，A=B and B=C and C=D。

2）WHERE 条件中尽量减少使用常量比较，改用主机变量。

3）系统可能选择基于规则的优化器，所以将结果集返回数据量小的表作为驱动表（FROM 后边最后一个表）。

4）大量的排序操作影响系统性能，所以尽量减少 ORDER BY 和 GROUP BY 排序操作。如必须使用排序操作，请遵循如下规则。

①排序尽量建立在有索引的列上。

②如结果集不需要唯一，则使用 UNION ALL 代替 UNION。

5）索引的使用。

①尽量避免对索引列进行计算。如对索引列计算较多，则提请系统管理员建立函数索引。

②尽量注意比较值与索引列数据类型的一致性。

③对于复合索引，SQL 语句必须使用主索引列。

④索引中，尽量避免使用 NULL。

⑤对于索引的比较，尽量避免使用 NOT=（!=）。

⑥查询列和排序列与索引列次序保持一致。

6）尽量避免相同语句由于书写格式的不同，而导致多次语法分析。

7）尽量使用共享的 SQL 语句。

8）查询的 WHERE 过滤原则，应使过滤记录数最多的条件放在最前面。

9）任何对列的操作都将导致表扫描，它包括数据库函数、计算表达式等，查询时要尽可能将操作移至等号右边。

10）IN、OR 子句常会使用工作表，使索引失效；如果不产生大量重复值，可以考虑把子句拆开；拆开的子句中应该包含索引。

（3）其他经验性规则

1）尽量少用嵌套查询。如必须使用，请用 NOT EXIST 代替 NOT IT 子句。

2）用多表连接代替 EXISTS 子句。

3）少用 DISTINCT，用 EXISTS 代替。

4）使用 UNION ALL、MINUS、INTERSECT 提高性能。

5）使用 ROWID 提高检索速度。对 SELECT 得到的单行记录，需进行 DELETE、UPDATE 操作时，使用 ROWID 将会使效率大大提高。

6）使用优化线索机制进行访问路径控制。

7）使用 CURSOR 时，显示光标优于隐式光标。

任务实施

操作 1　自定义函数判断学生课程是否通过

操作目标

使用“db_xsgl”数据库，操作“tab_student”和“tab_score”两个表中的数据，编写 T-SQL 函数，判断学生课程的通过情况，学生成绩 >=60 为通过考试，否则，未通过，显示学生姓名、课程编号及通过情况。

操作实施

1）启动 SQL Server Management Studio，连接“教学管理”实例。

2）单击工具栏中的“新建查询”按钮，打开编辑 T-SQL 语句的页面，同时显示“SQL 编辑器”工具栏。

3）在编辑窗口中输入 SQL 语句命令，如图 10-1 所示。

```
use db_xsgl
GO
--自定义函数部分，判断所给的参数值是否>=60后，返回字符串
CREATE FUNCTION dbo.dj(@inputcj float) RETURNS  varchar(10)
AS
BEGIN
   DECLARE @restr varchar(10)
   IF  @inputcj<60
          SET @restr='未通过'
   ELSE
          SET @restr='通过'
          RETURN @restr
END
GO
--查询显示，调用dj函数
select a.student_id as 学生编号,
       a.student_name as 学生姓名,
       b.lesson_ID as 课程编号,
       dbo.dj(b.student_score) as 通过情况
from tab_score b
      inner join tab_student a
      on a.student_ID=b.student_ID
order by b.lesson_ID
```

图 10-1　自定义函数判断学生课程的通过情况

4）单击“SQL 编辑器”工具栏中的“执行”按钮，即可完成操作。可在“结果”中查看显示数据。

扫描二维码，观看“自定义函数判断学生课程是否通过”视频。

操作 2　修改自定义函数返回成绩等级

操作目标

使用 ALTER FUNCTION 语句修改操作 1 中已建立的自定义函数 dj 的功能，使其能根据输入的成绩返回课程的等级，而不仅仅是课程的通过情况，具体等级及其获得的条件，见表 10-5。

表 10-5　课程等级判断条件

序　　号	成 绩 分 段	等　　级
1	90 以上（包括 90）	优秀
2	80 ～ 90（包括 80）	良好
3	70 ～ 80（包括 70）	中等
4	60 ～ 70（包括 60）	及格
5	60 以下	不及格

操作实施

1）启动 SQL Server Management Studio，连接“教学管理”实例。

2）单击工具栏中的“新建查询”按钮，打开编辑 T-SQL 语句的页面，同时显示“SQL 编辑器”工具栏。

3）在编辑窗口中输入 SQL 语句命令，如图 10-2 所示。

```
use db_xsgl
GO
--修改自定义函数部分，判断所给的参数值是否>=60后，返回字符串
ALTER FUNCTION dj(@inputcj float) RETURNS  varchar(10)
AS
BEGIN
   DECLARE @restr varchar(10)
   SET @restr=
   CASE
       WHEN @inputcj>=90 THEN  '优秀'
       WHEN @inputcj>=80 THEN  '良好'
       WHEN @inputcj>=70 THEN  '中等'
       WHEN @inputcj>=60 THEN  '及格'
   ELSE
       '不及格'
   END
   RETURN @restr
END
GO
--查询显示，调用dj函数
select a.student_id as 学生编号,
       a.student_name as 学生姓名,
       b.lesson_ID as 课程编号,
       dbo.dj(b.student_score) as 通过情况
from tab_score b
     inner join tab_student a
     on a.student_ID=b.student_ID
order by b.lesson_ID
```

图 10-2　修改自定义函数判断学生成绩等级

4）单击“SQL 编辑器”工具栏中的“执行”按钮，即可完成操作。可在“结果”中查看显示数据。

扫描二维码，观看“修改自定义函数返回成绩等级”视频。

操作 3　自定义函数返回学生所修课程的成绩和等级

操作目标

在“db_xsgl”数据库中创建一个用户自定义函数 stu_cj，该函数可以根据输入的学生学号返回该学生所学课程的成绩和等级。

stu_cj 函数的主要功能是查询出某位学生的所学课程的成绩和等级。程序的主体部分是由多表查询构成，要用到的表有 tab_student、tab_lesson 和 tab_score。

操作实施

1）启动 SQL Server Management Studio，连接“教学管理”实例。

2）单击工具栏中的“新建查询”按钮，打开编辑 T-SQL 语句的页面，同时显示“SQL 编辑器”工具栏。

3）在编辑窗口中输入 SQL 语句命令，如图 10-3 所示。

```
USE db_xsgl
GO
--创建内嵌表值函数部分、内部调用dj函数--
CREATE FUNCTION dbo.stu_cj(@sid varchar(10)) RETURNS TABLE
AS
RETURN
    (SELECT c.student_name as 学生姓名,
            b.lesson_name AS 课程名称,
            a.student_score AS 考试成绩,
            dbo.dj(a.student_score) AS 等级
     FROM tab_score a INNER JOIN tab_student c
     ON a.student_ID=c.student_ID
     INNER JOIN  tab_lesson b
     ON a.lesson_ID=b.lesson_ID
    WHERE a.student_ID=@sid)
GO
--查询显示部分，调用stu_cj--
select * from dbo.stu_cj('20130006')
```

图 10-3　内嵌表值函数判断学生成绩和等级

4）单击“SQL 编辑器”工具栏中的“执行”按钮，即可完成操作。可在“结果”中查看显示数据。

扫描二维码，观看“自定义函数返回学生所修课程的成绩和等级”视频。

任务 2　创建并调用存储过程

任务描述

在数据库“db_xsgl”中创建一个名称为 st_jsjstu 的存储过程，调用该存储过程可以返回“计算机科学”专业学生的学号、姓名、出生日期及所在专业。这些信息不在同一张表中，要利用高级查询进行跨表查询，然后调用该存储过程来进行查询。

知识储备

1. 存储过程的定义

存储过程是一种数据库对象，是为了实现某个特定任务，将一组预编译的 SQL 语句以一个存储单元的形式存储在服务器上，供用户调用。存储过程在第一次执行时进行编译，然后将编译好的代码保存在高速缓存中以便以后调用，这样可以提高代码的执行效率。

2. 存储过程的特点

存储过程同其他编程语言中的过程相似，有如下特点：

1）接收输入参数并以输出参数的形式将多个值返回至调用过程或批处理。

2）包含执行数据库操作（包括调用其他过程）的编程语句。

3）向调用过程或批处理返回状态值，以表明成功或失败以及失败原因。

3．存储过程的优点

存储过程是一种把重复的任务操作封装起来的方法，支持用户提供参数，可以返回、修改值，允许多个用户使用相同的代码，完成相同的数据操作。它提供了一种集中且一致的实现数据完整性逻辑的方法。存储过程用于实现频繁使用的查询、业务规则、被其他过程使用的公共例行程序。存储过程具有以下优点：

1）实现了模块化编程。

2）存储过程具有对数据库立即访问的功能。

3）使用存储过程可以加快程序的运行速度。

4）使用存储过程可以减少网络流量。

5）使用存储过程可以提高数据库的安全性。

4．存储过程类型

1）用户定义的存储过程：用户定义的存储过程是用户根据需要，为完成某一特定功能，在自己的普通数据库中创建的存储过程。

2）系统存储过程：系统存储过程以 sp_ 为前缀，主要用来从系统表中获取信息，为系统管理员管理 SQL Server 提供帮助，为用户查看数据库对象提供方便。比如用来查看数据库对象信息的系统存储过程 sp_help。从物理意义上讲，系统存储过程存储在资源数据库中。从逻辑意义上讲，系统存储过程出现在每个系统定义数据库和用户定义数据库的 sys 构架中。

3）扩展存储过程：指 SQL Server 的实例动态加载和运行的 DLL，这些 DLL 通常是用编程语言（如 C）创建的。扩展存储过程以 xp_ 为前缀。

4）临时存储过程：以“#”和“##”为前缀的过程，“#”表示本地临时存储过程，“##”表示全局临时存储过程，它们存储在 tempdb 数据库中。

5）远程存储过程：在远程服务器的数据库中创建和存储的过程。这些存储过程可被各种服务器访问，向具有相应许可权限的用户提供服务。

5．注意事项

1）只能在当前数据库中创建存储过程。

2）数据库的所有者可以创建存储过程，也可以授权其他用户创建存储过程。

3）存储过程是数据库对象，其名称必须遵守标识符命名规则。

4）不能将 CREATE PROCEDURE 语句与其他 SQL 语句组合到单个批处理中。

5）创建存储过程时，应指定所有输入参数和向调用过程或批处理返回的输出参数、执行数据库操作的编程语句和返回至调用过程或批处理以表明成功或失败的状态值。

6．创建存储过程

在 SQL Server 中，可以使用两种方法创建存储过程。

（1）使用 T-SQL 语句中的 CREATE PROCEDURE 命令创建存储过程

1）创建一个存储过程的语法。

```
CREATE PROC [EDURE] [OWNER.] procedure_name
[（{@parameter data_type} [VARYING] [=default] [OUTPUT]）][ , . . . n ]
[WITH {RECOMPILE | ENCRYPTION | RECOMPILE , ENCRYPTION} ]
```

AS

sql_statement [...n]

2）参数的意义。

procedure_name：用于指定要创建的存储过程的名称。

@parameter：过程中的参数。在 CREATE PROCEDURE 语句中可以声明一个或多个参数。

data_type：用于指定参数的数据类型。

VARYING：用于指定作为输出 OUTPUT 参数支持的结果集。

default：用于指定参数的默认值。

OUTPUT：表明该参数是一个返回参数。

RECOMPILE：表明 SQL Server 不会保存该存储过程的执行计划 。

ENCRYPTION：表示 SQL Server 加密了 syscomments 表，该表的 text 字段是包含 CREATE PROCEDURE 语句的存储过程文本。

AS：用于指定该存储过程要执行的操作。

sql_statement：存储过程中要包含的任意数目和类型的 Transact-SQL 语句。

创建存储过程前，应该考虑下列几个事项：

①不能将 CREATE PROCEDURE 语句与其他 SQL 语句组合到单个批处理中。

②只能在当前数据库中创建存储过程，临时存储过程总是创建在 tempdb 数据库中。

③一个存储过程的最大为 128MB。

（2）利用 SQL Server 企业管理器创建存储过程

7. 执行存储过程

语法：exec[ute] [返回值变量]= 存储过程名 [参数列表]。

1）参数列表中的变量可以有默认值。

2）输出参数必须用 OUTPUT 关键字表示。

3）如果要用 RETURN 来返回数据，那么只能返回整数值。

8. 组成部分

创建存储过程时，需要确定存储过程的三个组成部分：

1）所有的输入参数以及传给调用者的输出参数。

2）被执行的针对数据库的操作语句，包括调用其他存储过程的语句。

3）返回给调用者的状态值，以指明调用是否成功。

任务实施

操作 1　调用存储过程返回学生的综合信息

操作目标

创建一个名称为 st_jsjstu 的存储过程，调用该存储过程可以返回“计算机科学”专业学生的学号、姓名、出生日期及所在专业。所涉及的数据表有 tab_student 和 tab_profession。

操作实施

1）启动 SQL Server Management Studio，连接“教学管理”实例。

2）单击工具栏中的“新建查询”按钮，打开编辑 T-SQL 语句的页面，同时显示“SQL 编辑器”工具栏。

3）在编辑窗口中输入 SQL 语句命令，如图 10-4 所示。

```
USE db_xsgl
GO
CREATE PROC st_jsjstu
AS
SELECT a.student_ID as 学号,
       a.student_name as 姓名,
       CONVERT(varchar(100), a.student_birthday, 1) as 出生日期,
       b.pro_name as 所在专业
FROM tab_student as a
     inner JOIN tab_profession as b
     ON a.pro_ID=b.pro_ID
WHERE a.pro_ID='904'
GO
EXECUTE st_jsjstu
```

图 10-4　调用存储过程

4）单击“SQL 编辑器”工具栏中的“执行”按钮，即可完成操作。可在“结果”中查看显示数据。

扫描二维码，观看“调用存储过程返回学生的综合信息”视频。

操作 2　调用带参数存储过程返回专业学生综合信息

操作目标

在“db_xsgl”数据库中创建存储过程 st_jsjstu_return，并为它设置一个输入参数，用于接受系部编号；并按要求显示所在系部的学生信息，包括学生的学号、姓名、出生日期及所在专业。所涉及的数据表有 tab_student 和 tab_profession。

操作实施

1）启动 SQL Server Management Studio，连接“教学管理”实例。

2）单击工具栏中的“新建查询”按钮，打开编辑 T-SQL 语句的页面，同时显示“SQL 编辑器”工具栏。

3）在编辑窗口中输入 SQL 语句命令，如图 10-5 所示。

```
USE db_xsgl
GO
CREATE PROC st_jsjstu_return
@dept varchar(10)
AS
SELECT a.student_ID as 学号,
       a.student_name as 姓名,
       CONVERT(varchar(100), a.student_birthday, 23) as 出生日期,
       b.pro_name as 所在专业
FROM tab_student as a
     inner JOIN tab_profession as b
     ON a.pro_ID=b.pro_ID
WHERE a.pro_ID=@dept
GO
EXECUTE st_jsjstu_return '904'
```

图 10-5　调用带参数存储过程

4）单击“SQL 编辑器”工具栏中的“执行”按钮，即可完成操作。可在“结果”中查看显示数据。

扫描二维码，观看“调用带参数存储过程返回专业学生综合信息”视频。

任务 3　创建并使用触发器

任务描述

1）完成一个 UPDATE 触发器 update_sname 的创建，该触发器的功能是禁止更新 tab_student 表中的 student_name 字段的内容。如果用户修改 tab_student 表中的 student_name 字段时，显示“不能修改学生姓名！”的提示信息。

2）完成 DELETE 触发器 delete_student 的创建。

知识储备

1．触发器的定义

触发器是一种特殊类型的存储过程，是一个功能强大的工具。它主要通过事件触发而被执行；它与表紧密联系，在表中数据发生变化时自动执行。

2．触发器的分类

SQL Server 2008 包括两大类触发器：DML 触发器和 DDL 触发器。

DML 触发器在数据库中发生数据操作语言（DML）事件时将启用。DML 事件包括在指定表或视图中修改数据的 INSERT 语句、UPDATE 语句或 DELETE 语句。DML 触发器可以查询其他表，还可以包含复杂的 Transact-SQL 语句。将触发器和触发它的语句作为可在触发器内回滚的单个事务对待。如果检测到错误（如磁盘空间不足），则整个事务即自动回滚。

DDL 触发器在服务器或数据库中发生数据定义语言（DDL）事件时将调用。

（1）使用 Transact-SQL 创建 DML 触发器

使用 CREATE TRIGGER 语句创建 DML 触发器，要注意的是该语句必须是批处理中的第一条语句，并且只能应用于一个表。CREATE TRIGGER 语句的部分语法格式如下：

```
CREATE TRIGGER [ 所有者 .] 触发器名称
ON {[ 所有者 .] 表名 | 视图 }
[WITH ENCRYPTION]
{FOR|AFTER|INSTEAD OF}{[INSERT][,][UPDATE][,][DELETE]}
[NOT FOR REPLICATION]
AS
IF UPDATE（列名）[AND|OR UPDATE（列名）][…n]
SQL 语句 […n]
```

（2）使用 Transact-SQL 创建 DDL 触发器

DDL 触发器会为响应多种数据定义语言（DDL）语句而激发。这些语句主要是以 CREATE、ALTER 和 DROP 开头的语句。DDL 触发器可用于管理任务，如审核和控制数据库操作。

DDL 触发器一般用于以下目的：

1）防止对数据库架构进行某些更改。

2）希望数据库中发生某种情况以响应数据库架构中的更改。

3）要记录数据库架构中的更改或事件。

仅在运行触发 DDL 触发器的 DDL 语句后，DDL 触发器才会激发。DDL 触发器无法作为 INSTEAD OF 触发器使用。

使用 CREATE TRIGGER 命令创建 DDL 触发器的语法形式如下：

```
CREATE TRIGGER 触发器名称
ON {ALL SERVER|DATABASE}
[ WITH ENCRYPTION | EXECUTE AS Clause [,…n] ]
{ FOR | AFTER }{ 事件名称 | 事件分组名称 }[,…n ]
AS {SQL 语句 [;] […n]|EXTERNAL NAME assembly_name.class_name.method_name [;]}
```

3. 触发器的基本原理

每个触发器有两个特殊的表：插入表 insert 和删除表 delete。这两张表是逻辑表，并且这两张表是由系统管理的，存储在内存中，不存储在数据库中，因此不允许用户直接对其修改。它们的结构与该触发器作用的表相同，主要用来保存因用户操作而被影响到的原数据的值或新数据的值。

任务实施

操作 1　禁止更新学生信息表中的姓名字段的内容

操作目标

完成一个 UPDATE 触发器 update_sname 的创建，该触发器的功能是禁止更新 tab_student 表中的 student_name 字段的内容。如果用户修改 tab_student 表中的 student_name 字段时，显示“不能修改学生姓名！”的提示信息。

操作实施

1）启动 SQL Server Management Studio，连接“教学管理”实例。

2）单击工具栏中的“新建查询”按钮，打开编辑 T-SQL 语句的页面，同时显示“SQL 编辑器”工具栏。

3）在编辑窗口中输入 SQL 语句命令，如图 10-6 所示。

```
USE db_xsgl
GO
CREATE TRIGGER update_sname ON tab_student
FOR UPDATE
AS
IF UPDATE(student_name)
BEGIN
  PRINT '不能修改学生姓名! '
  ROLLBACK TRANSACTION
END
GO
UPDATE tab_student
SET student_name='唐生'
WHERE student_ID='20130003'
```

图 10-6　创建 UPDATE 触发器

4）单击“SQL 编辑器”工具栏中的“执行”按钮，即可完成操作。可在“结果”中查看显示数据。

扫描二维码，观看“禁止更新学生信息表中的姓名字段的内容”视频。

操作 2　检查删除学生信息表中的学生记录时的操作

操作目标

为“db_xsgl”数据库中的 tab_student 表创建一个名为“delete_student”的“DELETE 触发器”，该触发器的功能是当删除 tab_student 表中的学生记录时进行检查，如果在 tab_score 表中存在该学生成绩的记录，就不允许删除，并且显示“该学生在成绩表中，不可删除此条记录”的提示信息；否则，删除该学生记录。

操作实施

1）启动 SQL Server Management Studio，连接“教学管理”实例。

2）单击工具栏中的“新建查询”按钮，打开编辑 T-SQL 语句的页面，同时显示“SQL 编辑器”工具栏。

3）在编辑窗口中输入 SQL 语句命令，如图 10-7 所示。

```
USE db_xsgl
GO
CREATE TRIGGER delete_student
ON tab_student
FOR DELETE
AS
    IF(SELECT COUNT(*) FROM tab_score JOIN tab_student
    ON tab_score.student_ID=tab_student.student_ID)>0
      BEGIN
        PRINT('该学生在成绩表中，不可删除此条记录! ')
        ROLLBACK TRANSACTION
      END
    ELSE
      PRINT('记录已经删除')
GO
DELETE tab_student
WHERE student_ID='20130003'
```

图 10-7　检查删除学生信息表中的学生记录时的操作

4）单击“SQL 编辑器”工具栏中的“执行”按钮，即可完成操作。可在“结果”中查看显示数据。

扫描二维码，观看“检查删除学生信息表中的学生记录时的操作”视频。

拓展训练

训练任务

使用 T-SQL 语句禁用名称为 update_sname 的触发器。

训练要求

1）参照 T-SQL 语句禁用触发器语法格式如下：

ALTER TABLE 触发器表名称

{ENABLE|DISABLE} TRIGGER {ALL| 触发器名称 [,…n]}

2）禁用名称为 update_sname 的触发器。

项目小结

触发器是一种与数据库和表相结合的特殊的存储过程，SQL Server 2008 有两类触发器：DML 触发器和 DDL 触发器。当表有 INSERT、UPDATE、DELETE 操作影响到触发器所保护的数据时，DML 触发器就会自动触发执行其中的 T-SQL 语句。

一般在使用 DML 触发器之前应优先考虑使用约束，只在必要的时候才使用 DML 触发器。而当数据库有 CREATE、ALTER、DROP 操作时，可以激活 DDL 触发器，并运行其中的 T-SQL 语句。触发器主要用于加强业务规则和数据完整性。

课后拓展与实践

使用 T-SQL 语句创建、查看、修改、删除 DML 触发器。

阅读提升

搞科学、做学问，要“不空不松，从严以终”，要很严格地搞一辈子工作。

——华罗庚

SQL(Structured Query Language)是 IBM 的 Donald Chamberlin 和 Raymond Boyce 发明的，是这个世界上使用的最多的计算机语言之一。

当初设计 SQL 的人的初心是为了给人类提供一个简单的查询方式。查询人只要告诉系统自己想要什么就可以了，怎么做就让系统自动化地高效地去完成。从而催生了数据库系统里面一门非常重要的学问：查询优化。

而如今，能写出高性能跑得快的 SQL 的人俨然已经成为企业需要的“贵人”。

项目 11　设置数据库的安全管理

学习目标

- ✧ 能够在 SQL Server 中授予用户访问权限
- ✧ 能够进行数据库的备份与还原
- ✧ 理解 SQL Server 的安全机制
- ✧ 掌握创建、登录账号和数据库用户的方法
- ✧ 掌握配置身份验证模式的方法
- ✧ 掌握对数据库中的对象赋予权限的方法
- ✧ 掌握 SQL Server 的备份与还原的方法

任务 1　数据库的安全性设置

任务描述

一个学院的学生管理系统是存在很多管理人员的，其中包括来自不同部门的各种不同级别的职员。这些职员需要访问数据库中特殊的信息表。作为 SQL Server 的使用者，请你进行如下操作：

1）查看学生管理数据库“db_xsgl”所在的服务器。

2）为该数据库新增一个数据库用户，名为“Win10_user”。

3）为该数据库创建一个登录名，登录用户名为“Win10_user”，密码为“sqlstudy”，采用“SQL Server 身份验证”。

4）为该用户和登录名完成映射。

5）授予该用户“dbo”并设置相关权限。

知识储备

1. SQL Server 2008 的安全管理机制

SQL Server 2008 的安全性是指保护数据库中的各种数据，以防止因非法使用而造成数据的泄密和破坏。SQL Server 2008 的安全管理机制包括验证（authentication）和授权

（authorization）两种类型。验证是指检验用户的身份标识；授权是指允许用户做些什么。验证过程在用户登录操作系统和 SQL Server 2008 的时候出现，授权过程在用户试图访问数据或执行命令的时候出现。SQL Server 2008 的安全机制分为四层，其中第一层和第二层属于验证过程，第三层和第四层属于授权过程，如图 11-1 所示。

图 11-1 SQL Server 2008 的四层安全机制

第一层的安全权限是用户必须登录到操作系统，第二层的安全权限是控制用户能否登录到 SQL Server，SQL Server 第三层的安全权限允许用户与一个特定的数据库相连接，第四层的安全权限允许用户拥有对指定数据库中一个对象的访问权限。

（1）登录

登录是账户的标识符，用于连接到 SQL Server 2008 账户的都称为登录。其作用是用来控制对 SQL Server 2008 的访问权限。SQL Server 2008 只有在首先验证了指定的登录账号有效后，才完成连接。但登录账号没有使用数据库的权力，即 SQL Server 2008 登录成功并不意味着用户已经可以访问 SQL Server 2008 上的数据库。

SQL Server 2008 的登录账户相应有两种：Windows 账户和 SQL 账户。

例如，添加 Windows 登录账户。

```
EXEC sp_grantlogin  'training\S26301'      -- 域名 \ 用户名
```

添加 SQL 登录账户。

```
EXEC sp_addlogin  'zhangsan', '1234'    -- 用户名，密码
```

SQL Server 2008 中有两个默认的登录账户：BUILTIN\Administrators 和 sa。BUILTIN\Administrators 提供了对所有 Windows 管理员的登录权限，并且具有在所有数据库中的所有权限。系统管理员（sa）是一个特殊的登录账户，只有在 SQL Server 2008 使用混合验证模式时有效，它也具有在所有数据库中的所有权限。

（2）用户

在数据库内，对象的全部权限和所有权由用户账户控制。

在安装 SQL Server 后，默认数据库中包含两个用户：dbo 和 guest，即系统内置的数据库用户。

dbo 代表数据库的拥有者（database owner）。每个数据库都有 dbo 用户，创建数据库的

用户是该数据库的 dbo，系统管理员也自动被映射成 dbo。

guest 在安装完 SQL Server 系统后自动被加入到 master、pubs、tempdb 和 northwind 数据库中，且不能被删除。用户自己创建的数据库默认情况下不会自动加入 guest 账号，但可以手工创建。guest 也可以像其他用户一样设置权限。当一个数据库具有 guest 时，允许没有用户账号的登录者访问该数据库。所以 guest 的设立方便了用户的使用，但如使用不当也可能成为系统安全隐患。

（3）角色

在 SQL Server 中，角色是管理权限的有力工具。将一些用户添加到具体某种权限的角色中，权限在用户成为角色成员时自动生效。

“角色”概念的引入方便了权限的管理，也使权限的分配更加灵活。

角色分为服务器角色和数据库角色两种。

1）服务器角色具有一组固定的权限，并且适用于整个服务器范围。它们专门用于管理 SQL Server，且不能更改分配给它们的权限。可以在数据库中不存在用户账户的情况下向固定服务器角色分配登录。

2）数据库角色与本地组有点类似，它也有一系列预定义的权限，管理员可以直接给用户指派权限，但在大多数情况下，只要把用户放在正确的角色中就会给予它们所需要的权限。一个用户可以是多个角色中的成员，其权限等于多个角色权限的“和”，任何一个角色中的拒绝访问权限会覆盖这个用户所有的其他权限。

（4）登录、用户、角色三者联系

登录、用户、角色是 SQL Server 2008 安全机制的基础。

1）服务器角色和登录名相对应。

2）数据库角色是和用户对应的，数据库角色和用户都是数据库对象，定义和删除的时候必须选择所属的数据库。

3）一个数据库角色中可以有多个用户，一个用户也可以属于多个数据库角色。

2. SQL Server 2008 的权限管理

SQL Server 中的权限可以分为对象权限、语句权限和隐含权限三类。

1）对象权限是指用户在数据库中执行与表、视图、存储过程等数据库对象有关的操作权限。例如，是否可以查询表或视图，是否允许向表中插入、修改、删除记录，是否可以执行存储过程等。

对象权限的主要内容有：对表和视图，是否可以执行 SELECT、INSERT、UPDATE、DELETE 语句；对表和视图的列，是否可以执行 SELECT、UPDATE 语句的操作，以及在实施外键约束时作为 REFERENCES 参考的列；对存储过程，是否可以执行 EXECUTE。

2）语句权限是指用户创建数据库和数据库中对象（如表、视图、自定义函数、存储过程等）的权限。例如，如果用户想要在数据库中创建表，则应该向该用户授予 CREATE TABLE 语句权限。语句权限适用于语句自身，而不是针对数据库中的特定对象。语句权限实际上是授予用户使用某些创建数据库对象的 Transact-SQL 语句的权力。只有系统管理员、安全管理员和数据库所有者才可以授予用户语句权限。

用户权限的分类以及各类权限的使用语句和作用，见表 11-1。

表 11-1 用户权限分类表

序　号	使用语句	作　用	对象权限	语句权限
1	CREATE	授予用户的权限	对数据库拥有 INSERT、UPDATE 、SELECT、DELETE 的权限 例如， DENY INSERT, UPDATE, DELETE ON authors TO Mary, John, Tom	BACKUP DATABASE：备份数据库 BACKUP LOG：备份事务日志 CREATE DATABASE：创建数据库 CREATE DEFAULT：创建默认 CREATE INDEX：创建索引 CREATE ROCEDURE：创建存储过程 CREATE RULE：创建规则 CREATE TABLE 创建表 CREATE VIEW 创建视图 例如，DENY CREATE DATABASE, CREATE TABLE TO Mary, John
2	REVOKE	撤销用户的权限		
3	DENY	拒绝用户的权限		

提示

REVOKE 与 DENY 的区别

REVOKE：废除类似于拒绝，但是，废除权限是删除已授予的权限，并不妨碍用户、组或角色从更高级别继承已授予的权限。因此，如果废除用户查看表的权限，不一定能防止用户查看该表，因为已将查看该表的权限授予了用户所属的角色。

DENY：禁止权限，表示在不撤销用户访问权限的情况下，禁止某个用户或角色对一个对象执行某种操作。这个权限优先于所有其他权限，拒绝给当前数据库内的安全账户授予权限并防止安全账户通过其组或角色成员资格继承权限。

任务实施

操作 1　使用 SQL Server Management Studio 创建和管理数据库用户及角色

操作目标

1）为 db_xsgl”数据库新增一个数据库用户，名为“Win10_user”。

2）为 db_xsgl”数据库创建一个登录名，登录名为“Win10_user”，密码为“sqlstudy”，采用“SQL Server 身份验证”。

3）“Win10_user”用户和登录名完成映射。

操作实施

1）启动 SQL Server Management Studio，连接“教学管理”实例，如图 11-2 所示。

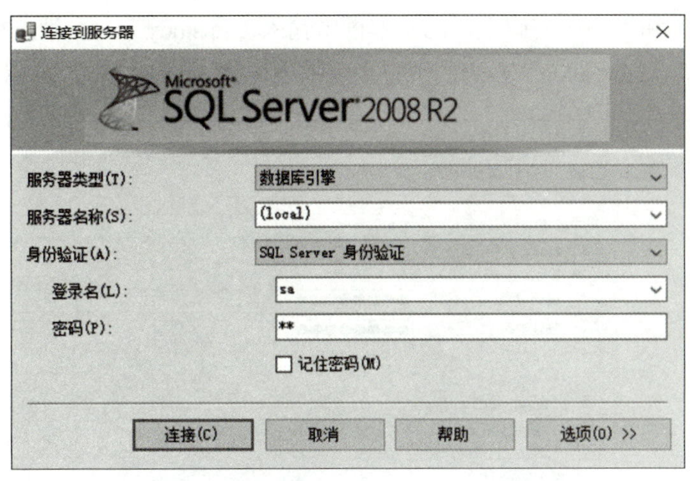

图 11-2　连接到“教学管理”实例

提示 | 此时的登录用户名为默认的“sa”，密码为“sa”。

2）依次展开“安全性”→“登录名”节点，右击“登录名”节点，在弹出的快捷菜单中选择“新建登录名”命令，打开“登录名 - 新建”窗口，如图 11-3 所示。

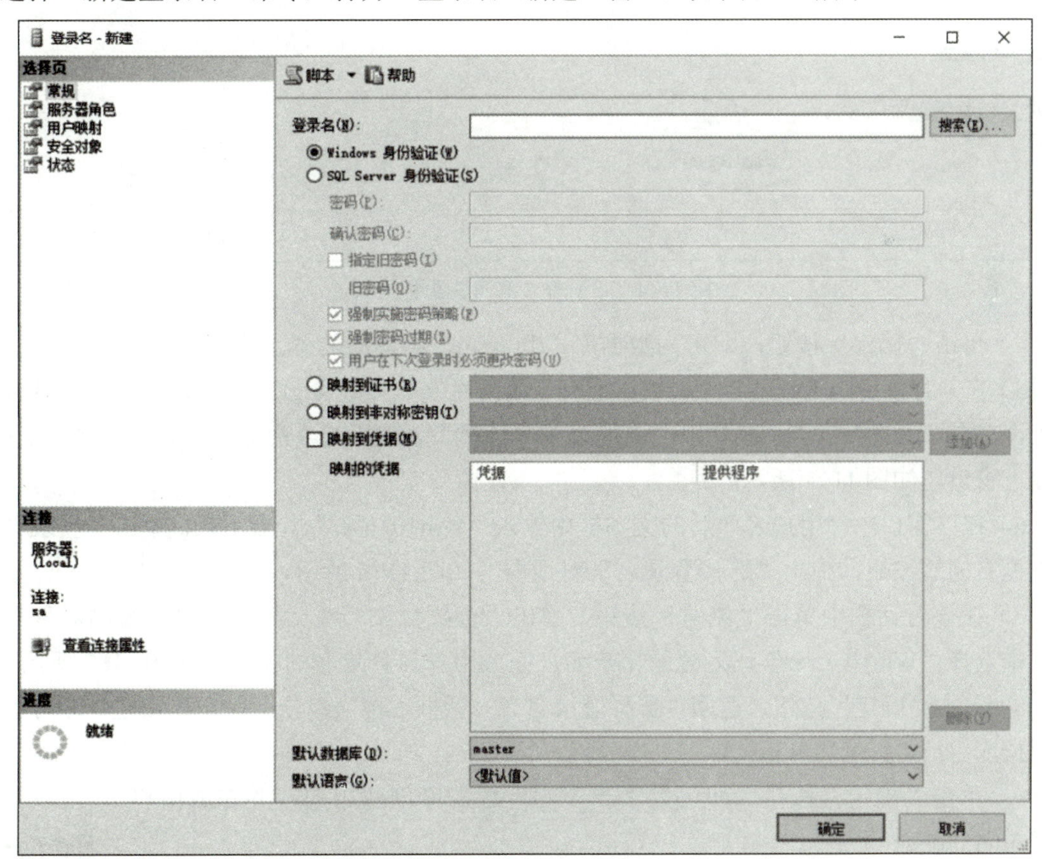

图 11-3　“登录名 - 新建”窗口

3）在该窗口的“登录名”文本框中输入“Win10_user”，选择“SQL Server 身份验证”单选按钮，在“密码”和“确认密码”后的文本框中输入“sqlstudy”，取消选择“强制实施密码策略”复选框，在“默认数据库”右侧的下拉列表框中选择“db_xsgl”数据库，如图 11-4 所示。

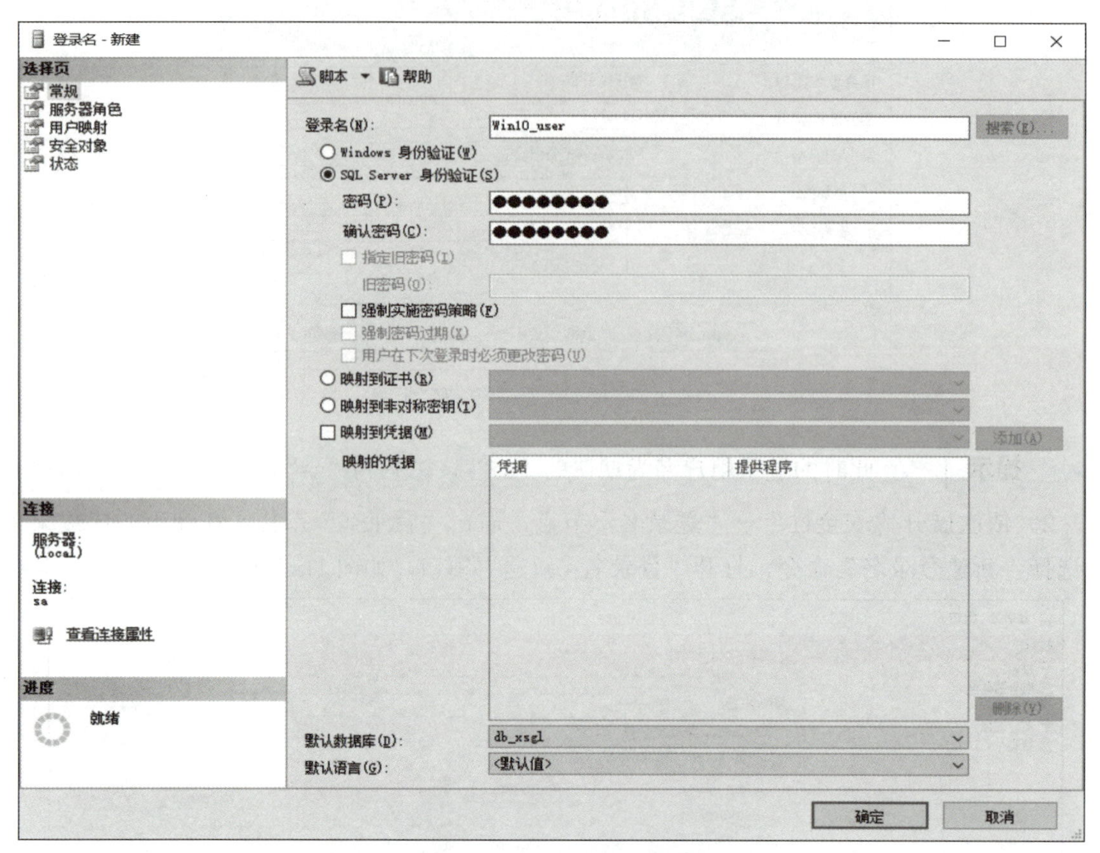

图 11-4　设置登录和身份验证方式

4）单击“确定”按钮，即可为数据库“db_xsgl”创建新的登录账户。

5）在“对象资源管理器”中，依次展开“数据库”→“db_xsgl”→“安全性”→“用户”节点，右击“用户”节点，在弹出的快捷菜单中选择“新建用户”命令，打开“数据库用户 - 新建”窗口，如图 11-5 所示。

6）在该窗口中“用户名”后的文本框中输入“Win10_user”，接下来，单击“登录名”文本框右侧的按钮，弹出“选择登录名”对话框，如图 11-6 所示。

7）在该对话框中单击“浏览”按钮，弹出“查找对象”对话框，在“匹配的对象”列表框中选择“Win10_user”作为登录用户名，完成用户与登录名的映射，如图 11-7 所示。

8）单击“确定”按钮，返回“选择登录名”对话框，再次单击“确定”按钮，即可返回“数据库用户 - 新建”对话框。

9）单击“确定”按钮，即可为“db_xsgl”数据库创建用户，并完成用户与登录名的映射。

扫描二维码，观看“使用 SQL Server Management Studio 创建和管理数据库用户及角色”视频。

数据库用户 - 新建

选择页

常规

安全对象

扩展属性

脚本 ▾ 帮助

用户名(U):

登录名(L):

证书名称(C):

密钥名称(K):

无登录名(W)

默认架构(D):

此用户拥有的架构(O):

拥有的架构
db_accessadmin
db_backupoperator
db_datareader
db_datawriter
db_ddladmin
db_denydatareader
db_denydatawriter

连接

服务器:
(local)

连接:
sa

查看连接属性

进度

就绪

数据库角色成员身份(M):

角色成员
db_accessadmin
db_backupoperator
db_datareader
db_datawriter
db_ddladmin
db_denydatareader
db_denydatawriter
db_owner

确定 取消

图 11-5 “数据库用户 - 新建”窗口

选择登录名

选择这些对象类型(S):

登录名

对象类型(O)...

输入要选择的对象名称(示例)(E):

检查名称(C)

浏览(B)...

确定 取消 帮助

图 11-6 “选择登录名”对话框

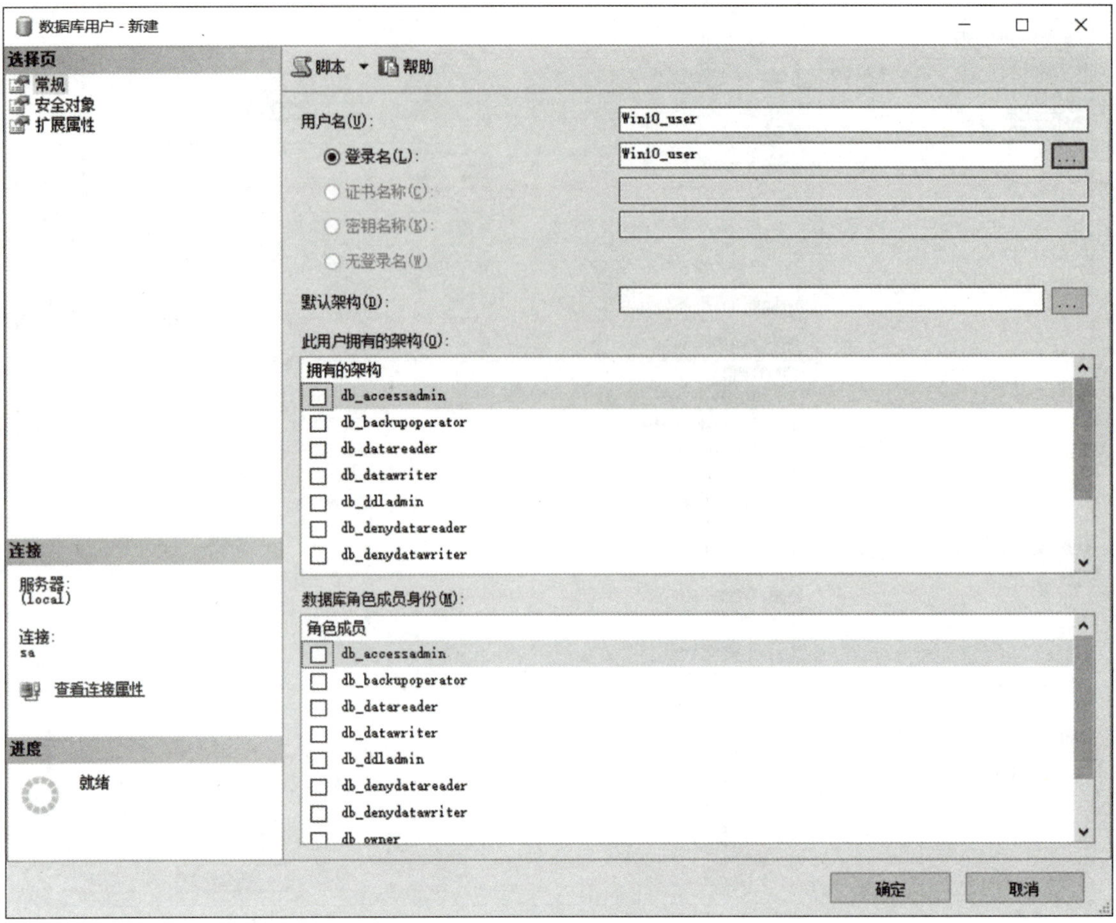

图 11-7　设置用户登录名

操作 2　使用 SQL Server Management Studio 授予用户权限

操作目标

给“db_xsgl”数据库的用户 Win10_user 授予查看 tab_student 表、tab_lesson 表、tab_score 表的权限，并给相应的列授予相应的权限。

操作实施

1）启动 SQL Server Management Studio，连接“教学管理”实例。

2）依次展开“数据库”→“db_xsgl”→“安全性”→“用户”节点，在“用户”节点中，找到“Win10_user”用户，在该用户上单击鼠标右键，在弹出的快捷菜单中选择“属性”命令，打开“数据库用户 -Win10_user”属性设置对话框，如图 11-8 所示。

图 11-8 “数据库用户 -Win10_user”对话框

3）在该对话框中的“选择页”列表框中选择“安全对象”选项卡，在右侧会显示“安全对象”页面如图 11-9 所示。

4）在该页面中单击“搜索”按钮，弹出“添加对象”对话框，在其中选择“特定类型的所有对象”单选按钮，单击“确定”按钮，弹出“选择对象类型”对话框，如图 11-10 所示。

5）在该对话框中的“选择要查找的对象类型”列表框中选择“数据库”“存储过程”“表”和“视图”前面的复选框，单击“确定”按钮，返回到“数据库用户 -Win10_user”对话框。

6）在“数据库用户 -Win10_user”对话框中可以进行表操作权限设置，如图 11-11 所示。

7）在该页面中可以分别设置用户对每个表的操作权限，此处以设置“tab_student”表的增加、修改、查找和删除权限为例。

在“安全对象”列表框中选择名称为“tab_student”的行，在下方即可显示“dbo.tab_student 的权限”，在其列表框中选择“插入”“删除”“更改”和“选择”对应行的“授予”列的复选框，单击“确定”按钮即可完成用户表的操作权限的设置，如图 11-12 所示。

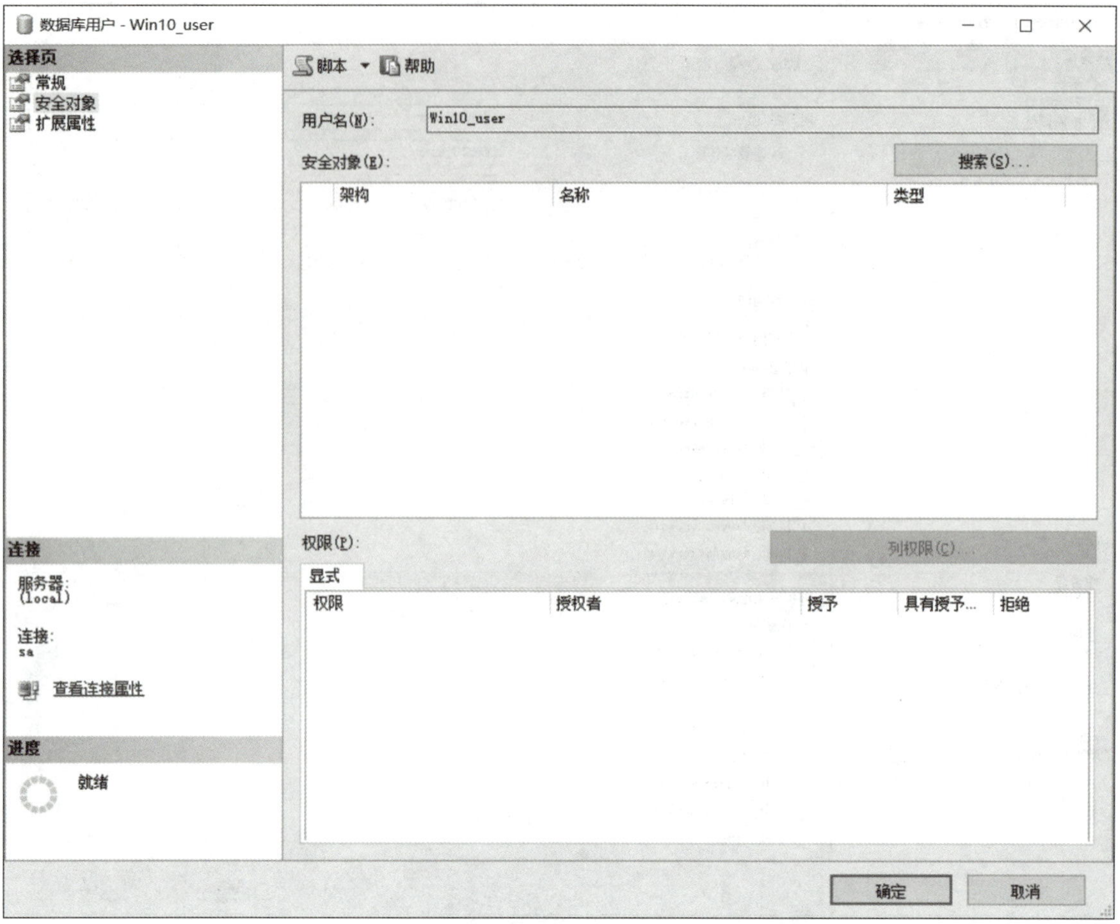

数据库用户 - Win10_user

选择页
常规
安全对象
扩展属性

脚本 帮助

用户名(N): Win10_user

安全对象(E): 搜索(S)...

架构	名称	类型

权限(P): 列权限(C)...

显式

权限	授权者	授予	具有授予...	拒绝

连接
服务器:
(local)
连接:
sa
查看连接属性

进度
就绪

确定 取消

图 11-9　安全对象页面

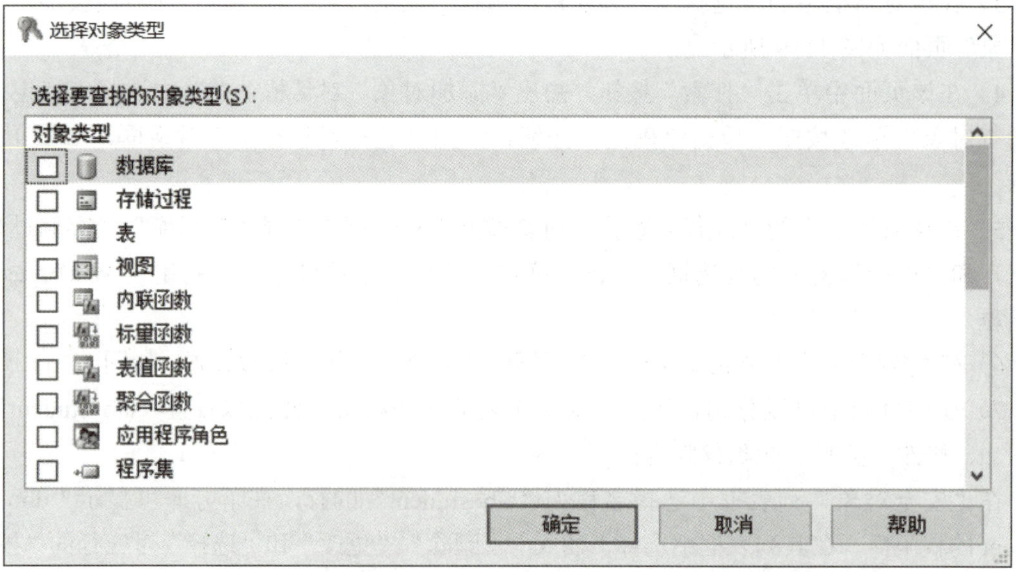

选择对象类型

选择要查找的对象类型(S):

对象类型
数据库
存储过程
表
视图
内联函数
标量函数
表值函数
聚合函数
应用程序角色
程序集

确定 取消 帮助

图 11-10　“选择对象类型”对话框

图 11-11　设置表操作权限

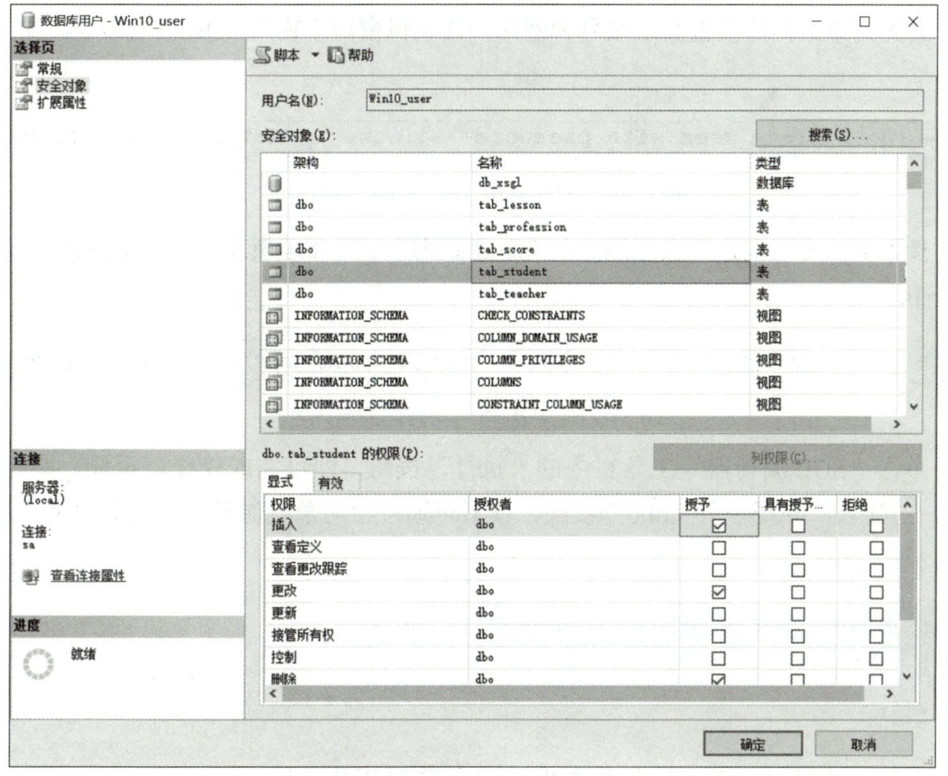

图 11-12　添加表操作权限

8）重复上述的步骤，可以完成全部表的操作权限设置，单击“确定”按钮，即可完成操作。

扫描二维码，观看“使用 SQL Server Management Studio 授予用户权限”视频。

操作 3　使用 T-SQL 语句创建和管理数据库用户及角色

操作目标

使用 SQL 语句创建“Win10_user”数据库用户，用来管理“db_xsgl”数据库，并授予该用户“dbo”权限。

1）登录账户名为：“Win10_user”，登录密码：“sqlstudy”。

2）把登录账户“Win10_user”和数据库用户“Win10_user”映射起来。

操作实施

1）启动 SQL Server Management Studio，连接“教学管理”实例。

2）单击工具栏中的“新建查询”按钮，打开编辑 T-SQL 语句的页面，同时显示“SQL 编辑器”工具栏。

3）在“SQL 编辑器”工具栏的“可用数据库”下拉列表中选择“db_xsgl”数据库。

4）首先为该数据库设置登录账号和密码，在编辑窗口中输入 SQL 语句命令，如图 11-13 所示。

```
create login Win10_user with password='sqlstudy', default_database=db_xsgl
```

图 11-13　SQL 语句设置登录账号和密码

5）接下来，为该数据库设置用户，“新建查询”后，在编辑窗口中输入 SQL 语句命令，如图 11-14 所示。

```
create user  Win10_user for login Win10_user with default_schema=dbo
```

图 11-14　SQL 语句设置数据库用户

6）单击“SQL 编辑器”工具栏中的“执行”按钮，即可完成操作。至此，即完成了数据库用户的建立，并授予了“dbo”权限，读者可通过“对象资源管理”进行查看。

操作 4　使用 T-SQL 语句授予与收回用户权限

操作目标

授予用户“Win10_user”查看“db_xsgl”数据库中 tab_teacher 和 tab_lesson 表的权

限；然后拒绝“Win10_user”查看“db_xsgl”数据库中 tab_student 的权限，撤销“Win10_user”查看“db_xsgl”数据库中 tab_student 的权限。

操作实施

1）启动 SQL Server Management Studio，连接“教学管理”实例。

2）单击工具栏中的“新建查询”按钮，打开编辑 T-SQL 语句的页面，同时显示“SQL 编辑器”工具栏。

3）在“SQL 编辑器”工具栏的“可用数据库”下拉列表中选择“db_xsgl”数据库。

4）在编辑窗口中输入 SQL 语句命令，如图 11-15 所示。

```
GRANT SELECT ON tab_teacher TO Win10_user
GRANT SELECT ON tab_lesson TO Win10_user
```

图 11-15　授予用户查看表权限

5）单击“SQL 编辑器”工具栏中的“执行”按钮，即可完成授予用户权限操作要求。

6）“新建查询”，在编辑窗口中输入 SQL 语句命令，如图 11-16 所示。

```
DENY SELECT ON tab_student TO Win10_user
REVOKE SELECT ON tab_student TO Win10_user
```

图 11-16　收回并撤销用户权限

7）单击“SQL 编辑器”工具栏中的“执行”按钮，即可完成收回和撤销用户权限的操作。

可重新使用“Win10_user”启动 SQL Server Management Studio，连接“教学管理”实例，进行测试。

任务 2　学生管理数据库的备份与还原

任务描述

高校学生管理系统在使用时会产生大量的数据。面对这些重要信息，你作为工作人员就需要注意适时地进行备份，并能够在出现问题时进行还原，那么你该如何操作 SQL Server 2008 来实现对“db_xsgl”数据库的备份与还原操作呢？

知识储备

SQL Server 备份和还原组件为保护存储在 SQL Server 数据库中的关键数据提供了基本安全保障。为了最大限度地降低灾难性数据丢失的风险，需要定期备份数据库以保留对数据所做的修改。规划良好的备份和还原策略有助于防止数据库因各种故障而造成数据丢失。通过还原一组备份，然后恢复数据库来测试备份的策略，以便有效地应对灾难性数据丢失。

1．备份与还原的优点

备份 SQL Server 数据库、在备份上运行测试还原过程以及在另一个安全位置存储备份副本可防止可能的灾难性数据丢失。

提示 这是可靠地保护 SQL Server 数据的唯一方法。

使用有效的数据库备份，可从多种故障中恢复数据。多种故障包括：

1）介质故障。

2）用户错误（如误删除了某个表）。

3）硬件故障（如磁盘损坏或服务器报废）。

4）自然灾难。

此外，数据库备份对于进行日常管理（如将数据库从一台服务器复制到另一台服务器、设置 AlwaysOn 可用性组或数据库镜像以及进行存档）非常有用。

2．备份与还原策略

备份和还原数据必须根据特定环境进行自定义，并且必须使用可用资源。因此，实现数据恢复需要有一个备份和还原策略。好的备份和还原策略在考虑到特定业务要求的同时，可以尽量提高数据的可用性并尽量减少数据的丢失。

备份和还原策略包含备份部分策略和还原部分策略。策略的备份部分定义备份的类型和频率、备份所需硬件的特性和速度、备份的测试方法以及备份介质的存储位置和方法（包括安全注意事项）。策略的还原部分定义负责执行还原的人员以及如何执行还原以满足数据库可用性和尽量减少数据丢失的目标。建议将备份和还原过程记录下来并在运行手册中保留记录文档的副本。

设计有效的备份和还原策略需要仔细计划、实现和测试。测试是必需环节。直到成功还原了所有组合内的备份后，才会生成备份策略。考虑的各种因素包括：

1）用户的组织对数据库的生产目标，尤其是对可用性和防止数据丢失的要求。

2）每个数据库的特性，包括大小、使用模式、内容特性以及数据要求等。

3）对资源的约束，如硬件、人员、备份介质的存储空间以及所存储介质的物理安全性等。

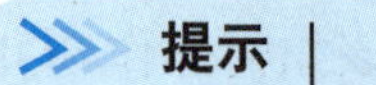

在 64 位和 32 位环境中，SQL Server 磁盘存储格式均相同。因此，可以将 32 位环境中的备份还原到 64 位环境中，反之亦然。在运行在某个环境中的服务器实例上，可以还原在运行在另一个环境中的服务器实例上创建的备份。

3．设计备份策略

当为特定数据库选择了满足业务要求的恢复模式后，需要计划并实现相应的备份策略。

最佳备份策略取决于各种因素，以下因素尤其重要。

1）一天中应用程序访问数据库的时间有多长？

如果存在一个可预测的非高峰时段，则建议将完整数据库备份安排在此时段。

2）更改和更新可能发生的频率如何？

如果更改经常发生，请考虑下列事项：

① 在简单恢复模式下，请考虑将差异备份安排在完整数据库备份之间。差异备份只能捕获自上次完整数据库备份之后的更改。

② 在完整恢复模式下，应安排经常性的日志备份。在完整备份之间安排差异备份可减少数据还原后需要还原的日志备份数，从而缩短还原时间。

3）是更改数据库的小部分内容，还是需要更改数据库的大部分内容？

对于更改集中于部分文件或文件组的大型数据库，部分文件备份非常有用。

4）完整数据库备份需要多少磁盘空间？

估计完整数据库备份的大小：在实现备份与还原策略之前，应当估计完整数据库备份将使用的磁盘空间。备份操作会将数据库中的数据复制到备份文件。备份仅包含数据库中的实际数据，而不包含任何未使用的空间。因此，备份通常小于数据库本身。用户可以使用 sp_spaceused 系统存储过程估计完整数据库备份的大小。

4. 完整数据库备份

完整数据库备份是指将所有的数据库对象、数据和事务日志进行备份。完整数据库备份的每个备份使用的存储空间更多。

由于完整数据库备份不能频繁地创建，因此，不能最大限度地恢复丢失的数据。一般来说完整性备份应该与后面的备份方法结合使用才能最大限度地保护数据库数据。

5. 完整数据库备份使用场合

1）系统中所存的数据重要性很低。

2）系统中所存的数据可以很容易再创建。

3）数据库不经常被修改。

6. SQL 语句创建完整数据库备份

执行 BACKUP DATABASE 语句可以创建完整数据库备份，同时指定：

1）要备份的数据库的名称。

2）写入完整数据库备份的备份设备。

完整数据库备份的基本 SQL 语法如下：

```
BACKUP DATABASE database
TO backup_device [ ,…n]
[ WITH with_options [ ,…o] ];
```

SQL 语句创建完整数据库备份的语法选项说明，见表 11-2。

表 11-2　语法选项说明

序　号	选　项	说　明
1	database	要备份的数据库
2	backup_device [,...n]	指定一个列表，它包含 1 ～ 64 个用于备份操作的备份设备。您可以指定物理备份设备，也可以指定对应的逻辑备份设备（如果已定义）。若要指定物理备份设备，请使用 DISK 或 TAPE 选项： { DISK | TAPE } =physical_backup_device_name
3	WITH with_options [,...o]	可以指定一个或多个附加选项（可选）

7. SQL 语句创建差异数据库备份

执行 BACKUP DATABASE 语句可以创建差异数据库备份，同时指定：

1）要备份的数据库的名称。

2）写入完整数据库备份的备份设备。

3）DIFFERENTIAL 子句，用于指定仅备份自上次创建完整数据库备份之后已更改的数据库部分。

要求语法为：

```
BACKUP DATABASE database_name TO <backup_device> WITH DIFFERENTIAL
```

任务实施

操作 1　使用 SQL Server Management Studio 完整备份 student 数据库

操作目标

将“db_xsgl”数据库完全备份到磁盘中，路径自拟。数据库完整备份，设置每周备份一次。

操作实施

1）启动 SQL Server Management Studio，连接“教学管理”实例。

2）展开“数据库”节点，找到“db_xsgl”数据库节点并右击该节点，在弹出的快捷菜单中选择“任务”→“备份”命令，打开“备份数据库 -db_xsgl”对话框，如图 11-17 所示。

3）在该对话框中设置备份的名称和路径，并选择备份的类型为“完整”，设置完成后单击“确定”按钮，弹出备份成功提示框，如图 11-18 所示，即完成备份操作。

扫描二维码，观看“使用 SQL Server Management Studio 完整备份 student 数据库”视频。

图 11-17 “备份数据库 -db_xsgl”对话框

图 11-18 备份成功提示框

操作 2 使用 T-SQL 语句完整备份数据库

操作目标

使用 SQL 语句将“db_xsgl”数据库完全备份到磁盘中，路径自拟。数据库完整备份，设置每周备份一次。

操作实施

1）启动 SQL Server Management Studio，连接“教学管理”实例。

2）单击工具栏中的“新建查询”按钮，打开编辑 T-SQL 语句的页面，同时显示“SQL 编辑器”工具栏。

3）在“SQL 编辑器”工具栏的“可用数据库”下拉列表中选择“db_xsgl”数据库。

4）在编辑窗口中输入 SQL 语句命令，如图 11-19 所示。

```
BACKUP DATABASE db_xsgl
TO DISK = 'D:\SQLServerBackups\db_xsgl.Bak'
   WITH FORMAT,
      MEDIANAME = 'D_SQLServerBackups',
      NAME = 'Full Backup of db_xsgl';
```

图 11-19　使用 SQL 命令完整备份数据库

5）单击“SQL 编辑器”工具栏中的“执行”按钮，即可完成操作。

操作 3　使用 T-SQL 语句差异备份数据库

操作目标

将“db_xsgl”数据库差异备份到文件“D:\SQLServerBackups\db_xsgl.Bak”中。

操作实施

1）启动 SQL Server Management Studio，连接“教学管理”实例。

2）单击工具栏中的“新建查询”按钮，打开编辑 T-SQL 语句的页面，同时显示“SQL 编辑器”工具栏。

3）在“SQL 编辑器”工具栏的“可用数据库”下拉列表中选择“db_xsgl”数据库。

4）在编辑窗口中输入 SQL 语句命令，如图 11-20 所示。

```
BACKUP DATABASE db_xsgl
   TO DISK='D:\SQLServerBackups\db_xsgl.Bak'
   WITH DIFFERENTIAL,
   NAME='db_xsgl backup',
   DESCRIPTION='backup of db_xsgl';
```

图 11-20　使用 SQL 命令差异备份数据库

5）单击“SQL 编辑器”工具栏中的“执行”按钮，即可完成操作。

操作 4　使用 T-SQL 语句备份数据库事务日志

操作目标

日志备份必须建立在完整备份的基础上，即必须有一次完整备份，然后才有日志备份。本操作中“db_xsgl”数据库的完整备份与日志备份均建立在设备名为 mylog.bak 的备份集文件上，路径自拟。

操作实施

1）启动 SQL Server Management Studio，连接“教学管理”实例。

2）单击工具栏中的“新建查询”按钮，打开编辑 T-SQL 语句的页面，同时显示“SQL 编辑器”工具栏。

3）在“SQL 编辑器”工具栏的“可用数据库”下拉列表中选择“db_xsgl”数据库。

4）在编辑窗口中输入 SQL 语句命令，如图 11-21 所示。

```
EXEC sp_addumpdevice 'disk','mylog','D:\SQLServerBackups\mylog.bak'
BACKUP DATABASE db_xsgl TO mylog
BACKUP LOG db_xsgl TO mylog
```

图 11-21　使用 SQL 命令备份数据库事务日志

5）单击“SQL 编辑器”工具栏中的“执行”按钮，即可完成操作。

操作 5　制定数据库备份策略并实施备份方案

操作目标

服务器自动对“db_xsgl”数据库每周日 0:00 时进行完整数据库备份，每天 0:00 时进行差异备份，每 2 个小时进行一次事务日志备份。假设服务器本周五 7:00 时出现故障。要进行如下操作：

1）让服务器自动实施上述方案。

2）请按照需求制定简单恢复和完整恢复两种不同的恢复策略。

操作实施

1）启动 SQL Server Management Studio，连接“教学管理”实例。

2）在“对象资源管理器”中，依次展开“管理”→“维护计划”，右键单击“维护计划”按钮，在弹出的下拉菜单中选择“新建维护计划”按钮，如图 11-22 所示。

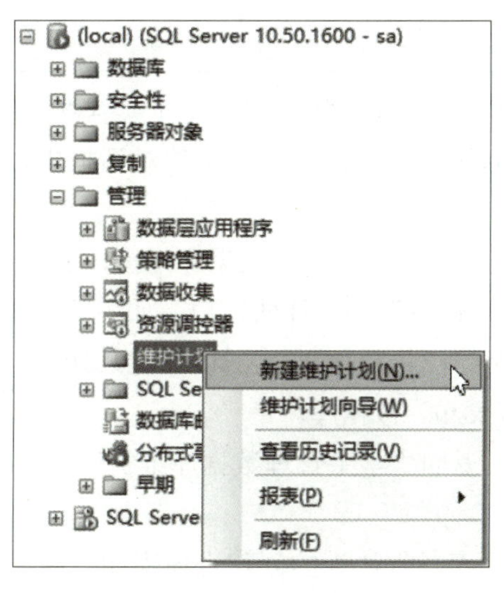

图 11-22　新建维护计划

3）在弹出的“新建维护计划”对话框中，填入维护计划名称，如图 11-23 所示。

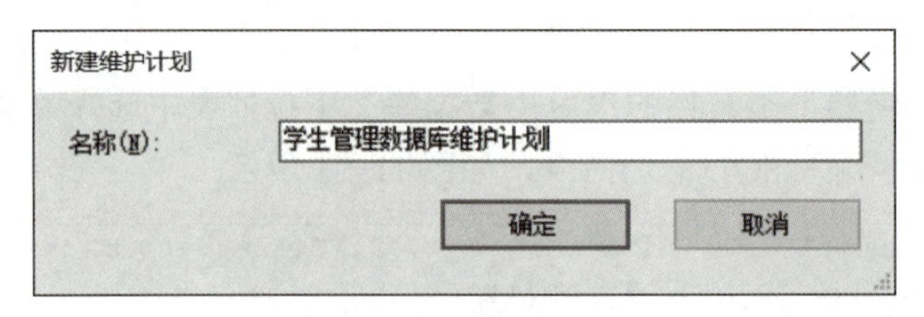

图 11-23　填写维护计划名称

4）单击“确定”按钮，出现“学生管理数据库维护计划 sa[设计]”页面，如图 11-24 所示。

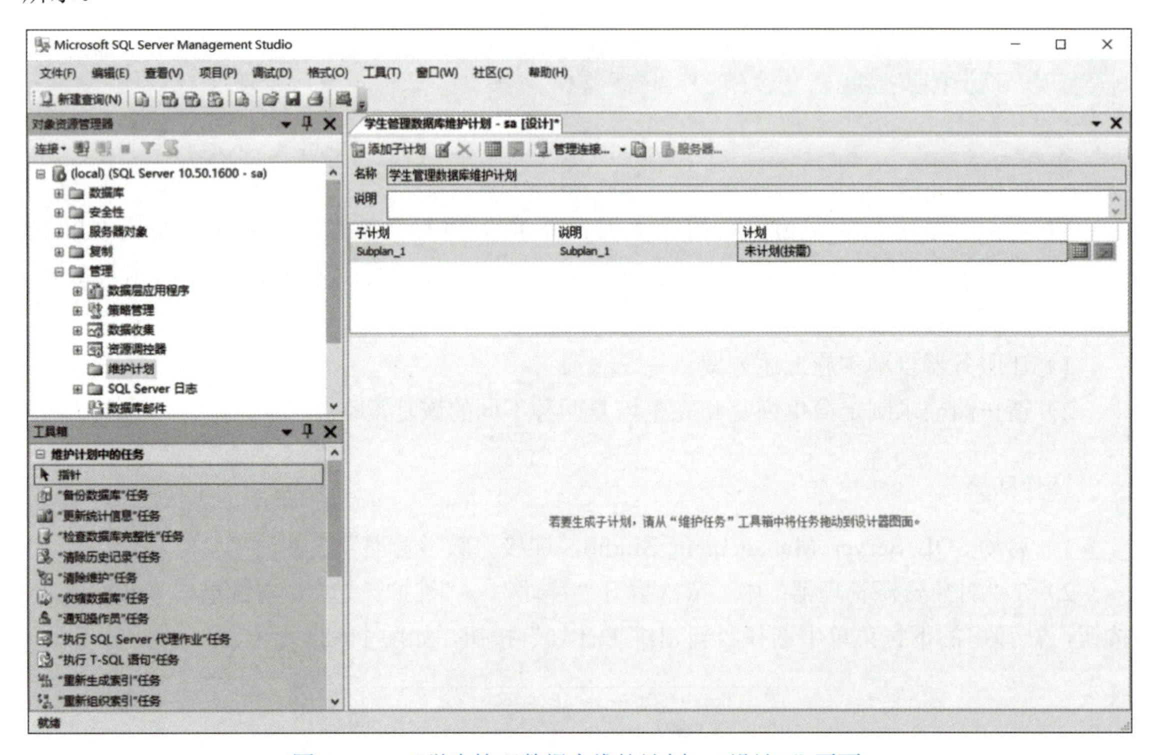

图 11-24　“学生管理数据库维护计划 sa[设计]”页面

5）单击“计划”列右侧的日历按钮，在弹出的对话框中，设置相关信息，如图 11-25 所示。

6）单击“确定”按钮，返回“学生管理数据库维护计划 sa[设计] ”页面中，选择“工具箱”中的“‘备份数据库’任务”到设计器窗口，如图 11-26 所示。

7）双击“‘备份数据库’任务”左侧的图标，在弹出的“备份数据库任务”对话框中，选择如图 11-27 所示的“db_xsgl”数据库。

8）单击“确定”按钮，返回“学生管理数据库维护计划 sa[设计]”页面中，完成完整数据库备份计划的创建。

9）差异和事务日志数据库备份计划的创建也使用如上操作，完成后返回“对象资源管理器”窗口。展开“SQL Server 代理”→“作业”，可以看到创建的三项作业。

作业计划属性 - 学生管理数据库维护计划.Subplan_1

名称(N)：学生管理数据库维护计划.备份　计划中的作业(J)

计划类型(S)：重复执行　☑ 已启用(B)

执行一次

日期(D)：2019/ 9/28　时间(T)：20:14:46

频率

执行(C)：每周

执行间隔(R)：1 周，在

☐ 星期一(M)　☐ 星期三(W)　☐ 星期五(F)　☐ 星期六(Y)

☐ 星期二(T)　☐ 星期四(H)　☑ 星期日(U)

每天频率

◉ 执行一次，时间为(A)：0:00:00

○ 执行间隔(V)：1 小时　开始时间(T)：0:00:00

结束时间(G)：23:59:59

持续时间

开始日期(D)：2019/ 9/28　○ 结束日期(E)：2019/ 9/28

◉ 无结束日期(O)：

摘要

说明(P)：在每周 星期日 的 0:00:00 执行。将从 2019/9/28 开始使用计划。

确定　取消　帮助

图 11-25　填写作业计划属性信息

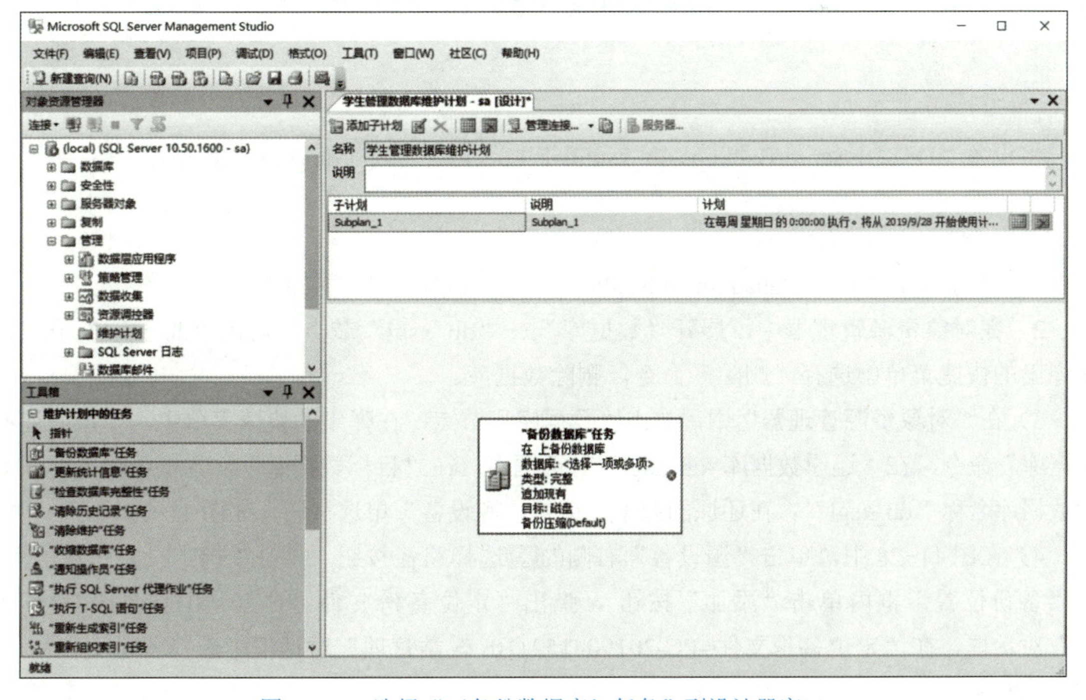

图 11-26　选择"'备份数据库'任务"到设计器窗口

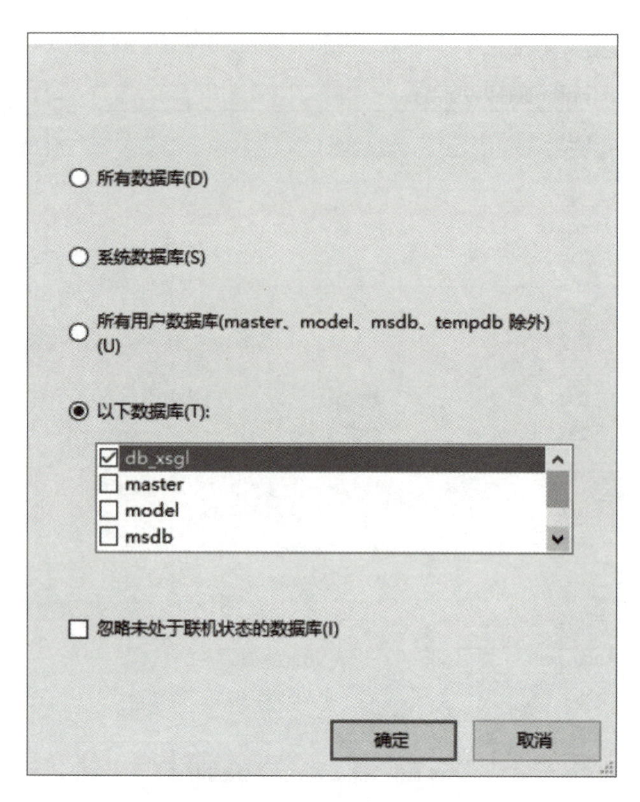

图 11-27 “备份数据库任务”对话框

操作 6 使用 SQL Server Management Studio 恢复 student 数据库

操作目标

将设备“D:\SQLServerBackups\db_xsgl.bak”完全恢复到“db_xsgl”数据库。

操作实施

1）启动 SQL Server Management Studio，连接“教学管理”实例。

2）在对象资源管理器中，展开“数据库”→“db_xsgl”节点，右击“db_xsgl”节点，在弹出的快捷菜单中选择“删除”命令，删除数据库。

3）在“对象资源管理器”中，右击“数据库”节点，在弹出的快捷菜单中，单击“还原数据库”命令，在“还原数据库 -db_xsgl”对话框中，在“目标数据库”文本框中输入要恢复的数据库名称“db_xsgl”。在还原的源中，选择“源设备”单选按钮，如图 11-28 所示。

4）在图 11-28 中，单击“源设备”右侧的选择路径按钮，打开“指定设备”对话框，在“备份位置”框内单击“添加”按钮，弹出“定位备份文件 -PC-201904152110\ 教学管理”对话框，在“定位备份文件 -PC-201904152110\ 教学管理”对话框中选择备份文件，如图 11-29 所示。

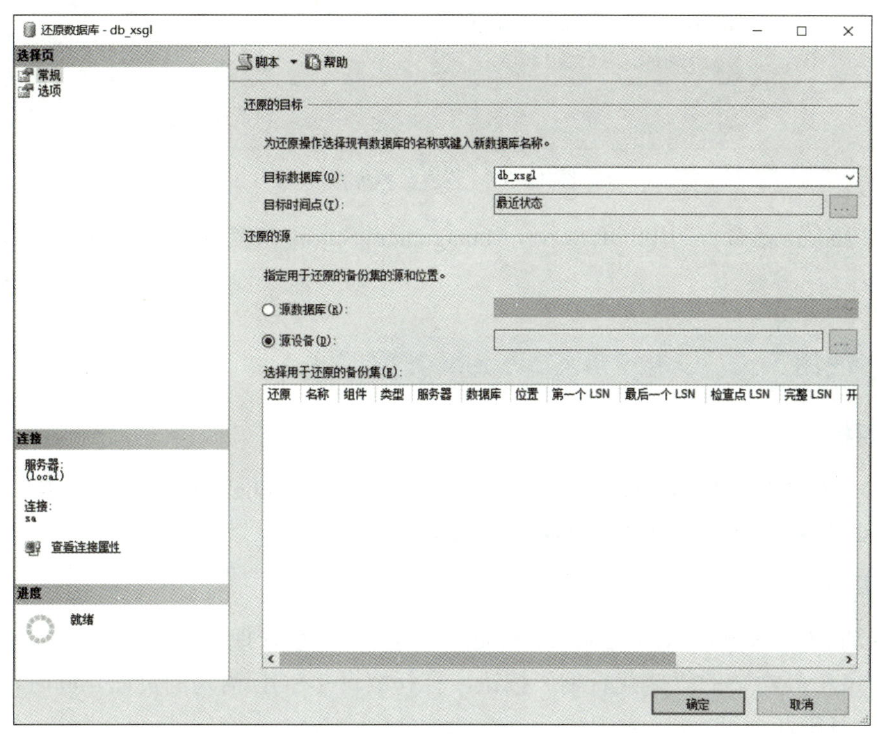

图 11-28 “还原数据库”对话框

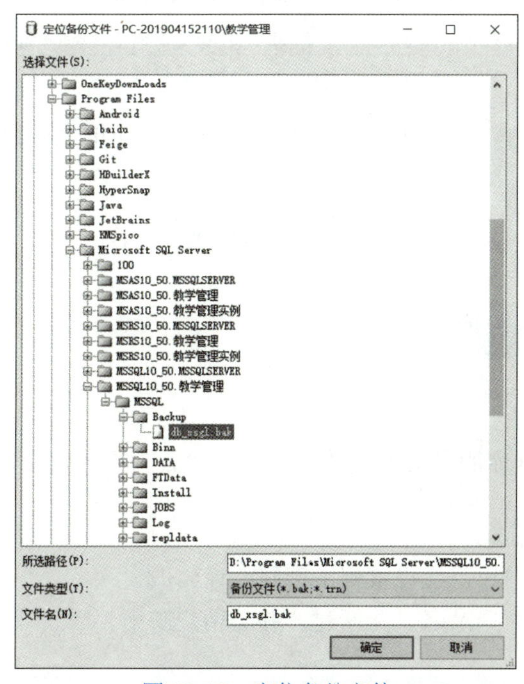

图 11-29 定位备份文件

5）单击“确定”按钮，返回“指定备份”对话框，在该对话框中单击“确定”按钮，返回“还原数据库 -db_xsgl”对话框，选中用于还原的备份集中的文件名为“Full backup of db_xsgl”的文件后，单击“确定”按钮，显示还原数据库“db_xsgl”成功，如图 11-30 所示。

图 11-30　还原数据库成功

扫描二维码，观看“使用 SQL Server Management Studio 恢复 student 数据库”视频。

操作 7　使用 T-SQL 语句恢复 student 数据库

操作目标

在“D:\SQLServerBackups\”位置创建一个名为 db_xsgl.bak 的本地磁盘备份文件。将设备 db_xsgl.bak 完全恢复到“db_xsgl”数据库。

操作实施

1）启动 SQL Server Management Studio，连接“教学管理”实例。

2）单击工具栏中的“新建查询”按钮，打开编辑 T-SQL 语句的页面，同时显示“SQL 编辑器”工具栏。

3）在编辑窗口中输入 SQL 语句命令，如图 11-31 所示。

```
RESTORE DATABASE db_xsgl FROM disk='D:\SQLServerBackups\db_xsgl.bak'
```

图 11-31　SQL 语句命令恢复数据库

4）单击“SQL 编辑器”工具栏中的“执行”按钮，即可完成操作。

拓 展 训 练

拓展训练 1　设置 sa 的密码

训练任务

将“教育管理”数据库服务器实例的登录用户“sa”的密码设置为“sqlstudy”。

训练要求

1）如果“sa”登录用户已经设置好了密码，请修改。

2）如果不存在“sa”登录名，请新建，并与用户映射。

拓展训练 2　使用 backup database 语句来还原数据库

训练任务

使用 backup database 语句来还原数据库“db_xsgl”，备份文件的存储位置在“D:\SQL

ServerBackups\db_xsgl.bak”。

训练要求

1）查找“backup database”语句的语法结构。
2）恢复数据库，并查看恢复结果。

项 目 小 结

1）本项目以实际操作引领读者进入到数据库使用中的重要操作—— 数据库的备份与还原，培养读者良好的数据备份习惯。

2）向读者介绍备份 SQL Server 数据库的优点、基本的备份和还原术语，介绍 SQL Server 的备份和还原策略以及 SQL Server 备份和还原的安全注意事项。

课后拓展与实践

1）SQL Server 有几种验证方式？它们的区别是什么？
2）什么是角色？服务器角色和数据库角色的区别是什么？
3）权限分为哪几种？它们有什么区别？
4）添加一个用户账户 studentuser，其登录密码为 s123456。
5）删除上面的用户账户 studentuser。
6）数据库有哪些备份类型？
7）如何制定数据库备份策略？
8）如何使用 T-SQL 语句恢复数据库？

阅 读 提 升

树立网络安全观，全民共筑安全线。

——《中华人民共和国网络安全法》

到目前为止，关于数据泄露的好消息是：与 2021 相比，每次网络攻击的受害人数都有所下降。

但坏消息是，根据 Identify Theft Research Center 中心的数据显示，与 2021 年同期相比，2022 年第一季度实际报告的数据泄露事件数量增加了 14%，达到 404 起。勒索软件攻击的平均支付额比去年增加了 71%，现在平均支付额接近 100 万美元。

在防止数据泄露和可能发生的财务损失方面，我们有得也有失。而我们每一个人，应提高网络安全意识，共同维护网络安全。

项目 12　构建学生管理数据库系统

学习目标

- ✧ 能够根据需求分析，设计系统的功能模块
- ✧ 能够理解各模块的功能
- ✧ 能够划分各模块之间的关系
- ✧ 能够根据系统需求创建必要的数据表中的字段，并设计其属性
- ✧ 掌握数据库设计的基本流程
- ✧ 掌握数据库设计过程中各个阶段的工作过程和工作内容
- ✧ 了解管理信息应用系统的数据库设计的基本方法
- ✧ 熟练创建存储过程
- ✧ 熟练掌握 SQL 数据库开发环境
- ✧ 掌握控件的使用方法
- ✧ 掌握数据库连接的一般方法
- ✧ 理解模板的作用和原理
- ✧ 熟练掌握数据绑定的方法

任务 1　项目的初步设计

任务描述

设计一个学生课程管理系统，设计系统功能模块，并画出各模块之间的联系图。分析各功能模块具体实现的功能。

知识储备

1. Web 软件开发

Web 软件的分散性和交互性，决定了 Web 开发必须遵从一定的开发规范和技术约定，只有 Web 项目开发人员都按照统一的规范去设计、沟通、开发、测试、部署，才能保证整个开发团队协调一致的工作，从而提高开发工作效率，提升工程项目质量。

2. Web 软件开发流程

项目管理的根本是按时、保质、保量地完成预期交付的成果。项目管理要让整个组织能清楚理解项目实施的目的、影响、进度，应做到项目组所有成员都能理解项目实施的原因、意义及客户的要求。根据项目管理的理论，Web 项目开发需要经历调研、需求分析、设计、编码、测试、部署、测试和维护等步骤。一个项目从实施到完成，推荐使用以下步骤，根据具体项目的实际情况可适当地进行变动，如图 12-1 所示。

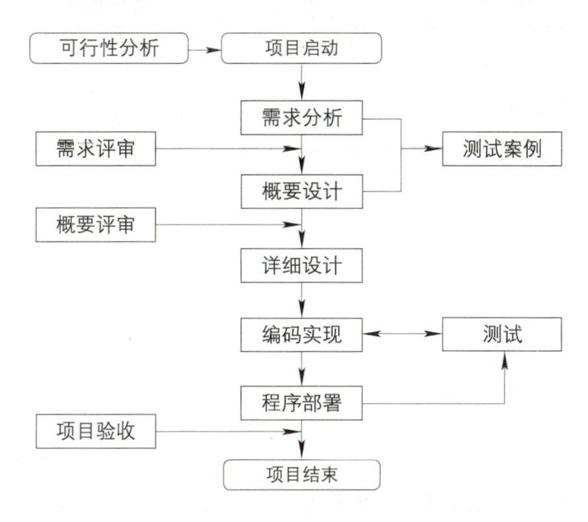

图 12-1　Web 软件开发流程图

3. Web 软件开发过程中团队分工及职责

Web 软件开发项目根据图 12-1 来对照，将图 12-1 中具体工作详细地列出来，让读者知道每个阶段具体做什么工作，见表 12-1。

表 12-1　Web 软件开发过程中团队分工及职责

序　号	步　骤	说　明	参　与　者	生成文档或程序
1	可行性分析	对项目的技术、功能需求和市场进行调研和初步分析，确定是否需要启动项目	部门主管 核心技术人员	《可行性分析报告》 《技术调研报告》
2	启动项目	正式启动项目，由部门主管指定项目经理，项目经理制订初步计划，初步计划包括设计和开发时间的初步估计	部门主管 核心技术人员	《项目初步计划文档》
3	需求分析	对项目进行详细的需求分析，编写需求文档，对于 B/S 结构的系统软件需要制作静态演示页面。需求分析文档和静态演示页面需要通过部门主管的审批才能够进行到下一步	项目经理 项目小组核心成员	《需求分析文档》 静态演示页面 《项目计划修订版本》
4	概要设计	根据需求分析对项目进行概要设计。编写目的是说明对系统的设计考虑，包括程序系统流程、组织结构、模块划分、功能分配、接口设计。运行设计、数据结构设计和出错处理设计等，为程序的详细设计提供基础。概要设计经过评审之后，项目经理通过部门主管一起指定项目小组成员	项目经理 项目小组核心成员	《概要设计文档》
5	详细设计	详细设计编制目的是说明一个软件各个层次中的每一个程序（每个模块或子程序）的设计考虑，如果一个软件系统比较简单，层次很少，可以不单独编写，有关内容合并写入概要设计说明书	项目经理 项目小组成员	《详细设计文档》 《项目计划确定版本》

（续）

序　号	步　骤	说　明	参 与 者	生成文档或程序
6	编码实现	根据设计开发项目，同时有美工对操作界面进行美化	项目经理 程序开发人员 美工	《项目计划修订版本》
7	测试	项目经理提交测试申请，由测试部门对项目进行测试，项目小组配合测试部门修改软件中的错误	项目经理 程序开发人员 测试部门	《测试申请》 《测试计划》 《测试报告》
8	项目验收	项目验收归档	部门主管 项目经理	项目所有文档和程序

任务实施

操作 1　设计系统功能模块

操作目标

现在已经完成了系统的需求分析并形成了文档，作为公司项目经理，你需要根据该需求分析报告和项目执行计划进行系统的概要设计，初步设计出系统的功能模块。

操作实施

1）学生信息管理系统需求简介，见表 12-2。

表 12-2　学生信息管理系统需求简介

序　号	需　求	分 析 详 述
1	系统目标	（1）根据查询条件实现学生信息的查询 （2）实现学生选课信息、成绩信息的查询 （3）实现学生信息、课程信息、成绩信息、教师信息的增加、删除和修改 （4）对基本信息完成增加、删除、修改时，需注意表与表之间的关联
2	功能需求分析	（1）学生信息查询：学生可以根据学号、姓名、专业进行查询 （2）学生信息管理：主要是用于学生信息更新、插入、删除 （3）学生成绩录入：用于学生成绩管理，录入学生成绩，也可以更新
3	性能需求分析	（1）界面需求：简洁、易懂、易用、友好的用户界面 （2）安全保密性需求：凭借用户名和密码登录系统，选择正确的用户角色，才能进行信息的管理等

2）系统总体结构及功能模块划分。经过对系统的需求分析，学生信息管理系统主要划分为 2 个用户管理部分，即管理员、学生两个角色用户的功能模块。系统的总体结构，如图 12-2 所示。

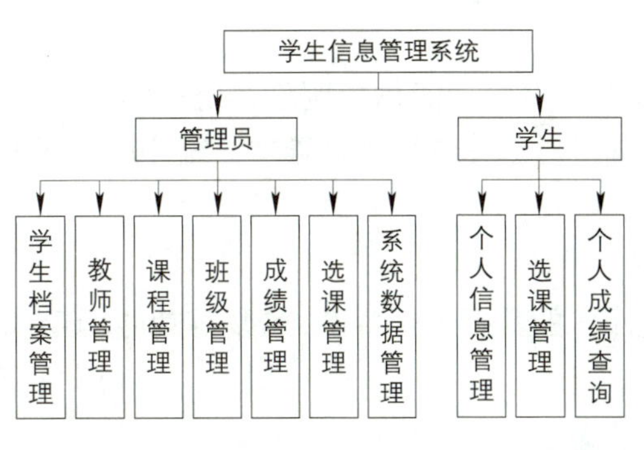

图 12-2　系统的总体结构

操作 2　实现管理员管理模块功能

操作目标

分析管理员管理模块中，每一个部分都需要怎样的功能。

操作实施

该模块主要由七个子模块构成，主要负责学生、教师、课程、班级、系统数据等相关信息的管理功能。

1. 学生档案管理模块

该模块主要负责管理所有在校注册学生的个人信息。主要功能包括添加、删除、修改、查找学生信息。每个学生有唯一的学号，管理员添加新生后，新生即可登录此系统浏览个人信息，登录此系统的用户名和初始密码默认为此学生的学号。

2. 教师管理模块

该模块主要负责管理系统的相关信息，如学生档案、教师、课程、班级、成绩、选课等信息的管理。本模块将本校教师的权限设为管理员，每位教师有唯一的编号，之后通过把教师加为管理员，而让该教师拥有管理员的权限，从而该教师可登录系统进行相关操作。

3. 课程管理模块

该模块负责管理所有的课程信息。主要功能包括添加、删除、修改、查找课程信息。只有管理员才具有对课程信息进行维护的权限。课程管理模块是选课管理模块的基础，只有在课程管理中添加课程的信息，学生才能进行选课。

4. 班级管理模块

该模块负责班级的管理。主要功能包括添加、删除和修改班级信息，以及对班级信息的查询。只有管理员才具有对班级管理信息进行维护的权限。学生信息的添加是建立在班级信息维护的基础上，每个学生必然属于特定的班级。并且管理员在对学生成绩查询统计时，可以统计各个班级的平均分、最高分等。

5. 成绩管理模块

学生选修的每一门课最后都有成绩，查询的内容包括课程名称、某位学生的成绩等。只有管理员可录入学生每一门课的成绩，并能进行修改，也可以计算某个班级的某个课程的最高分、平均分，计算优秀和不及格人数等。学生只能查询自己所学课程的成绩。

6. 选课管理模块

该模块负责选课的管理。主要功能包括删除、统计学生选课信息。它以在课程管理系统中维护信息作为基础，既可对选修课程进行管理，统计选修课人数，也可在超过选课规定人数时进行删除。

7. 系统数据管理模块

该模块对整个系统所操作的数据进行备份、恢复等功能，还包含学院与专业的信息增加、修改和删除等功能。

操作 3　实现学生操作模块功能

操作目标

分析学生操作模块中，各项需要的功能。

操作实施

学生只能进入此模块，该模块主要有 3 个子模块：个人信息管理模块、选课管理模块和个人成绩查询模块。

1）个人信息管理模块。登录成功后，整个操作界面仅针对登录学生，学生可以根据个人的需要修改自己的密码、个人其他信息等，以免自己的个人信息出现错误或者信息外泄。

2）选课管理模块。学生进入后可以查看自己专业的相关课程信息，从而选择自己感兴趣的课程，而修满自己所要达到的学分，并同步出现学生自己的选课信息，学生可以通过查看自己选择的课程，来检查自己所选课程的学分是否达到专业要求或者学院规定。

3）个人成绩查询模块。该模块是很重要的查询处理功能模块，学生通过查看成绩可以直接了解自己所学课程是否合格，以便制定下一个学期的课程学习计划。

任务 2　设计和建立数据库

任务描述

根据前面设计的系统功能模块结构，本任务设计若干数据表，要求尽量减少数据冗余。在系统中创建 9 张表，即除了学生、班级、教师、课程等基本表外，考虑到便于系统管理员管理，还需设计用户表，记录用户登录系统时的用户名、密码和角色权限。

请你设计该学生信息管理数据库、表和存储过程，并示意表间关系。

知识储备

数据库设计

1. 定义

数据库设计（Database Design）是指根据用户的需求，在某一具体的数据库管理系统上，设计数据库的结构和建立数据库的过程。数据库系统需要操作系统的支持。

数据库设计是建立数据库及其应用系统的技术，是信息系统开发和建设中的核心技术。

由于数据库应用系统的复杂性，为了支持相关程序运行，数据库设计就变得异常复杂，因此最佳设计不可能一蹴而就，而只能是一种“反复探寻，逐步求精”的过程，也就是规划和结构化数据库中的数据对象以及这些数据对象之间关系的过程。

2．设计步骤

数据库设计步骤，如图 12-3 所示。

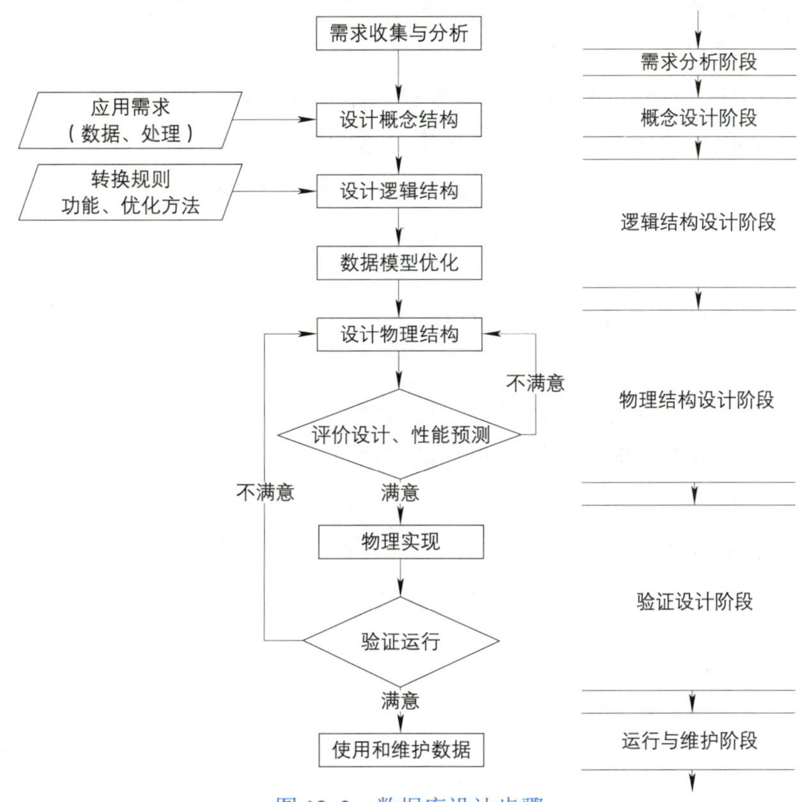

图 12-3　数据库设计步骤

数据库设计步骤分析过程如下。

（1）需求分析

调查和分析用户的业务活动和数据的使用情况，弄清所用数据的种类、范围、数量以及它们在业务活动中交流的情况，确定用户对数据库系统的使用要求和各种约束条件等，形成用户需求规约。

（2）概念设计

对用户要求描述的现实世界（可能是一个工厂、一个商场或者一个学校等），通过对其中诸处的分类、聚集和概括，建立抽象的概念数据模型。这个概念模型应反映现实世界各部门的信息结构、信息流动情况、信息间的互相制约关系以及各部门对信息存储、查询和加工的要求等。所建立的模型应避开数据库在计算机上的具体实现细节，用一种抽象的形式表示出来。以扩充的实体—联系模型（E-R 模型）方法为例，第一步先明确现实世界各部门所含的各种实体及其属性、实体间的联系以及对信息的制约条件等，从而给出各部门内所用信息的局部描述（在数据库中称为用户的局部视图）。第二步再将前面得到的多个用户的局部视图集成为一个全局视图，即用户要描述的现实世界的概念数据模型。

（3）逻辑结构设计

主要工作是将现实世界的概念数据模型设计成数据库的一种逻辑模式，即适用于某种特定数据库管理系统所支持的逻辑数据模式。与此同时，可能还需要为各种数据处理应用领域产生相应的逻辑子模式。这一步设计的结果就是所谓“逻辑数据库”。

（4）物理结构设计

根据特定数据库管理系统所提供的多种存储结构和存取方法等依赖于具体计算机结构的各项物理设计措施，对具体的应用任务选定合适的物理存储结构（包括文件类型、索引结构和数据的存放次序与位逻辑等）、存取方法和存取路径等。这一步设计的结果就是所谓“物理数据库”。

（5）验证设计

在上述设计的基础上，收集数据并具体建立一个数据库，运行一些典型的应用任务来验证数据库设计的正确性和合理性。通常，一个大型数据库的设计过程往往需要经过多次循环反复。当设计中的某个步骤发现问题时，可能就需要返回到前面去进行修改。因此，在做上述数据库设计时就应考虑到今后修改设计的可能性和方便性。

（6）运行与维护

在数据库系统正式投入运行的过程中，必须不断地对其进行调整与修改。

任务实施

操作1 设计和建立数据库

操作目标

根据设计需求为学生信息管理系统设计学生档案信息表、班级信息表、专业信息表、分院信息表、教师信息表、课程信息表、学生选课信息表等基本表。另外，考虑到便于系统管理员管理，还需设计用户表，记录用户登录系统时的用户名、密码和权限。此外，可能在过程中创建临时的数据表，这样更有利于系统的实现。

操作实施

1）用户表（tab_users）用于存储学生管理系统中所有参与人员的信息，包括管理员登录信息、学生登录信息，这样做的目的是可以方便系统判断用户登录的类型，以及对用户类型的统一管理。用户表主要包括用户名、用户密码和用户类型。“tab_users”数据表属性，见表12-3。

表12-3 “tab_users”数据表属性

序号	字段名称	数据类型	约束	说明
1	user_name	Varchar (50)	主键	用户名
2	user_pass	Varchar (50)		用户密码
3	user_qx	Varchar (10)		用户类型

2）本系统中重要的对象是学生，学生表（tab_student）就是用于存储所有学生信息的。学生表“tab_student”数据表属性，见表 12-4。

表 12-4 “tab_student”数据表属性

序号	字段名称	数据类型	约束	说明
1	student_ID	Varchar (10)	主键	学号
2	student_name	Varchar (35)	非空	姓名
3	student_sex	Varchar (4)		性别
4	student_birthday	Smalldatetime		生日
5	student_nation	Varchar (20)		民族
6	student_nativeplace	Varchar (50)		籍贯
7	student_info	Text		简历
8	student_imgurl	Varchar (150)		登记照
9	student_startdatetime	Smalldatetime		入学日期
10	class_ID	Varchar (10)	外键	班级编号

3）学生所在班级信息相对独立，系统用班级表（tab_class）记录所有班级信息。班级表“tab_class”数据表属性，见表 12-5。

表 12-5 “tab_class”数据表属性

序号	字段名称	数据类型	约束	说明
1	class_ID	Varchar (10)	主键	班级编号
2	class_name	Varchar (40)	非空	班级名称
3	pro_ID	Varchar (10)	外键	专业编号

4）系统构建教师表（tab_teacher）用来存储本校所有教师信息，教师信息表给出一个较为简单的结构。教师表“tab_teacher”数据表属性，见表 12-6。

表 12-6 “tab_teacher”数据表属性

序号	字段名称	数据类型	约束	说明
1	teacher_ID	Varchar (10)	主键	编号
2	teacher_name	Varchar (35)	非空	姓名
3	teacher_sex	Varchar (4)		性别
4	teacher_birthday	Smalldatetime		生日
5	teacher_ptitles	Varchar (60)		职称
6	pro_ID	Varchar (10)	外键	专业编号

5）每一个教师讲授的课程都有记录，教师授课表（tab_teaching）用来记录每位教师所授的课程。教师授课表“tab_teaching”数据表属性，见表 12-7。

表 12-7 “tab_teaching”数据表属性

序号	字段名称	数据类型	约束	说明
1	teaching_ID	Varchar(10)	主键	编号
2	teacher_ID	Varchar(10)	外键	教师编号
3	lesson_ID	Varchar(10)	外键	课程编号
4	teaching_section	Varchar(100)		授课学期

6）系统设计了课程表（tab_lesson），用于存储本校所有课程信息，其中包括课程名称、学分等。课程表“tab_lesson”数据表属性，见表 12-8。

表 12-8 “tab_lesson”数据表属性

序号	字段名称	数据类型	约束	说明
1	lesson_ID	Varchar(10)	主键	课程编号
2	lesson_name	Varchar(150)	非空	课程名称
3	lesson_credit	Float		课程学分
4	pro_ID	Varchar(10)	外键	专业编号

7）学生所学课程都会有成绩，并且每个学生每一门课只有一个成绩。系统设计了成绩表（tab_score），用于存储本校所有学生所学课程信息。成绩表“tab_score”数据表属性，见表 12-9。

表 12-9 “tab_score”数据表属性

序号	字段名称	数据类型	约束	说明
1	student_ID	Varchar(10)	外键	学生学号
2	lesson_ID	Varchar(10)	外键	课程编号
3	student_score	float		考试成绩

8）学生所属专业情况记录在专业表（tab_profession）中，专业表“tab_profession”数据表属性，见表 12-10。

表 12-10 “tab_profession”数据表属性

序号	字段名称	数据类型	约束	说明
1	pro_ID	Varchar(10)	主键	专业编号
2	pro_name	Varchar(100)	非空	专业名称
3	school_ID	Varchar(10)	外键	分院编号

9）专业所属系部情况记录在分院表（tab_school）中，分院表“tab_school”数据表属性，见表 12-11。

表 12-11 “tab_school”数据表属性

序号	字段名称	数据类型	约束	说明
1	school_ID	Varchar(10)	主键	分院编号
2	school_name	Varchar(60)	非空	分院名称
3	school_manager	Varcher(35)		分院领导

10）学生选课情况记录在选课信息表（tab_choicelesson）中，选课信息表“tab_choicelesson”数据表属性，见表 12-12。

表 12-12 “tab_choicelesson”数据表属性

序号	字段名称	数据类型	约束	说明
1	choice_ID	Varchar(10)	主键	选课编号
2	student_ID	Varchar(10)	非空	学生学号
3	lesson_ID	Varchar(10)		课程代码

11）系统使用 Microsoft SQL Server 2008 建立数据库，库名为 db_student。

12）使用 SQL Server Management Studio 创建上述数据库及表结构。

13）几个表间的关系，如图 12-4 所示。

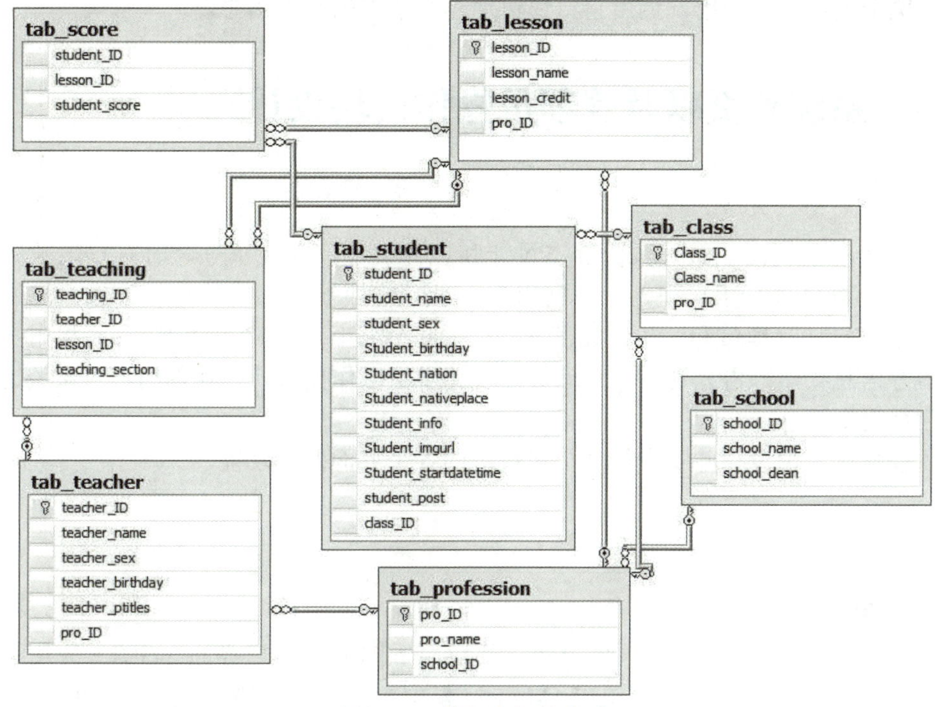

图 12-4　数据表间的关系

操作 2　创建存储过程

操作目标

创建学生信息表“tab_student”的查询存储过程，命名为“select_student”。

“select_student”存储过程用于从“tab_student”表中查询特定的学生个人信息，具体内容包括学生的学号、姓名、性别、出生日期、入学日期等信息。

操作实施

1）启动 SQL Server Management Studio，连接“教学管理”实例。

2）单击工具栏中的“新建查询”按钮，打开编辑 T-SQL 语句的页面，同时显示“SQL 编辑器”工具栏。

3）在编辑窗口中输入 SQL 语句命令，如图 12-5 所示。

```
CREATE PROCEDURE [select_student]
(@SID  [varchar](10))
AS
select *
from tab_student
where student_ID=@SID
```

图 12-5　“select_student”存储过程命令

4）单击“SQL 编辑器”工具栏中的“执行”按钮，即可完成操作。

说明：在本系统中，由于在很多情况下都需要判断学生信息的有效性，即此学生是否是已注册学生，调用此存储过程可方便地根据学号判断学生信息的有效性；此存储过程还可在学生浏览个人信息时使用，调用它将快速地返回学生的基本信息。

任务 3　系统首页以及管理员操作模块设计

任务描述

设计系统登录页面，做好页面静态设计和控件设计，并要求登录时有权限限制。登录页面通过下拉菜单进行用户识别，不同用户登录时将根据其不同的身份进入不同的功能页面，系统用户包括管理员和学生，在用户身份验证通过后，系统利用 Session 将用户账号、用户身份等信息存储，再分别进入管理员模块和学生操作模块，并伴随用户对系统进行操作的整个生命周期。

在本任务中，请设计并实现管理员模块中的各个界面及其功能。

知识储备

1. MVC 概念

MVC 是一种架构设计模式，该模式主要应用于图形化用户界面（GUI）应用程序。那么什么是 MVC？ MVC 由三部分组成：Model（模型）、View（视图）及 Controller（控制器）。

1）Model 即应用程序的数据模型。任何应用程序都离不开数据，数据可以存储在数据库、磁盘，甚至内存中。Model 就是对这些数据的抽象，不论数据采取何种存储形式，应用程序总是能够通过 Model 来对数据进行操作，而不必关心数据的存储形式。数据实体类就是常用的一种 Model。例如，一个客户管理应用程序使用数据库来存储客户数据时，数据库表中有一个客户表 Customer，相应的程序中一般会建立一个数据实体类 Customer 来与之对应，这个实体类就是客户表的 Model。

2）View 是应用程序的界面。用户通过 View 来操作应用程序，完成与程序的交互。View 提供了可视化的界面来显示 Model 中定义的数据，用户通过 View 来操作数据，并将对 Model 数据操作的结果返回给用户。在桌面应用程序中，View 可能是一个或多个 Windows 窗体。在 Web 应用程序中，View 是由一系列网页构成，在 .NET 网站中即为 .aspx 页面。

3）Controller 定义了程序的应用逻辑。用户通过 View 发送操作命令给 Controller，由 Controller 按照程序设计的逻辑来更新 Model 定义的数据，并将操作结果通过 View 返回给用户。

2. .NET Web 开发中 MVC 设计模式的实现

1）表现层。显示业务处理结果；提供给用户交互接口；根据用户的请求调用不同的业务逻辑。

2）业务逻辑层。完成具体的业务逻辑操作，返回处理结果。

3）数据持久层。完成业务逻辑对数据库访问的任务。

3. MVC 设计模式的优势

1）实现“高内聚、低耦合”。采用“分而治之”的思想，把问题拆分开逐个解决，易于控制，易于延展，易于分配资源。

2）使用分层的好处。将整个系统分为不同的逻辑块，降低了应用系统开发和维护的成本；将数据访问和逻辑操作都集中到组件中，增强了系统的复用性；系统的扩展性大大增强。

4. VS2008 中的两种文件

一般在 VS 里面新建一个页面会产生两种文件：一种是后缀名为 .cs 的，一种是 .aspx。简单地说，.cs 文件一般是在界面里实现功能的，而 .aspx 就是实现界面效果的。

5. Session 的定义及应用

（1）概念

Web 中的 Session 是指用户在浏览某个网站时，从进入网站到浏览器关闭所经过的这段时间，也就是用户浏览这个网站所花费的时间。因此从上述的定义中可以看到，Session 实际上是一个特定的时间概念。

（2）.Net 中 Session 的应用

1）Session 的存储

System.Web.HttpContext.Current.Session[“name”] = “ 值 ”;

2）获取 Session

label1.Text = System.Web.HttpContext.Current.Session[“name”];

3）销毁 Session

Session.Remove(“name”);

6. SqlDataSource 控件

（1）简介

SqlDataSource 是基于 ADO.NET 构建的，会使用 ADO.NET 中的 DataSet、DataReader 和 Command 对象，我们看不见它们是因为它们被封装起来了。SqlDataSource 是一个控件，所以允许以声明控件的方式，而不是编程的方式使用这些 ADO.NET 对象。

SqlDataSource 需要与其他数据绑定控件结合起来，以显示数据。

（2）常用的属性

SqlDataSource 的属性不仅可以在程序代码中进行设定，也可以在画面中像使用控件方式一样进行设定。

1）ConnectionString 属性。获取或设置特定于 ADO.NET 提供程序的连接字符串。如果是控件形式，可以在 .aspx 页面中进行设定。

```
<!-- 连接字符串直接写入 ConnectionString 属性中 -->
<asp:SqlDataSource ID=“srcMovies” runat=“server”
        ConnectionString=“Data Source=PC;Initial Catalog=DawnEnterpriseDB;User ID=sa;Password=****” >
<!-- 连接字符串直接在 web.config 中 -->
<asp:SqlDataSource ID=“srcMovies” runat=“server”
```

```
    ConnectionString="<%$ ConnectionStrings:DawnEnterpriseDBConnectionString %>" >
```

如果是编程方式，在 aspx.cs 中代码如下：

```
SqlDataSource srcMov = new SqlDataSource();
srcMov.ConnectionString =
        WebConfigurationManager.ConnectionStrings["DawnEnterpriseDBConnectionString"].
ConnectionString;
```

2）ProviderName 属性。获取或设置 .NET Framework 数据提供程序的名称，使用该提供程序来连接基础数据源。

如果不进行设定，则默认为 Microsoft SQL Server 的 ADO.NET 提供程序的名称。

可以设定的值有“System.Data.SqlClient”“System.Data.OleDb”“System.Data.Odbc”“System.Data.OracleClient”。

MSDN 上记载：如果更改 ProviderName 属性，会引发 DataSourceChanged 事件，从而导致所有绑定到 SqlDataSource 的控件重新进行绑定。

3）执行四个 SQL 语句的 Command 及相应的 CommandType。SelectCommand、Insert Command、UpdateCommand 和 DeleteCommand 这四个属性都是 String 类型，可以提供 SQL 语句及存储过程名称。

如果提供的是存储过程，则需要把相应的 SelectCommandType、InsertCommandType、UpdateCommandType、DeleteCommandType 设定为“StoredProcedure”。

4）进行过滤的 FilterExpression 属性。设定 FilterExpression 属性，可以过滤控件返回的行，例如：

```
<asp:SqlDataSource ID="SqlDataSource1" runat="server"
        ConnectionString="<%$ ConnectionStrings:DawnEnterpriseDBConnectionString %>"
            SelectCommand="SELECT [product_id], [product_code], [product_name] FROM
[product_main]"
        FilterExpression="Product_name like '{0}%'"
        Runat="server">
        <FilterParameters>
            <asp:ControlParameter Name="Title" ControlID="txtTitle" />
        </FilterParameters>
</asp:SqlDataSource>
```

5）改变数据源模型 DataSourceMode 属性。可以改变的数据源模型有“DataReader”和“DataSet”，默认是 DataSet，相比 DataSet，DataReader 可以更快速，但是，只有 DataSet 提供了缓存、过滤、分页和排序功能。

6）参数对象属性。通常，SQL 语句和存储过程包括运行时计算的参数。使用参数编写的 SQL 语句称作参数化 SQL 语句，ASP.NET 数据源控件可以接受输入参数，这样就可以在运行时将值传递给这些参数。

参数值可以从多种源中获取。通过 Parameter 对象，可以从 Web 服务器控件属性、Cookie、会话状态、QueryString 字段、用户配置文件属性及其他源中为参数化数据操作提供值。

相应的参数对象包括：

Parameter 表示任意一个静态值。

ControlParameter 表示控件值或页面的属性值。

CookieParameter 表示浏览器的 Cookie 值。

FormParameter 表示一个 HTML 表单字段的值。

ProfileParameter 表示一个配置文件属性值。

QueryStringParameter 表示一个查询字符串字段中的值。

SessionParameter 表示一个存储在会话状态中的值。

以上参数对象也具有相关属性，包括 ConvertEmptyStringToNull、DefaultValue、Direction、Name、Size 和 Type。参数对象可以用显式的声明参数，对于 GridView、DetailsView 数据绑定控件，则无须显式的声明参数。

7）缓存属性 EnableCaching 与 CacheDuration。EnableCaching 属性表示是否需要缓冲，CacheDuration 表示缓存的失效时间。

7. GridView 控件

（1）简介

GridView 控件是 .NET Framework 2.0 版中新增的，它弥补了在 .NET Framework 1.1 中 DataGrid 控件的很多不足之处（如需要编写大量编码、使用不便和开发效率受限等）。使用 GridView 控件时，只需拖拽控件，设置属性就可以实现强大的数据处理功能，几乎不需要编写任何代码，从而使开发效率大幅提高。

GridView 控件支持的功能包括：绑定至数据源控件，内置排序功能，内置更新和删除功能，内置分页功能，内置行选择功能，用于超链接列的多个数据字段，可通过主题和样式进行自定义的外观和以编程方式访问 GridView 对象模型以动态设置属性、处理事件等。

（2）使用 GridView 控件显示数据表

GridView 控件的命名空间为 System.Web.UI.WebControls，它支持下列字段控件。

1）BoundField 控件：以字符串的方式显示该字段数据。

2）ButtonField 控件：显示一个用户定义的按钮。

3）CheckField 控件：字段值如果是布尔值，显示复选框（CheckBox）。

4）CommandField 控件：自动产生一个命令按钮，包括编辑（Edit）、更新（Update）、取消（Cancel）按钮，选择（Select）按钮和删除（Delete）按钮。

5）HyperLinkField 控件：把字段值显示为超级链接（HyperLink）。

6）ImageField 控件：当字段值指向某图片时，则自动显示该图片。

7）TemplateField 控件：允许用户使用模板定制其他控件的外观。

GridView 控件只是一个数据显示视图，自身不提供数据，通常需要通过数据源控件与数据库绑定，从而获取数据之后在表格中显示。

（3）GridView 控件的属性

GridView 支持大量属性，这些属性属于如下几大类：行为、样式、外观、模板和状态。

1）GridView 控件的行为属性，见表 12-13。

表 12-13　GridView 控件的行为属性

属　性	描　述
AllowPaging	指该控件是否支持分页
AllowSorting	指该控件是否支持排序
AutoGenerateColumns	指该控件是否自动地为数据源中的每个字段创建列。默认为 TRUE
AutoGenerateDeleteButton	指该控件是否包含一个按钮列以允许用户删除映射到被单击行的记录
AutoGenerateEditButton	指该控件是否包含一个按钮列以允许用户编辑映射到被单击行的记录
AutoGenerateSelectButton	指该控件是否包含一个按钮列以允许用户选择映射到被单击行的记录
DataMember	指一个多成员数据源中的特定表绑定到该网格。该属性与 DataSource 结合使用，如果 DataSource 有一个 DataSet 对象，则该属性包含要绑定的特定表的名称
DataSource	获得或设置包含用来填充该控件的值的数据源对象
DataSourceID	指示所绑定的数据源控件
EnableSortingAndPagingCallbacks	指示是否使用脚本回调函数完成排序和分页。默认情况下禁用
RowHeaderColumn	用作列标题的列名。该属性旨在改善可访问性
SortDirection	获得列的当前排序方向
SortExpression	获得当前排序表达式
UseAccessibleHeader	规定是否为列标题生成 <th> 标签（而不是 <td> 标签）

2）GridView 控件的样式属性，见表 12-14。

表 12-14　GridView 控件的样式属性

属　性	描　述
AlternatingRowStyle	定义表中每隔一行的样式属性
EditRowStyle	定义正在编辑的行的样式属性
FooterStyle	定义网格的页脚的样式属性
HeaderStyle	定义网格的标题的样式属性
EmptyDataRowStyle	定义空行的样式属性，这是在 GridView 绑定到空数据源时生成
PagerStyle	定义网格的分页器的样式属性
RowStyle	定义表中的行的样式属性
SelectedRowStyle	定义当前所选行的样式属性

3）GridView 控件的外观属性，见表 12-15。

表 12-15　GridView 控件的外观属性

属　性	描　述
BackImageUrl	指要在控件背景中显示的图像的 URL
Caption	在该控件的标题中显示的文本
CaptionAlign	标题文本的对齐方式
CellPadding	指一个单元的内容与边界之间的间隔（以像素为单位）
CellSpacing	指单元之间的间隔（以像素为单位）
GridLines	指该控件的网格线样式
HorizontalAlign	指该页面上的控件水平对齐
EmptyDataText	指当该控件绑定到一个空的数据源时生成的文本
PagerSettings	引用一个允许设置分页器按钮的属性的对象
ShowFooter	指是否显示页脚行
ShowHeader	指是否显示标题行

4）GridView 控件的模板属性，见表 12-16。

表 12-16　GridView 控件的模板属性

模　板	描　述
EmptyDataTemplate	指该控件绑定到一个空的数据源时要生成的模板内容。如果该属性和 EmptyDataText 属性都被设置了，则该属性优先采用。如果两个属性都没有设置，则把该网格控件绑定到一个空的数据源时不生成该网格
PagerTemplate	指为分页器生成的模板内容。该属性覆盖可能通过 PagerSettings 属性做出的任何设置

5）GridView 控件的状态属性，见表 12-17。

表 12-17　GridView 控件的状态属性

属　性	描　述
BottomPagerRow	返回表示该网格控件的底部分页器的 GridViewRow 对象
Columns	获得一个表示该网格中的列对象的集合。如果这些列是自动生成的，则该集合总是空的
DataKeyNames	获得一个包含当前显示项的主键字段的名称的数组
DataKeys	获得一个表示在 DataKeyNames 中为当前显示的记录设置的主键字段的值
EditIndex	获得和设置基于 0 的索引，标识当前以编辑模式生成的行
FooterRow	返回一个表示页脚的 GridViewRow 对象
HeaderRow	返回一个表示标题的 GridViewRow 对象
PageCount	获得显示数据源的记录所需的页面数
PageIndex	获得或设置基于 0 的索引，标识当前显示的数据页
PageSize	指在一个页面上要显示的记录数
Rows	获得一个表示该控件中当前显示的数据行的 GridViewRow 对象集合
SelectedDataKey	返回当前选中的记录的 DataKey 对象
SelectedIndex	获得和设置标识当前选中行的基于 0 的索引
SelectedRow	返回一个表示当前选中行的 GridViewRow 对象
SelectedValue	返回 DataKey 对象中存储的键的显式值。类似于 SelectedDataKey
TopPagerRow	返回一个表示网格的顶部分页器的 GridViewRow 对象

（4）GridView 控件的事件

GridView 控件的方法与 DataBind 的方法相同。然而，如前所述，在很多情况下不需要调用 GridView 控件的方法。当把 GridView 绑定到一个数据源控件时，数据绑定过程隐式地启动。

在 ASP.NET 2.0 中，很多控件以及 Page 类本身，有很多对 doing/done 类型的事件。控件生命期内的关键操作通过一对事件进行封装：一个事件在该操作发生之前激发，一个事件在该操作完成后立即激发。GridView 类也不例外。GridView 控件激发的事件，见表 12-18。

表 12-18 GridView 控件激发的事件

事件	描述
PageIndexChanging, PageIndexChanged	这两个事件都是在其中一个分页器按钮被单击时发生。它们分别在网格控件处理分页操作之前和之后激发
RowCancelingEdit	在一个处于编辑模式的行的 Cancel 按钮被单击，但是在该行退出编辑模式之前发生
RowCommand	单击一个按钮时发生
RowCreated	创建一行时发生
RowDataBound	一个数据行绑定到数据时发生
RowDeleting, RowDeleted	这两个事件都是在一行的 Delete 按钮被单击时发生。它们分别在该网格控件删除该行之前和之后激发
RowEditing	当一行的 Edit 按钮被单击时，但是在该控件进入编辑模式之前发生
RowUpdating, RowUpdated	这两个事件都是在一行的 Update 按钮被单击时发生。它们分别在该网格控件更新该行之前和之后激发
SelectedIndexChanging, SelectedIndexChanged	这两个事件都是在一行的 Select 按钮被单击时发生。它们分别在该网格控件处理选择操作之前和之后激发
Sorting, Sorted	这两个事件都是在对一个列进行排序的超链接被单击时发生。它们分别在网格控件处理排序操作之前和之后激发

任务实施

操作 1 设计登录页面

操作目标

建立起 .NET 分层开发框架，并实现学生信息管理系统的登录页面设计及功能实现。

操作实施

1）打开 Visual Studio 2008 开发环境，单击“新建”→“项目”命令，在“新建项目”窗口内的“其他项目类型”中选择“Visual Studio 解决方案”并输入方案名“studentManagementSYS”及路径，单击“确定”按钮创建项目解决方案“studentManagementSYS”，如图 12-6 所示。

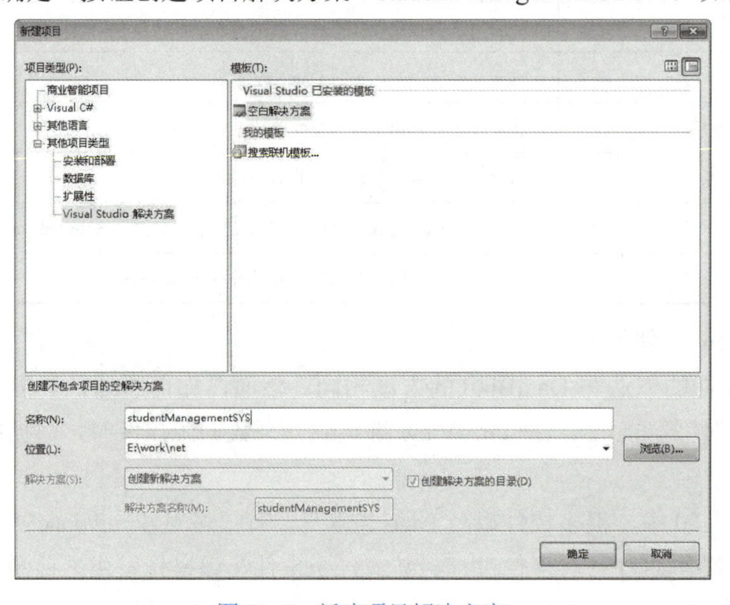

图 12-6 新建项目解决方案

2）在“解决方案资源管理器”中，右击解决方案“studentManagementSYS”，在弹出的快捷菜单中单击“添加新建网站”命令，在打开的“添加新网站”窗口中选择“ASP.NET网站”，单击“确定”按钮创建网站，即创建表现层，如图 12-7 所示。

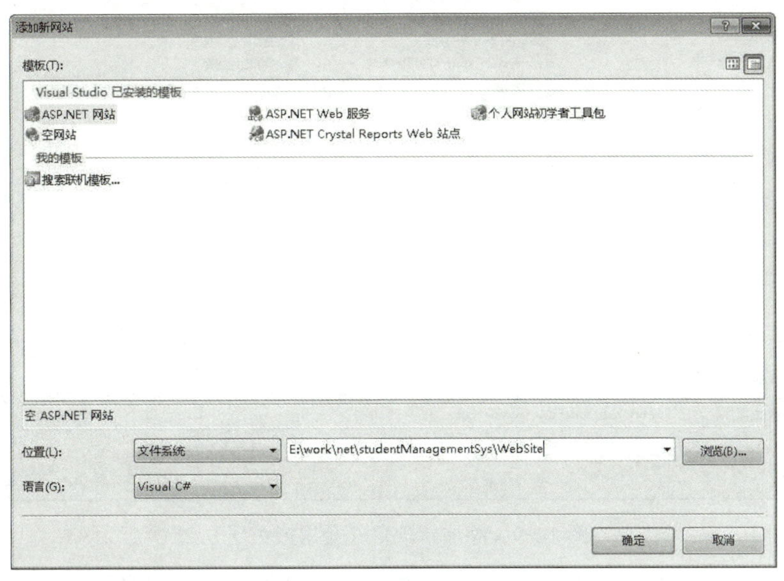

图 12-7　添加新网站（创建表现层）

3）在“解决方案资源管理器”中，右击解决方案“studentManagementSYS”在弹出的快捷菜单中单击“添加新建项目”命令，在打开的“添加新项目”窗口中选择“类库”，输入类库名称“BLL”，如图 12-8 所示。单击“确定”按钮创建业务逻辑层目录。

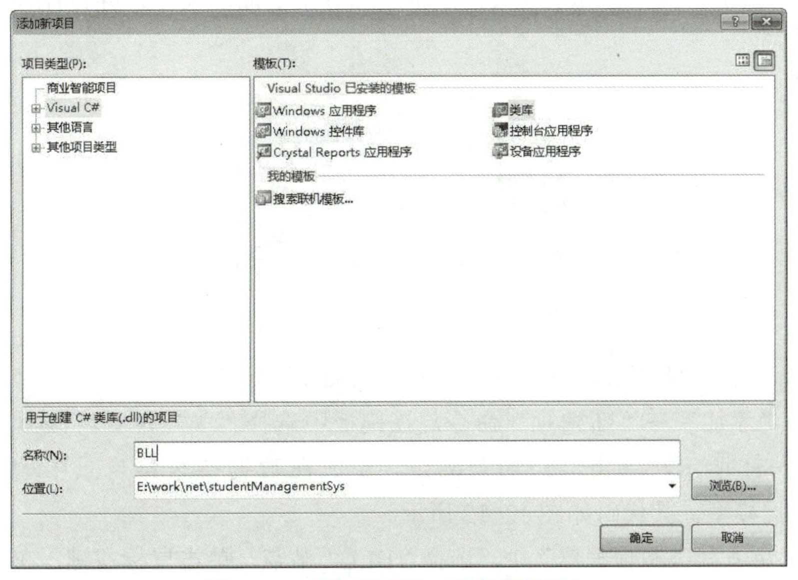

图 12-8　添加新项目（业务逻辑层）

4）在“解决方案资源管理器”中，右击解决方案“studentManagementSYS”在弹出的快捷菜单中单击“添加新建项目”命令，在打开的“添加新项目”窗口中选择“类库”，输入类库名称“Model”，如图 12-9 所示。单击“确定”按钮创建数据持久层目录。

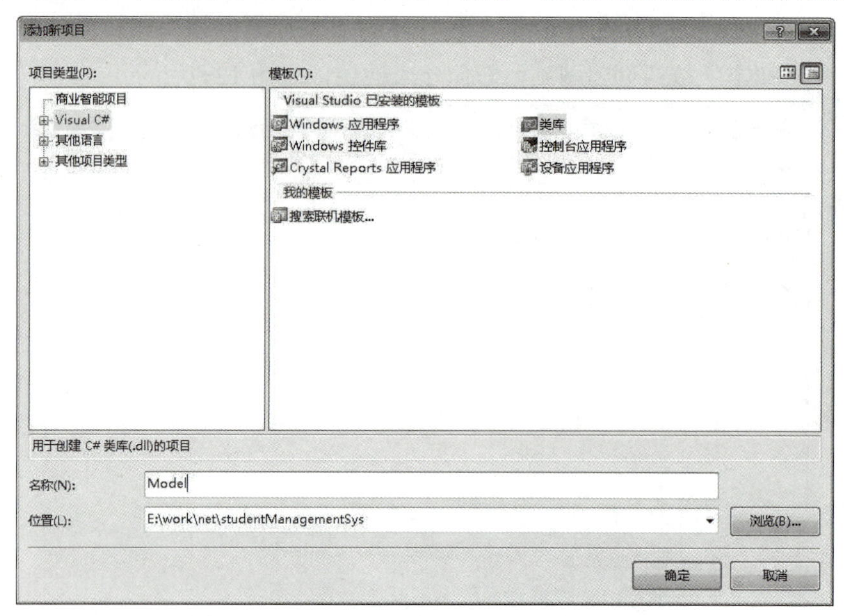

图 12-9　添加新项目（数据持久层）

5）将“项目 12　构建学生管理数据库系统”→“素材”文件夹下的“skin”文件夹复制到表现层中。

6）在“解决方案资源管理器”中，选择“WebSite”节点，单击鼠标右键，在弹出的快捷菜单中选择“添加新建项”命令，在模板中选择“Web 窗体”，并将该窗体命名为“login.aspx”，单击“添加”按钮，完成向表现层中增加登录页面的操作，并设计登录窗体效果，如图 12-10 所示。

图 12-10　登录窗体设计效果

7）在“解决方案资源管理器”中，选择“Model”节点，单击鼠标右键，在弹出的快捷菜单中选择“添加”→“新建项”命令，在模板中选择“类”，并将该类命名为“User.cs”，如图 12-11 所示。单击“添加”按钮，完成在数据持久层目录中增加对应“tab_users”表的数据模型，其代码如图 12-12 所示。

8）在“解决方案资源管理器”中，选择“BLL”节点，单击鼠标右键，在弹出的快捷菜单中选择“添加”→“新建项”命令，在模板中选择“类”，并将该类命名为“UserinfoManage.cs”。单击“添加”按钮，完成在业务逻辑层目录中创建操作表“tab_users”的业务逻辑，并编写处理程序，如图 12-13 所示。

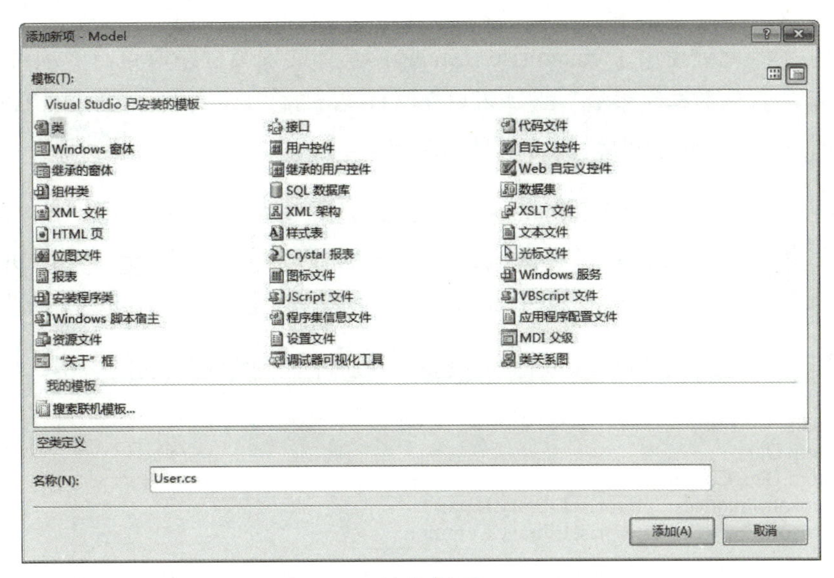

图 12-11　添加新项（users）

```
public class User
{
    private string _user_name;
    private string _user_pass;
    private string _user_qx;

    public string user_name
    {
        get { return _user_name;
        set { _user_name= value;
    }
    public string user_pass
    {
        get { return _user_pass;
        set { _user_pass = value;
    }
    public string user_qx
    {
        get { return _user_qx; }
        set { _user_qx = value;
    }
```

图 12-12　"tab_users"表数据模型代码

```
/**
+----------------------------------------------------------
* 检查用户登录信息方法
+----------------------------------------------------------
*/
public Boolean checkloginuser(String username, String password)
{
    //建立数据连接
    Database db = DatabaseFactory.CreateDatabase("DatabaseDSN");
    //定义SQL查询语句
    string sqlCommand = string.Format("select * from tab_user where user_name='{0}' and user_pass='{1}' ", username, password);
    //创建DbCommand对象
    DbCommand dbCommand = db.GetSqlStringCommand(sqlCommand);
    //执行查询，将结果返回到IDataReader对象中
    using (IDataReader dataReader = db.ExecuteReader(dbCommand))
    {
        if (dataReader.Read())
        {
            //处理查询结果
            dataReader.Close();
            return true;
        }
        else
        {
            dataReader.Close();
            return false;
        }
    }
}//checkloginuser
```

图 12-13　业务逻辑处理程序（检查用户登录信息方法）

提示1 此处使用了 Enterprise Library，具体的安装程序请查看“项目12 构建学生管理数据库系统”→“素材”文件夹下的“Enterprise Library January 2006.exe”，如需新版本请自行下载安装。

提示2 在类“UserinfoManage.cs”页面编写过程中，请自行添加对 Model 的引用和对 Enterprise Library 的引用，关于 Enterprise Library 的引用所需要的文件在“项目12 构建学生管理数据库系统”→“素材”目录下的“bin”文件夹中。

提示3 请在类“UserinfoManage.cs”页面中添加命名空间的引用：

```
using Model;
using System.Data;
using System.Data.Common;
using Microsoft.Practices.EnterpriseLibrary.Data;
using Microsoft.Practices.EnterpriseLibrary.Common;
```

9）在“解决方案资源管理器”中，展开“WebSite”节点，找到“login.aspx”页面，单击其前面的“+”号，展开该页面节点，双击出现的“login.aspx.cs”功能处理页面，进入对登录页面的处理。登录按钮事件处理程序代码，如图 12-14 所示。

```
protected void loginbtn_ServerClick(object sender, EventArgs e)
{
    //获取用户名文本框中输入的值
    string name = username.Value;
    //获取密码文本框中输入的值
    string pass = password.Value;
    //判断输入的值是否为空
    if (name == "")
    {
        Response.Write("<script>alert('用户名不能为空！')</script>");
    }
    if (pass == "")
    {
        Response.Write("<script>alert('密码不能为空！')</script>");
    }
    if (name != "" && pass != "")
    {
        //声明用户信息处理类
        UserinfoManage um = new UserinfoManage();
        Boolean flag = um.checkloginuser(name,pass);
        if (flag == false) //没有查到输入的用户名和密码
        {
            Response.Write("<script>alert('用户名或者密码错误！')</script>");
        }
        else //利用Session进行记录登录用户名和权限
        {
            User u = new User();
            u = um.getUserinfoByUserName(name) ;
            Session["UserName"] = u.user_name;//存储用户名的Session
            Session["UserQx"] = u.user_qx;//存储用户角色的Sessioon
            Response.Write("<script>alert('欢迎" + u.user_name + "进入该系统！')</script>");
            Response.Redirect("main.aspx");
        }
    }

}
```

图 12-14 登录按钮事件处理程序代码

其中，“getUserinfoByUserName (name)”这一方法是在类“UserinfoManage.cs”页面中定义的方法，其功能及其程序，如图 12-15 所示。

10）单击工具栏上“启动调试”按钮，即可查看登录窗体设计效果。

```
/**
+------------------------------------------------------------
* 通过用户名获取用户的信息
+------------------------------------------------------------
*/
public User getUserinfoByUserName(string username)
{
    User u = new User();
    Database db = DatabaseFactory.CreateDatabase("DatabaseDSN");
    //定义SQL查询语句
    string sqlCommand = string.Format("select * from tab_user where user_name='{0}'", username);
    //创建DbCommand对象
    DbCommand dbCommand = db.GetSqlStringCommand(sqlCommand);
    //执行查询，将结果返回到IDataReader对象中
    using (IDataReader dataReader = db.ExecuteReader(dbCommand))
    {
        while (dataReader.Read())
        {
            //处理查询结果
            u.user_name = dataReader["user_name"].ToString();
            u.user_pass = dataReader["user_pass"].ToString();
            u.user_qx = dataReader["user_qx"].ToString();
        }//while
        if (dataReader != null)
        {
            dataReader.Close();
        }
    }//using
    return u;
}//getUserifoByUserName
```

图 12-15　业务逻辑处理程序（通过用户名获取用户的信息）

操作 2　管理员操作模块中的学生信息管理设计

操作目标

学生信息管理页面窗体如图 12-16 所示，其所属的学生信息管理模块是学生信息管理系统中管理学生学籍的部分。学生信息管理页面主要是负责所有学生个人信息的浏览，页面采用 DataGrid 控件和 SqlDataSource 数据集的绑定来返回所有学生信息，利用“学生信息视图”分页显示，并可以对学生信息进行添加、修改、查找或删除。

操作实施

1）在表现层目录下，建立母版，如图 12-16 所示。

图 12-16　学生信息管理页面窗体

2）建立“学生信息视图”，该视图用于显示学生的基本信息，包括学生姓名、性别、学号、出生日期、民族、籍贯、入学日期、班内职务、所在班级、所在专业及所在分院。其数据来源于“tab_student”“tab_class”“tab_profession”和“tab_school”这四个表，如图 12-17 所示。

```
SELECT    dbo.tab_student.student_ID, dbo.tab_student.student_name, dbo.tab_student.student_sex, dbo.tab_student.Student_birthday, dbo.tab_student.Student_nation,
          dbo.tab_student.Student_nativeplace, dbo.tab_student.Student_info, dbo.tab_student.Student_imgurl, dbo.tab_student.Student_startdatetime,
          dbo.tab_student.student_post, dbo.tab_student.class_ID, dbo.tab_class.Class_name, dbo.tab_profession.pro_name, dbo.tab_school.school_name,
          dbo.tab_profession.pro_ID, dbo.tab_school.school_ID
FROM      dbo.tab_class INNER JOIN
          dbo.tab_profession ON dbo.tab_class.pro_ID = dbo.tab_profession.pro_ID INNER JOIN
          dbo.tab_school ON dbo.tab_profession.school_ID = dbo.tab_school.school_ID INNER JOIN
          dbo.tab_student ON dbo.tab_class.Class_ID = dbo.tab_student.class_ID
```

图 12-17　学生信息视图

3）在表现层目录下，“添加新建项”增加一个名为“studentinfo_list.aspx”页面，用于学生信息的列表显示，在该页面的设计视图下，从 VS2008 工具箱中导入“GridView”和“SqlDataSource”两个控件，如图 12-18 所示。

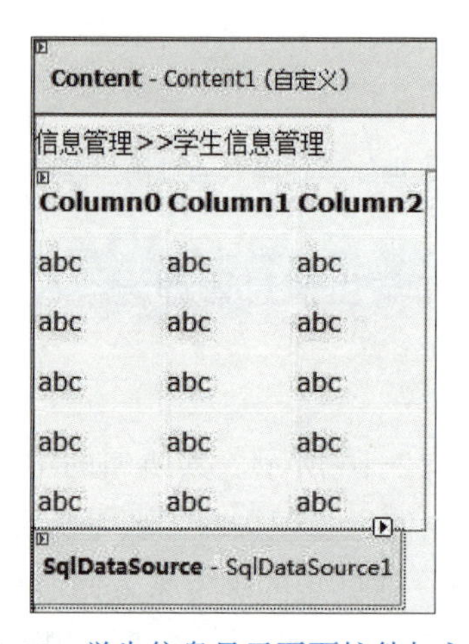

图 12-18　学生信息显示页面控件加入效果

① 单击“SqlDataSource1”控件的“▶”按钮，弹出“配置数据源”按钮，单击该按钮，进入 SqlDataSource1 的配置数据源对话框，如图 12-19 所示。

② 在该对话框中单击“新建连接”左侧的下拉列表，选择“DatabaseDSN”选项，表示使用已经配置好的 XML 数据连接对象，单击“下一步”按钮，进入如图 12-20 所示的“配置 Select 语句”对话框。

③ 在图 12-20 中，选择“指定来自表或视图的列”单选按钮，在“名称”下面的下拉列表框中选择“学生信息视图”选项，如图 12-21 所示。

④ 在图 12-21 中，选中“列”列表框中的“*”前的复选框，单击“下一步”按钮，进入“测试查询”页面，单击“测试查询”按钮，可以查看通过视图查询返回的学生信息，单击“完成”按钮，即可为“SqlDataSource1”配置好数据源。

⑤ 接下来，单击“GridView”控件的“▶”按钮，在弹出的对话框中，选择数据源为“SqlDataSource1”，然后设置“GridView”控件的编辑列和编辑模板后，最终效果，如图 12-22 所示。

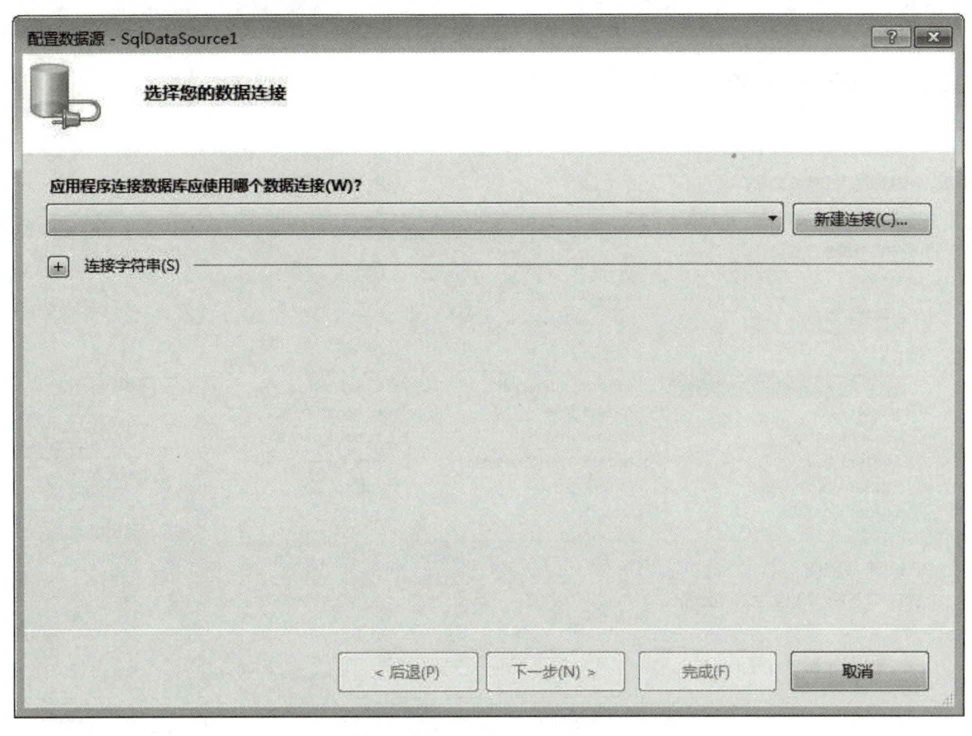

图 12-19 “配置数据源 -SqlDataSource 1”对话框

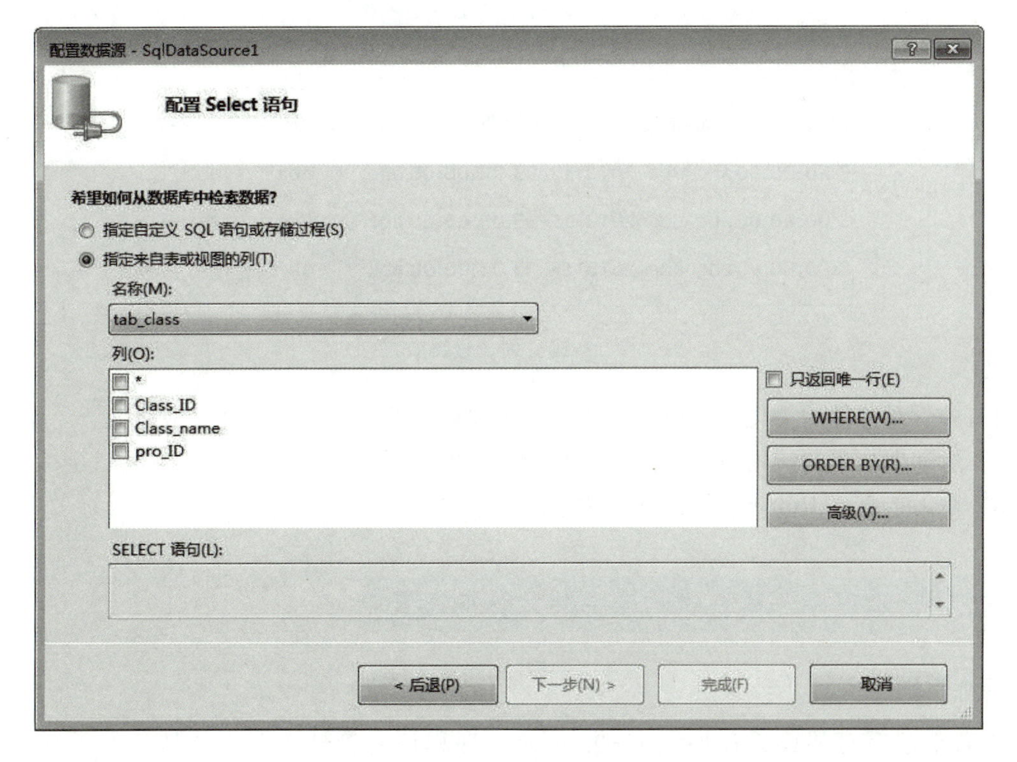

图 12-20 “配置 Select 语句”对话框

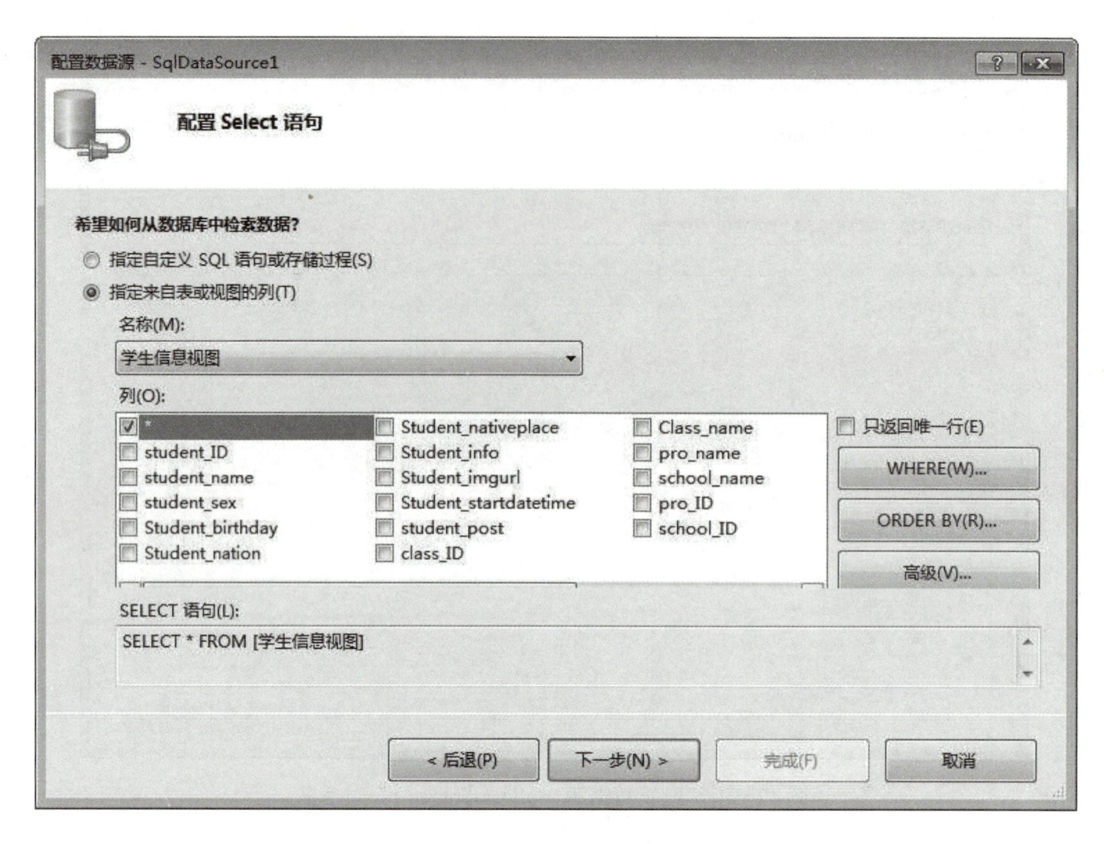

图 12-21　选择“学生信息视图”

日期	民族	籍贯	入学日期	班级职务	班级名称	专业名
3 00:00:00	abc	abc	2013-12-03 00:00:00	abc	abc	abc
3 00:00:00	abc	abc	2013-12-03 00:00:00	abc	abc	abc
3 00:00:00	abc	abc	2013-12-03 00:00:00	abc	abc	abc

图 12-22　列表最终效果

4）关于对控件的美化效果设置，此处不予详解，请读者自行设计完成。

5）对学生信息的编辑与删除操作请参看下一步操作。

6）单击工具栏上的“启动调试”按钮，可以查看设计的效果。

操作 3　管理员操作模块中的课程信息管理设计

操作目标

课程信息管理界面设计如图 12-23 所示。课程信息管理页面主要是负责所有课程信息的浏览以及编辑操作，页面采用 DataGrid 控件和 SqlDataSource 数据集的绑定来返回

所有课程信息，利用“课程查询存储过程”查询显示课程信息。

信息管理>>课程信息管理>>列表　课程名称：［　　］［查询］　［添加课程］

课程代码	课程名称	课程学分	所属专业	操作
1001	计算机应用基础	2	计算机应用技术	编辑 | 删除
1002	大型数据库应用	5	计算机网络技术	编辑 | 删除
1003	网站建设与维护	4	计算机网络技术	编辑 | 删除
1004	Flash动画制作	3	计算机应用技术	编辑 | 删除
1005	平面设计	5	计算机应用技术	编辑 | 删除
1006	网页设计与制作	4	计算机应用技术	编辑 | 删除

图 12-23　课程信息管理界面设计（部分界面）

操作实施

1）建立“课程查询存储过程”，其代码如图 12-24 所示。

```
CREATE PROCEDURE [课程查询存储过程]
(@LID  [varchar](150))
AS
select *
from tab_lesson a join tab_profession b
on a.pro_ID=b.pro_ID and a.lesson_name like @LID
```

图 12-24　课程查询存储过程的代码

2）参考“操作 2”的步骤，设计建立课程信息管理界面（在表现层目录建立起外观文件），如图 12-23 所示。此处建立的视图数据命名为“课程信息显示视图”，数据来源自“tab_lesson”和“tab_profession”表，“课程信息显示视图”的代码如图 12-25 所示。在“配置 Select 语句”界面中需要选择“指定自定义 SQL 语句或存储过程”单选按钮，如图 12-26 所示。

```
SELECT   dbo.tab_lesson.lesson_ID, dbo.tab_lesson.lesson_name, dbo.tab_lesson.lesson_credit, dbo.tab_lesson.pro_ID, dbo.tab_profession.pro_name
FROM     dbo.tab_lesson INNER JOIN
           dbo.tab_profession ON dbo.tab_lesson.pro_ID = dbo.tab_profession.pro_ID
```

图 12-25　“课程信息显示视图”的代码

提示　在“配置 Select 语句”界面中需要选择“指定自定义 SQL 语句或存储过程”单选按钮后，安装向导进行到“定义参数”界面时，请注意将参数的“DefaultValue”填写为“%%”，表示默认情况下在 Select 语句中 like 子句查询全部结果。

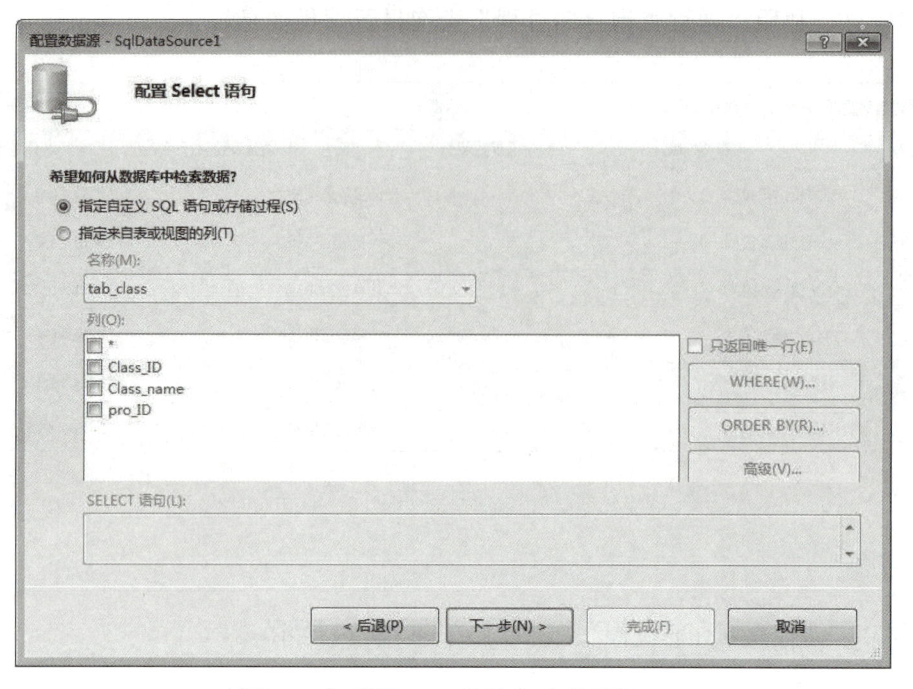

图 12-26　配置 Select 语句（存储过程）

3）完成“查询”按钮的单击事件，其具体代码，如图 12-27 所示。

4）完成“编辑”页面的效果设计，如图 12-28 所示。该页面还需加入一个 SqlDataSource 控件，用于和 DropDownList 控件组合建立起“所属专业”的选择效果。

```
/**
+--------------------------------------------------------
* 查找按钮响应事件
+--------------------------------------------------------
*/
protected void findBtn_Click(object sender, EventArgs e)
{
    string findstr = findtxt.Text.Trim();
    string sqlstr = "";
    if (findstr == "") //为空
    {
        sqlstr = "%%";
    }
    else //不为空
    {
        sqlstr = "%"+findstr+"%";
    }

    this.SqlDataSource1.SelectParameters["LID"].DefaultValue = sqlstr;//这个就是给参数的赋值语句
    this.SqlDataSource1.DataBind();
    this.GridView1.DataBind();
}
```

图 12-27　按课程名查找课程信息的具体代码

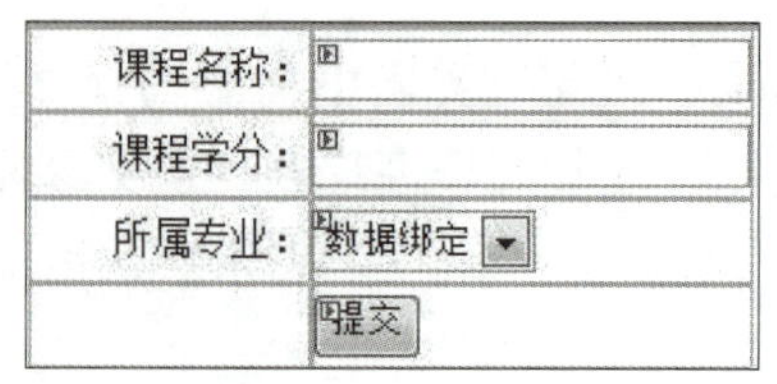

图 12-28　编辑页面的设计效果（参考）

5）处理课程信息列表页面中的“编辑”与“删除”按钮，用于向编辑和删除页面传递的课程代码值，此处操作较为复杂。

① 在列表页中单击“GridView”控件右侧的“▶”按钮，在弹出的对话框中，选择“编辑模板”，进入“GridView”控件的模板编辑界面，在“ItemTemplate”模板中添加两个“LinkButton”控件，并对其进行相关设置，见表 12-19。设置完成后的效果，如图 12-29 所示。

表 12-19 “LinkButton”控件属性设置

控件名称	属　性	设　置
LinkButton	ID	editButton
	Text	编辑
	CommandName	editButton
LinkButton	ID	delButton
	Text	删除
	CommandName	delButton

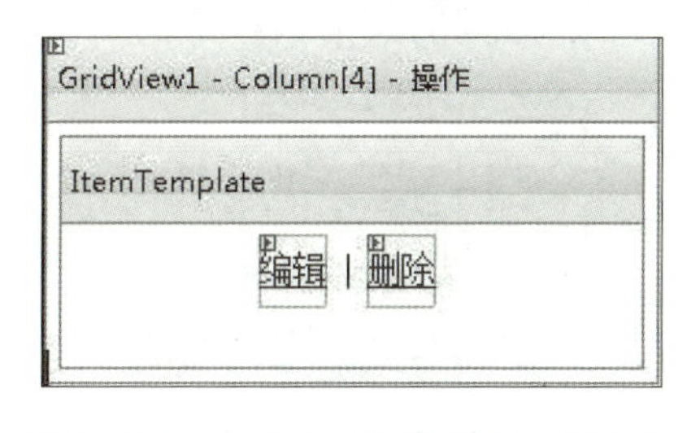

图 12-29 GridView 控件模板设置效果

② 完成“GridView”控件的 RowCreated 事件（在创建行时激发）。即完成创建行时，就为“编辑”与“删除”按钮的“CommandArgument”属性设置所在行的值，如图 12-30 所示。

```
protected void GridView1_RowCreated(object sender, GridViewRowEventArgs e)//创建行时
{
    if (e.Row.RowType == DataControlRowType.DataRow)
    {
        LinkButton editinfo= (LinkButton)e.Row.FindControl("editButton");
        LinkButton delinfo = (LinkButton)e.Row.FindControl("delButton");

        editinfo.CommandArgument = e.Row.RowIndex.ToString();
        delinfo.CommandArgument = e.Row.RowIndex.ToString();

        delinfo.Attributes.Add("onclick", "javascript:return confirm('确定删除该信息么?')");
    }
}
```

图 12-30 GridView 创建行事件的具体代码

③ 完成“GridView”控件的 RowCommand 事件（当 GridView 内生成事件时激发）。即完成“编辑”与“删除”按钮的单击跳转事件，如图 12-31 所示。

```
protected void GridView1_RowCommand(object sender, GridViewCommandEventArgs e)
{
    int index = Convert.ToInt32(e.CommandArgument.ToString());//取得单击按钮的行值
    if (e.CommandName == "editButton")//编辑按钮被单击
    {
        int LID = Convert.ToInt32(GridView1.Rows[index].Cells[0].Text.Trim());
        Response.Redirect("lessoninfo_edit.aspx?id="+LID);//传递要编辑的课程代码给编辑页
    }
    if (e.CommandName == "delButton")//删除按钮被单击
    {
        int LID = Convert.ToInt32(GridView1.Rows[index].Cells[0].Text.Trim());
        Response.Redirect("lessoninfo_del.aspx?id=" + LID);//传递要删除的课程代码给删除页
    }
}
```

图 12-31　GridView 内生成事件的代码

6）在“解决方案资源管理器”中，找到数据持久层目录，即“Model”目录，在目录节点上单击鼠标右键，在打开的快捷菜单中选择“添加”→“新建项”命令，添加一个名称为“Lesson.cs”类文件，并编写代码，为课程表增加数据模型，如图 12-32 所示。

```
public class Lesson
{
    private string _lesson_id;
    private string _lesson_name;
    private float _lesson_credit;
    private string _pro_id;

    public string lesson_id
    {
        get { return _lesson_id; }
        set { _lesson_id = value; }
    }
    public string lesson_name
    {
        get { return _lesson_name; }
        set { _lesson_name = value; }
    }
    public float lesson_credit
    {
        get { return _lesson_credit; }
        set { _lesson_credit = value; }
    }
    public string pro_id
    {
        get { return _pro_id; }
        set { _pro_id = value; }
    }
}
```

图 12-32　课程表数据模型的具体代码

7）在“解决方案资源管理器”中，找到业务逻辑层目录，即“BLL”目录，在目录节点上单击鼠标右键，在弹出的快捷菜单中选择“添加”→“新建项”命令，添加一个名称为“LessoninfoManage.cs”类文件，并编写代码为课程表增加条件查询业务处理，如图 12-33 所示。

8）打开“编辑”页面，完成“提交”按钮的单击事件。“提交”按钮的具体代码如图 12-34 所示。

9）打开课程列表页，即“lessoninfo_list.aspx”页面，完成“删除”按钮的单击事件。因为删除页面不需要进行任何的界面设计效果，所以此处仅对“GridView”控件的 RowCommand 事件进行修改后即可完成删除效果。

```
/**
+------------------------------------------------------------
* 通过课程代码获取课程信息
+------------------------------------------------------------
*/
public Lesson getLessoninfoByLessonID(string lessonid)
{
    Lesson L = new Lesson();
    Database db = DatabaseFactory.CreateDatabase("DatabaseDSN");
    //定义SQL查询语句
    string sqlCommand = string.Format("select * from tab_lesson where lesson_ID='{0}'", lessonid);
    //创建DbCommand对象
    DbCommand dbCommand = db.GetSqlStringCommand(sqlCommand);
    //执行查询，将结果返回到IDataReader对象中
    using (IDataReader dataReader = db.ExecuteReader(dbCommand))
    {
        while (dataReader.Read())
        {
            //处理查询结果
            L.lesson_id = dataReader["lesson_ID"].ToString();
            L.lesson_name = dataReader["lesson_name"].ToString();
            L.lesson_credit = (float)Math.Round(Convert.ToDouble(dataReader["lesson_credit"].ToString()), 2);
            L.pro_id = dataReader["pro_ID"].ToString();
        }//while
        if (dataReader != null)
        {
            dataReader.Close();
        }
    }//using
    return L;
}//getLessoninfoByLessonID
```

图 12-33　课程表条件查询业务处理的具体代码

```
protected void Button1_Click(object sender, EventArgs e)
{
    //获取用户输入或者选择的值
    string lesson_id = Request.QueryString["id"];
    string lesson_name = TextBox1.Text.Trim();
    string lesson_credit = TextBox2.Text.Trim();
    string pro_id = DropDownList1.Items[DropDownList1.SelectedIndex].Value;
    //判断输入值是否为空
    if (lesson_name == "")
    {
        Response.Write("<script>alert('课程名称不能为空！');</script>");
    }
    else
    {
        if (lesson_credit == "")
        {
            Response.Write("<script>alert('课程学分不能为空！');</script>");
        }
        else
        {
            BLL.LessoninfoManage LM = new BLL.LessoninfoManage();

            bool flag = LM.updateLessoninfo(lesson_id, lesson_name, (float)Math.Round(Convert.ToDouble(lesson_credit), 2), pro_id);
            if (flag)
            {
                Response.Write("<script>alert('编辑成功！');window.location.href='lessoninfo_list.aspx';</script>");
            }
            else
            {
                Response.Write("<script>alert('操作失败！');</script>");
            }
        }
    }
}
```

图 12-34　编辑页面的“提交”按钮事件的具体代码

① 在“LessoninfoManage.cs”类文件中加入处理课程删除的业务逻辑。删除课程的业务逻辑的代码，如图 12-35 所示。

② 修改 GridView 内生成事件从而达到删除信息的效果。删除信息的具体代码，如图 12-36 所示。

```
/**
+--------------------------------------------------------------
* 删除课程信息
+--------------------------------------------------------------
*/
public int deleteLessoninfo(string id)
{
    Database db = DatabaseFactory.CreateDatabase("DatabaseDSN");
    //定义SQL查询语句
    string sqlCommand = string.Format("delete from tab_lesson where lesson_ID='{0}'",
                                       id);
    //创建DbCommand对象
    DbCommand dbCommand = db.GetSqlStringCommand(sqlCommand);
    //判断执行
    int i = Convert.ToInt32(db.ExecuteNonQuery(dbCommand).ToString());
    if (i == 0)
    {
        i = -1;
        return i;
    }
    return i;
}//deleteLessoninfo
```

图 12-35　删除课程的业务逻辑的具体代码

```
protected void GridView1_RowCommand(object sender, GridViewCommandEventArgs e)
{
    int index = Convert.ToInt32(e.CommandArgument.ToString());//取得单击按钮的行值
    if (e.CommandName == "editButton")//编辑按钮被单击
    {
        int LID = Convert.ToInt32(GridView1.Rows[index].Cells[0].Text.Trim());
        Response.Redirect("lessoninfo_edit.aspx?id="+LID);//传递要编辑的课程代码给编辑页
    }
    if (e.CommandName == "delButton")//删除按钮被单击
    {
        int LID = Convert.ToInt32(GridView1.Rows[index].Cells[0].Text.Trim());
        //Response.Redirect("lessoninfo_del.aspx?id=" + LID);//传递要删除的课程代码给删除页
        BLL.LessoninfoManage LM = new BLL.LessoninfoManage();
        int i = LM.deleteLessoninfo(LID.ToString());
        Response.Write("<script>alert('删除成功!');window.location.href='lessoninfo_list.aspx';</script>");
    }
}
```

图 12-36　删除信息的具体代码

10）完成列表页面的“添加课程”按钮的单击事件，进行如下操作。

① 设计完成添加课程的界面，将该界面命名为“lessoninfo_add.aspx”。界面的设计效果，如图 12-37 所示。

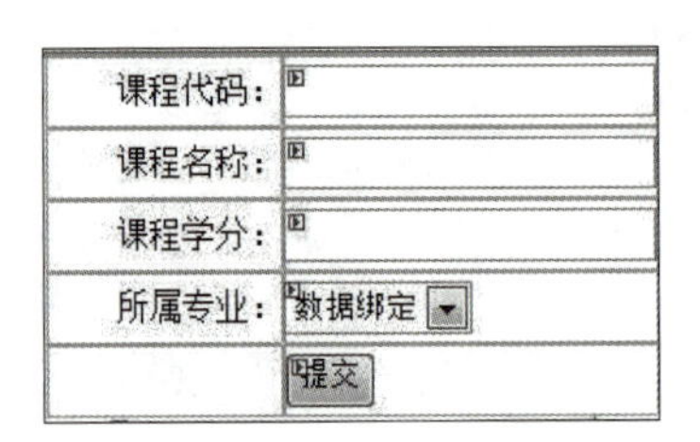

图 12-37　添加课程界面设计效果

② 打开“LessoninfoManage.cs”类文件，添加“添加课程信息”业务逻辑。所添加的业务逻辑具体代码如图 12-38 所示。

③ 完成“提交”按钮的单击事件。“提交”按钮事件的具体代码如图 12-39 所示。

```
/**
+---------------------------------------------------------
* 添加课程信息
+---------------------------------------------------------
*/
public Boolean insertLessoninfo(string id, string name, float credit, string proid)
{
    Database db = DatabaseFactory.CreateDatabase("DatabaseDSN");
    //定义SQL查询语句
    string sqlCommand = string.Format("insert into tab_lesson  values('{0}','{1}','{2}','{3}')",id,name,credit,proid);
    //创建DbCommand对象
    DbCommand dbCommand = db.GetSqlStringCommand(sqlCommand);
    //判断执行
    int i = Convert.ToInt32(db.ExecuteNonQuery(dbCommand).ToString());
    if (i == 0)
    {
        return false;
    }
    else
        return true;
}//insertLessoninfo
```

图 12-38 “添加课程信息”业务逻辑的具体代码

```
protected void Button1_Click(object sender, EventArgs e)
{
    string lessonid = TextBox1.Text.Trim();
    string lessonname = TextBox2.Text.Trim();
    string lessoncredit = TextBox3.Text.Trim();
    string proid = DropDownList1.Items[DropDownList1.SelectedIndex].Value;

    if (lessonid == "")
    {
        Response.Write("<script>alert('课程代码不能为空!');</script>");
    }
    else
    {
        if (lessonname == "")
        {
            Response.Write("<script>alert('课程名称不能为空!');</script>");
        }
        else
        {
            if (lessoncredit == "")
            {
                Response.Write("<script>alert('课程学分不能为空!');</script>");
            }
            else
            {
                BLL.LessoninfoManage LM = new BLL.LessoninfoManage();

                bool flag = LM.insertLessoninfo(lessonid, lessonname, (float)Math.Round(Convert.ToDouble(lessoncredit), 2), proid);
                if (flag)
                {
                    Response.Write("<script>alert('添加课程成功!');window.location.href='lessoninfo_list.aspx';</script>");
                }
                else
                {
                    Response.Write("<script>alert('操作失败!');</script>");
                }
            }
        }
    }
}
```

图 12-39 “提交”按钮事件的具体代码

11）单击工具栏上的“启动调试”按钮，可以运行并查看操作是否符合功能需要和设计初衷。

操作 4 管理员操作模块中的成绩信息管理设计

操作目标

成绩信息管理页面窗体是学生信息管理系统中管理成绩信息的部分。成绩信息管理页面主要是负责所有成绩信息的浏览、编辑操作和简单的查询，页面采用 DataGrid 控件和 SqlDataSource 数据集的绑定来返回所有成绩信息。

1）利用“按学号和课程代码进行学生成绩查询的存储过程”查询显示某位学生的课程取得的成绩信息，并列表显示。

2）利用“插入学生成绩的存储过程”增加学生的成绩信息。

3）利用“更新学生成绩的存储过程”修改学生的成绩信息。

4）利用“删除学生成绩的存储过程”删除学生的成绩信息。

操作实施

1）创建“按学号和课程名称进行学生成绩查询的存储过程”，并以此命名该过程。“按学号和课程代码进行学生成绩信息查询的存储过程”的具体代码，如图 12-40 所示。

```
CREATE PROCEDURE [按学号和课程代码进行学生成绩查询的存储过程]
(@SID [varchar](10),@LID [varchar](10))
AS
select *
from tab_score a
     join tab_student b
     on a.student_ID=b.student_ID
     join tab_lesson c
     on a.lesson_ID=c.lesson_ID
where a.student_ID like @SID and a.lesson_ID like @LID
```

图 12-40　学生成绩信息查询的存储过程的具体代码

2）创建“插入学生成绩的存储过程”，并以此命名该过程。该过程的具体代码，如图 12-41 所示。

```
CREATE PROCEDURE [插入学生成绩的存储过程]
(@SID [varchar](10),@LID [varchar](10),@SC [float])
AS
insert into tab_score values(@SID,@LID,@SC)
```

图 12-41　“插入学生成绩的存储过程”的具体代码

3）创建“更新学生成绩的存储过程”，并以此命名该过程。该过程的具体代码，如图 12-42 所示。

```
CREATE PROCEDURE [更新学生成绩的存储过程]
(@SID [varchar](10),@LID [varchar](10),@SC [float])
AS
update tab_score set student_score=@SC
where student_ID=@SID and lesson_ID=@LID
```

图 12-42　“更新学生成绩的存储过程”的具体代码

4）创建“删除学生成绩的存储过程”，并以此命名该过程。该过程的具体代码，如图 12-43 所示。

```
CREATE PROCEDURE [删除学生成绩的存储过程]
(@SID [varchar](10),@LID [varchar](10))
AS
delete from tab_score
where student_ID=@SID and lesson_ID=@LID
```

图 12-43　“删除学生成绩的存储过程”的具体代码

5）设计完成“成绩信息管理”的列表显示界面，如图 12-44 所示。该处列表显示效果采用 DataGrid 控件和 SqlDataSource 数据集的绑定来显示数据，其中 SqlDataSource 数据集使用了“按学号和课程代码进行学生成绩查询的存储过程”，而为 @LID 和 @SID 分别设置了默认值“%%”和“%%”，代表初始状态下返回所有信息。

信息管理>>成绩信息管理>>列表　学号：［　］　课程：［　］　查询　添加成绩

学号	学生姓名	课程代码	课程名称	学分	成绩	操作
120113102	苏锐	1001	计算机技术	2	70	编辑 | 删除

图 12-44　“成绩信息管理”的列表显示界面

6）完成该页面的“查询”按钮的单击事件，从而设计完成按照学号和课程代码查询成绩的功能，此处使用了“按学号和课程代码进行学生成绩查询的存储过程”，传递了用户输入的值分别给 @LID 和 @SID。该单击事件的具体代码，如图 12-45 所示。

```
protected void findBtn_Click(object sender, EventArgs e)//查询按钮单击事件
{
    //获取用户输入的查询条件值
    string sid = TextBox1.Text.Trim();
    string lid = TextBox2.Text.Trim();
    //处理查询，传值给SqlDataSource控件
    if (sid == "")
    {
        sid = "%%";
    }
    else
    {
        sid = "%" + sid+"%";
    }
    if (lid == "")
    {
        lid = "%%";
    }
    else
    {
        lid = "%" + lid+"%";
    }
    this.SqlDataSource1.SelectParameters["LID"].DefaultValue = lid;//这个就是给参数的赋值语句
    this.SqlDataSource1.SelectParameters["SID"].DefaultValue = sid;//这个就是给参数的赋值语句
    this.SqlDataSource1.DataBind();
    this.GridView1.DataBind();
}
```

图 12-45　“查询”按钮单击事件的具体代码

7）完成“添加成绩”按钮的单击事件，此处需要跳转到成绩的添加页面，该添加页面此处命名为“scoreinfo_add.aspx”，设计效果如图 12-46 所示。列表页面中的“添加成绩”按钮的单击事件具体代码，如图 12-47 所示。

图 12-46　“添加成绩”界面的设计效果

```
protected void Button1_Click(object sender, EventArgs e)
{
    Response.Redirect("scoreinfo_add.aspx");
}
```

图 12-47　列表页面中的“添加成绩”按钮单击事件的具体代码

其中，“scoreinfo_add.aspx”页面的 SqlDataSource1 数据集以表“tab_student”中的学生姓名和学生学号作为数据来源，SqlDataSource2 数据集以表“tab_lesson”中的课程代码和课程名称作为数据来源，SqlDataSource3 数据集以“插入学生成绩的存储过程”为 Select 语句配置。

8）实现“添加成绩”页面“scoreinfo_add.aspx”的“提交”按钮的单击事件。该事件的具体代码，如图 12-48 所示。

```
protected void addButton_Click(object sender, EventArgs e)//提交按钮单击事件
{
    //获取用户输入值
    string score = TextBox1.Text.Trim();
    string sid = DropDownList1.Items[DropDownList1.SelectedIndex].Value;
    string lid = DropDownList2.Items[DropDownList2.SelectedIndex].Value;
    //处理添加成绩信息
    if (score == "")
    {
        Response.Write("<script>alert('成绩不能为空!');</script>");
    }
    else
    {
        SqlDataSource3.InsertCommand = "插入学生成绩的存储过程";
        SqlDataSource3.InsertCommandType = SqlDataSourceCommandType.StoredProcedure;
        SqlDataSource3.InsertParameters.Add("SID", TypeCode.String, sid);
        SqlDataSource3.InsertParameters.Add("LID", TypeCode.String, lid);
        SqlDataSource3.InsertParameters.Add("SC", TypeCode.String, score);
        SqlDataSource3.Insert();
        Response.Write("<script>alert('添加成绩成功!');window.location.href='scoreinfo_list.aspx';</script>");
    }
}
```

图 12-48　“添加成绩”页面“scoreinfo_add.aspx”的“提交”按钮事件的具体代码

9）实现列表页面“scoreinfo_list.aspx”页面中的 GridView 控件的 RowCreated 事件（在创建行时激发），即完成创建行时就为“编辑”与“删除”按钮的“CommandArgument”属性设置所在行的值，如图 12-49 所示。

```
protected void GridView1_RowCreated(object sender, GridViewRowEventArgs e)//创建行时
{
    if (e.Row.RowType == DataControlRowType.DataRow)
    {
        LinkButton editinfo= (LinkButton)e.Row.FindControl("editButton");
        LinkButton delinfo = (LinkButton)e.Row.FindControl("delButton");

        editinfo.CommandArgument = e.Row.RowIndex.ToString();
        delinfo.CommandArgument = e.Row.RowIndex.ToString();

        delinfo.Attributes.Add("onclick", "javascript:return confirm('确定删除该信息么?')");
    }
}
```

图 12-49　GridView 创建行事件（成绩信息管理列表页）的具体代码

10）实现列表页面“scoreinfo_list.aspx”页面中的 GridView 控件的 RowCommand 事件（当 GridView 内生成事件时激发），即完成“编辑”与“删除”按钮的单击跳转事件，同

时完成“删除”按钮的删除功能，如图 12-50 所示。

```
protected void GridView1_RowCommand(object sender, GridViewCommandEventArgs e)
{
    int index = Convert.ToInt32(e.CommandArgument.ToString());//取得单击按钮的行值
    string SID = GridView1.Rows[index].Cells[0].Text.Trim();
    string LID = GridView1.Rows[index].Cells[2].Text.Trim();
    if (e.CommandName == "editButton")//编辑按钮被单击
    {
        string SC = GridView1.Rows[index].Cells[5].Text.Trim();
        Response.Redirect("scoreinfo_edit.aspx?sid=" + SID + "&lid=" + LID+"&sc="+SC);//传递要编辑的学生学号、课程代码和成绩给编辑页
    }
    if (e.CommandName == "delButton")//删除按钮被单击
    {
        SqlDataSource2.DeleteCommand = "删除学生成绩的存储过程";
        SqlDataSource2.DeleteCommandType = SqlDataSourceCommandType.StoredProcedure;
        SqlDataSource2.DeleteParameters.Add("SID", TypeCode.String, SID);
        SqlDataSource2.DeleteParameters.Add("LID", TypeCode.String, LID);
        SqlDataSource2.Delete();
        Response.Write("<script>alert('删除成功!');window.location.href='scoreinfo_list.aspx';</script>");
    }
}
```

图 12-50　GridView 内生成事件及删除功能实现（成绩信息管理列表页面）的具体代码

提示　关于“GridView”控件的模板编辑界面中对“编辑”和“删除”这两个按钮的设置请参看表 12-18。另外，在完成该页面的“删除”按钮的功能之前，请向该页面添加一个 SqlDataSource2 数据集，并为该数据集配置 Select 语句为“删除学生成绩的存储过程”。

11）设计完成“编辑成绩”的页面，该页面以“scoreinfo_edit.aspx”命名。“编辑成绩”页面的设计效果，如图 12-51 所示。

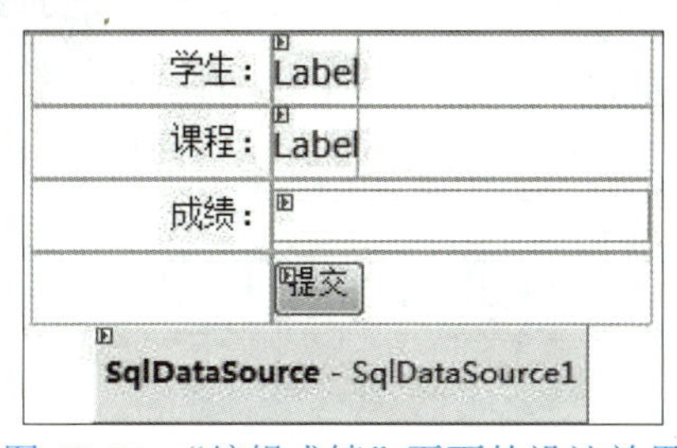

图 12-51　“编辑成绩”页面的设计效果

其中，该页面添加的 SqlDataSource1 数据集以“更新学生成绩的存储过程”为 Select 语句配置。

12）完成“scoreinfo_edit.aspx”页面的装载事件。“编辑成绩”页面的装载事件的具体代码，如图 12-52 所示。

```
protected void Page_Load(object sender, EventArgs e)
{
    if (!IsPostBack)
    {
        string SID = Request.QueryString["sid"];//获取传递过来的学生学号
        string LID = Request.QueryString["lid"];//获取传递过来的课程代码
        string SC = Request.QueryString["sc"];//获取传递过来的该学生科目成绩
        Label1.Text = SID;
        Label2.Text = LID;
        TextBox1.Text = SC;
    }
}
```

图 12-52　“编辑成绩”页面的装载事件的具体代码

13）完成“scoreinfo_edit.aspx”页面的“提交”按钮单击事件。“提交”按钮的单击事件具体代码，如图 12-53 所示。

14）单击工具栏上的“启动调试”按钮，可以运行并查看操作是否符合功能需要和设计初衷。

```
protected void addButton_Click(object sender, EventArgs e)
{
    //获取用户输入值
    string score = TextBox1.Text.Trim();
    string sid = DropDownList1.Items[DropDownList1.SelectedIndex].Value;
    string lid = DropDownList2.Items[DropDownList2.SelectedIndex].Value;
    //处理添加成绩信息
    if (score == "")
    {
        Response.Write("<script>alert('成绩不能为空！');</script>");
    }
    else
    {
        SqlDataSource3.UpdateCommand = "更新学生成绩的存储过程";
        SqlDataSource3.UpdateCommandType = SqlDataSourceCommandType.StoredProcedure;
        SqlDataSource3.UpdateParameters.Add("SID", TypeCode.String, sid);
        SqlDataSource3.UpdateParameters.Add("LID", TypeCode.String, lid);
        SqlDataSource3.UpdateParameters.Add("SC", TypeCode.String, score);
        SqlDataSource3.Update();
        Response.Write("<script>alert('修改成绩成功！');window.location.href='scoreinfo_list.aspx';</script>");
    }
}
```

图 12-53 “编辑成绩”页面的“提交”按钮单击事件的具体代码

本任务到此结束，但请读者注意，本任务并没有完整地实现管理员操作模块的全部功能。其中，学生选课模块、教师管理模块、班级管理模块、专业管理模块、院校管理模块、用户管理模块等仍需完成，所涉及的操作方法在上述操作中都已详细给出，所以此任务中并未将所有模块的操作步骤一一给出，详情请参看教材附带的完整项目。

任务 4　学生操作模块中各页面设计

任务描述

学生信息管理系统首页登录后，首先进入学生操作总控页面，然后系统中的个人信息修改、成绩信息查询等功能页面及其功能才可以逐一呈现在用户面前。请设计实现上述各个功能模块。

知识储备

1．视图

1）在 SQL 中，视图是基于 SQL 语句的结果集的可视化的表。

视图包含行和列，就像一个真实的表。视图中的字段就是来自一个或多个数据库中的真实的表中的字段。我们可以向视图添加 SQL 函数、WHERE 以及 JOIN 语句，我们也可以提交数据。

2）SQL 语句。创建视图的语句是 CREATE VIEW 语句，其语法结构如下：

```
CREATE VIEW view_name AS
SELECT column_name(s)
```

FROM table_name

WHERE condition

3）查询视图。用户可以从某个查询内部、某个存储过程内部，或者从另一个视图内部来使用视图。向视图添加函数、JOIN 等，可以向用户精确地提交数据。

语法格式：SELECT * FROM [view_name]

2. T-SQL 用户自定义函数

（1）定义

用户自定义函数是用户为了实现某项特殊的功能自己创建的，用来补充和扩展内置函数。用户自定义函数不能用于执行一系列改变数据库状态的操作，但它可以像系统函数一样在查询或存储过程等的程序段中使用，也可以像存储过程一样通过 EXECUTE 命令来执行。

（2）用户自定义函数的种类

1）标量函数。标量函数返回一个确定类型的标量值，其返回值类型为除 TEXT、NTEXT、IMAGE、CURSOR、TIMESTAMP 和 TABLE 类型外的其他数据类型。函数语句定义在 BEGIN-END 语句内。在 RETURNS 子句中定义返回值的数据类型，并且函数的最后一条语句必须为 RETURN 语句。

创建标量函数的格式：

Create Function 函数名（参数）

RETURNS 返回值数据类型

[With {Encryption|Schemabinding}]

[AS]

BEGIN

SQL 语句 (必须有 RETURN 子句)

END

调用标量函数可以在 T-SQL 语句中允许使用标量表达式的任何位置调用返回标量值（与标量表达式的数据类型相同）的任何函数。必须使用至少由两部分组成名称的函数来调用标量值函数，即“架构名 . 对象名”，如 dbo.Max（12，34）。

2）内嵌表值函数。与标量函数不同，内嵌表值函数返回的结果是表，该表是由单个 SELECT 语句形成的。它可以用来实现带参数的视图的功能。

创建内嵌表值函数的格式：

Create Function 函数名（参数）

RETURNS table

[with {Encryption|Schemabinding}]

AS

RETURN(一条 SQL 语句)

调用内嵌表值函数：调用时不需指定架构名，如 SELECT * FROM func (‘51300521’)。

3）多语句表值函数。和内嵌表值函数类似，多语句表值函数返回的结果也是表。它们的区别在于输出参数后的类型是否带有数据类型说明，如果有就是多语句表值函数。它可以进行多次查询，对数据进行多次筛选与合并，弥补了内嵌表值函数的不足。

创建多语句表值函数的格式：

```
Create Function 函数名（参数）
RETURNS 表变量名 ( 表变量字段定义 )[with {Encryption|Schemabinding}]
AS
BEGIN
SQL 语句
RETURN
END
```

调用多语句表值函数：和调用内嵌表值函数一样，调用时不需指定架构名。

任务实施

操作 1　学生操作模块中的个人信息修改页面设计

操作目标

完成学生操作模块中的登录后，进行个人信息修改页面的设计。

操作实施

1）“学生个人信息修改页面”的设计效果如图 12-54 所示。

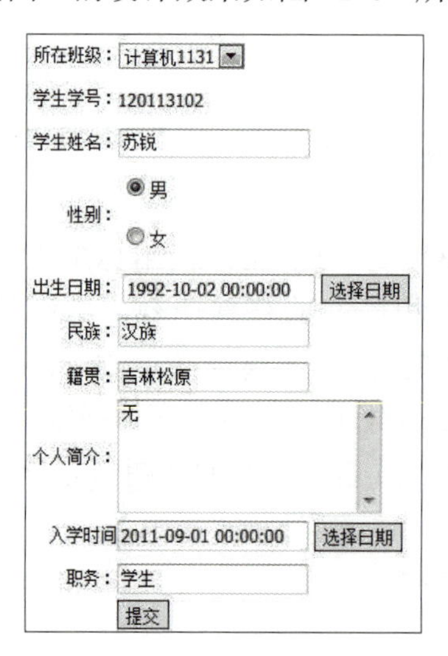

图 12-54　“学生个人信息修改页面”的设计效果

2）“学生个人信息修改页面”的装载事件具体代码，如图 12-55 所示。

其中，“Student”类为学生信息表的数据模型，具体代码参看本书配套的源文件。“StudentinfoManage”类为学生信息表的信息处理业务逻辑，具体代码参看本书配套的源文件。

3）单击工具栏上的“启动调试”按钮，可以运行查看操作是否符合功能需要和设计初衷。

```
protected void Page_Load(object sender, EventArgs e)
{
    if (!IsPostBack)
    {
        Calendar1.Visible = false;
        Calendar2.Visible = false;
        Student s = new Student();
        StudentinfoManage sm = new StudentinfoManage();
        s = sm.getStudentinfoByStudentID(Session["UserName"].ToString());
        DropDownList1.SelectedValue = s.class_ID;
        Label1.Text = s.student_ID;
        IDTextBox.Text = s.student_name;
        SexRadioButtonList.SelectedValue = s.student_sex;
        CSTextBox.Text = s.Student_birthday.ToString();
        MZTextBox.Text = s.Student_nation;
        jgTextBox.Text = s.Student_nativeplace;
        JJTextBox.Text = s.Student_info;
        RXTextBox.Text = s.Student_startdatetime.ToString();
        ZWTextBox.Text = s.student_post;

    }
}
```

图 12-55 “学生个人信息修改页面”装载事件的具体代码

操作 2　学生操作模块中的成绩信息查询设计

操作目标

完成学生操作模块中的登录后，进行成绩信息查询页面的设计。

操作实施

1）创建自定义函数“tg”，用于判断学生的成绩是否大于等于 60，并返回字符串。该函数的具体代码，如图 12-56 所示。

```
--自定义函数部分，判断所给的参数值是否>=60后，返回字符串
CREATE FUNCTION dbo.tg(@inputcj float) RETURNS  varchar(10)
AS
BEGIN
   DECLARE @restr varchar(10)
   SET @restr=
   CASE
        WHEN @inputcj>=90 THEN  '优秀'
        WHEN @inputcj>=80 THEN  '良好'
        WHEN @inputcj>=70 THEN  '中等'
        WHEN @inputcj>=60 THEN  '及格'
   ELSE
        '不及格'
   END
   RETURN @restr
END
```

图 12-56　自定义函数判断学生成绩的具体代码

2）创建自定义函数，“按学号和课程名称进行学生成绩查询的存储过程 (使用自定义函数）”的具体代码，如图 12-57 所示。

```
CREATE PROCEDURE [按学号和课程名称进行学生成绩查询的存储过程(使用自定义函数)]
(@SID  [varchar](10),@LN [varchar](100))
AS
select a.student_ID,a.lesson_ID,dbo.tg(a.student_score) as score,
       c.*,b.student_ID,b.student_name,d.*
from tab_score a
     join tab_student b
     on a.student_ID=b.student_ID
     join tab_lesson c
     on a.lesson_ID=c.lesson_ID
     join tab_profession d
     on d.pro_ID = c.pro_ID
where b.student_ID like @SID and c.lesson_name like @LN
```

图 12-57 “按学号和课程名称进行学生成绩查询的存储过程 (使用自定义函数）”的具体代码

3）设计完成“成绩查询”页面，并将该页面命名为“scoreinfo_query.aspx”。“成绩查询”页面的设计效果，如图 12-58 所示。

信息管理>>成绩查询　课程名称：[　　]　查询

学号	学生姓名	课程代码	课程名称	通过情况	学分	所属专业
abc	abc	abc	abc	abc	0	abc
abc	abc	abc	abc	abc	0.1	abc
abc	abc	abc	abc	abc	0.2	abc
abc	abc	abc	abc	abc	0.3	abc
abc	abc	abc	abc	abc	0.4	abc

SqlDataSource - SqlDataSource1

图 12-58　“成绩查询”页面的设计效果

4）完成“scoreinfo_query.aspx”页面的装载事件，在该事件中主要处理登录学生的成绩查询，将已经登录的学生的所有课程的成绩显示输出。该装载事件的具体代码，如图 12-59 所示。

```
protected void Page_Load(object sender, EventArgs e)
{
    if (!IsPostBack)
    {
        if (Session["UserName"] == null)
        {
            Response.Write("<script>alert('请先登录！');window.location.href='login.aspx';</script>");
        }
        string sqlstr = Session["UserName"].ToString();
        this.SqlDataSource1.SelectParameters["SID"].DefaultValue = sqlstr;//这个就是给参数的赋值语句
        this.SqlDataSource1.DataBind();
        this.GridView1.DataBind();
    }
}
```

图 12-59　查询页面装载事件的具体代码

5）完成“查询”按钮的单击事件。该单击事件的具体代码，如图 12-60 所示。

6）单击工具栏上的“启动调试”按钮，可以运行并查看操作是否符合功能需要和设计初衷。

```
protected void findBtn_Click(object sender, EventArgs e)
{
    string ln = findtxt.Text.Trim();
    string sid = Session["UserName"].ToString();
    if (ln == "")
    {
        this.SqlDataSource1.SelectParameters["LN"].DefaultValue = "%%";//这个就是给参数的赋值语句
    }
    else
    {
        this.SqlDataSource1.SelectParameters["LN"].DefaultValue = "%"+ln+"%";//这个就是给参数的赋值语句
    }
    this.SqlDataSource1.SelectParameters["SID"].DefaultValue = sid;//这个就是给参数的赋值语句
    this.SqlDataSource1.DataBind();
    this.GridView1.DataBind();
}
```

图 12-60　查询按钮单击事件的具体代码

拓 展 训 练

拓展训练　制作一个简单的库存管理系统

训练任务

请调查分析库存管理系统的需求，并设计完成一个简单的具备“进”“销”“存”功

能的库存管理系统。

训练要求

1）进行分析调查，书写库存管理系统的需求分析报告。

2）进行库存管理系统数据库设计，并标示数据表间的逻辑关系。

3）进行库存管理系统功能设计，完成该系统的“进货”“销售”和“入库”等界面及功能。

4）进行库存管理系统的测试，书写测试分析报告。

5）试着发布该系统。

项目小结

1）通过本项目的操作，旨在引导读者进入系统的开发环境，掌握数据库开发设计的实质性需求，好的数据库设计能够为后一步的高效率开发打下坚实的基础。

2）本项目创建了一个简单学生信息管理系统，从对信息的录入、修改、删除和查询统计等功能实现方面，使读者在控件使用、数据库过程设计、自定义函数使用等多个方面，结合三层架构实现管理系统的设计与开发。

课后拓展与实践

请调试本项目中的学生信息管理系统，并尽力完善该系统。

阅读提升

工欲善其事，必先利其器。

——《论语·卫灵公》

互联网飞速发展的当下，有一种极其重要的门类也应运而生，那就是软件工程。而软件工程中，又有非常重要的一环，那就是软件架构，这也是各个互联网公司无论大小都必备的一个系统基础。那么什么是软件架构呢？

事实上，架构这一概念在多年以前就已经存在了，这个词最早是跟随着建筑出现的。而在软件工程中，架构可以理解为：

1）根据要解决的问题，对目标系统的边界进行界定。

2）对目标系统按某个原则进行切分。切分的原则是要便于不同的角色，对切分出来的部分并行或串行开展工作，一般并行才能减少时间。

3）对这些切分出来的部分设立沟通机制。

4）根据3），这些部分之间能够进行有机的联系，合并组装为一个整体，完成目标系统的所有工作。

工匠想要使他的工作完成得更好，一定要先让工具锋利，其实选择什么样的软件架构来完成软件开发任务是首要前提。

参 考 文 献

[1] 杨云，高玉珍．数据库管理与开发项目教程：SQL Server 2019[M]．3 版．北京：人民邮电出版社，2022．

[2] 石坤泉．MySQL 数据库任务驱动式教程 [M]．3 版．北京：人民邮电出版社，2022．

[3] 张永新．基于国产数据库的项目实训教程 [M]．北京：电子工业出版社，2022．

[4] 张海粟．达梦数据库应用基础 [M]．2 版．北京：电子工业出版社，2021．

[5] 蓝永健，周键飞．SQL Server 数据库项目教程 [M]．北京：机械工业出版社，2022．

[6] 胡孔法．数据库原理及应用 [M]．北京：机械工业出版社，2021．

[7] 李俊山，叶霞．数据库原理及应用：SQL Server[M]．4 版．北京：清华大学出版社，2020．

[8] 刘玉红，李园．SQL Server 2016 数据库应用实战 [M]．北京：清华大学出版社，2019．

[9] 张成叔．SQL Server 数据库设计与应用 [M]．北京：中国铁道出版社，2020．

[10] 赵增敏，苏玲．数据库应用基础：SQL Server 2016[M]．北京：电子工业出版社，2021．